普通高等教育"十三五"规划教材
新工科建设之路·计算机类规划教材

大学计算机——基于计算思维
（第6版）

罗　容　迟春梅　王秀鸾　编著

张敏霞　孙丽凤　主审

U0303899

电子工业出版社
Publishing House of Electronics Industry
北京·BEIJING

内 容 简 介

本书是山东省精品课程教材，根据教育部高等学校大学计算机课程教学指导委员会提出的课程教学基本要求编写。本书以计算思维为主线编排所有知识点，全书共 9 章，主要内容包括：计算思维与计算机、计算机中的信息表示、微型计算机的系统组成、计算机中的问题求解、计算机中的数据结构、计算机中的数据管理、计算机网络初步、信息安全、计算机的应用领域等，每章均配有习题，配套《大学计算机——基于 Windows 10+Office 2010 的操作技能（第 6 版）》，并提供电子课件、习题指导与参考答案、课程学习网站等。

本书可作为高等学校非计算机专业大学计算机、计算思维、计算机基础等课程的入门教材，也可作为全国计算机等级考试（二级）的参考书，还可供相关领域的科技工作者学习、参考。

图书在版编目（CIP）数据

大学计算机：基于计算思维 / 罗容，迟春梅，王秀鸾编著. —6 版. —北京：电子工业出版社，2020.9

ISBN 978-7-121-36988-9

Ⅰ．①大… Ⅱ．①罗… ②迟… ③王… Ⅲ．①电子计算机－高等学校－教材 Ⅳ．①TP3

中国版本图书馆 CIP 数据核字（2019）第 131888 号

责任编辑：王羽佳

印　　刷：三河市鑫金马印装有限公司

装　　订：三河市鑫金马印装有限公司

出版发行：电子工业出版社

　　　　　北京市海淀区万寿路 173 信箱　　邮编：100036

开　　本：787×1092　1/16　印张：11.75　字数：340 千字

版　　次：2005 年 8 月第 1 版

　　　　　2020 年 9 月第 6 版

印　　次：2022 年 8 月第 3 次印刷

定　　价：35.00 元

凡所购买电子工业出版社图书有缺损问题，请向购买书店调换。若书店售缺，请与本社发行部联系，联系及邮购电话：（010）88254888，88258888。

质量投诉请发邮件至 zlts@phei.com.cn，盗版侵权举报请发邮件至 dbqq@phei.com.cn。

本书咨询联系方式：（010）88254535，wyj@phei.com.cn。

前　言

逻辑思维、实证思维和计算思维成为人类认识世界和改造世界的三大思维。掌握计算机技术、学会利用信息资源是 21 世纪人才应该具备的基本素质。高等学校的计算机基础教育是一项面向信息时代、面向世界和面向未来的教育，它是技术基础教育，又是人才素质教育，更重要的是计算思维培养的基础教育。

本书是山东省精品课程的主教材，自 2005 年以来，本书已出版了 5 版，每次修订时，我们都遵循跟踪计算机信息技术的最新发展、适应高等学校入学学生计算机信息技术知识结构的变化而不断调整教材内容，不断求精，广大读者对教材的认可和支持是对我们最大的鼓励和鞭策。

第 6 版教材的修订，以教育部高等学校大学计算机课程教学指导委员会发布的课程教学基本要求和《计算思维教学改革白皮书》为指导，在总结多年教学实践和改革经验的基础上，对原教材的内容进行了重新修改规划，以培养计算思维能力为核心，对教材目录和内容进行了重新调整，强调计算机基本知识的理解和建立问题求解的思路，构建新的大学计算机课程的知识体系。

全书共 9 章，主要内容包括计算思维与计算机、计算机中的信息表示、微型计算机的系统组成、计算机中的问题求解、数据结构和数据管理、计算机网络、信息安全、计算机的应用领域等相关知识。主要修订内容如下：

① 跟踪信息时代的最新研究成果，教材中增加了最新的相关技术介绍，包括普适计算、云计算、大数据、人工智能等；

② 以培养用计算思维求解问题的能力为目标，对第 4 章问题求解和第 5 章数据结构中的内容进行了重新梳理和增加，以期进一步加强计算思维能力的应用性；

③ 对计算机的基础知识、系统组成、工作原理等进行了重新修订，删除了部分陈旧知识，增加了计算机发展的最新成果，着重强调计算机存储程序的工作原理；

④ 对计算机网络章节的内容进行了重新组织、编排，以更适应网络知识的理解和掌握，同时更新了部分最新知识。

本次再版教材，各章节衔接自然，相互关联，又有一定的独立性，在实际教学中可按教材顺序讲解，也可根据情况选择需要章节讲解。

在本教材修订的同时，也同步修订了配套的实验教材《大学计算机——基于 Windows 10+Office 2010 的操作技能（第 6 版）》，以适应计算机应用技术的快速发展和信息社会对其需求的提高。本书配套电子课件、习题指导与参考答案等，请登录华信教育资源网（http://www.hxedu.com.cn）免费注册下载。读者也可登录本课程学习网站（http://sdmooc.zhihuishu.com）进行自主学习。

本书由罗容、迟春梅、王秀鸾编著并统稿，由全国优秀教师张敏霞教授和孙丽凤教授主审。在此成书之际，感谢整个教学团队所有成员的帮助与支持。

由于水平有限，书中难免有错误和不妥之处，恳请师生不吝指正，十分感谢。

作　者

2020 年 6 月

目　录

第1章　计算思维与计算机

21世纪科学上重要的、经济上有前途的前沿研究都有可能通过熟练地掌握先进的计算机技术和运用计算科学而得到解决，计算科学具有促进其他学科发展的重要作用。在信息时代，计算思维的意义和作用提到了前所未有的高度，成为现代人类必须具备的一种基本素质。计算思维代表着一种普适的态度和一种普适的技能，在各种领域都有很重要的应用。

本章将阐述计算思维的概念、应用及其对各学科的影响和计算机的发展、分类、工作原理及系统组成。

1.1　计算思维概论

▶▶ 1.1.1　科学研究的三大方法——理论、实验和计算

科学的概念很难定义，在不同时期有着不同的解释。以下是对"科学"这一概念的解释：① 韦氏字典定义：科学是从确定研究对象的性质和规律这一目的出发，通过观察、调查和实验而得到的系统知识。② 广义的科学概念：从广义上讲，科学是指人们对客观世界的规律性认识，并利用客观规律造福人类，完善自我。

科学研究是科学认识的一种活动，是人们对自然界的现象和认识由不知到知之较少，再由知之不多到知之较多，进而逐步深化进入事物内部发现其本质规律的认识过程。具体而言，科学研究是整理、修正、创造知识以及开拓知识新用途的探索性工作。**人们在科学研究过程中采取的各种手段和途径称为科学方法。**从方法学的视角看，科学研究有三大基本方法——理论、实验和计算。与三大科学方法相对的是三大科学思维：以数学为基础的理论思维，以物理等学科为基础的实验思维，以计算机科学为基础的计算思维。

理论是客观世界在人类意识中的反映和用于改造现实的知识系统，用于描述和解释物质世界发现的基本规律。理论源于数学，理论思维支撑着所有的学科领域。对于理论研究方法来说，其优点是问题的解是精确的，其缺点是实际问题是复杂的，精确解很难得到。

实验方法是人们根据一定的科学研究目的，运用科学仪器、设备等物质手段，在人为控制或模拟研究对象的条件下，使自然过程以纯粹、典型的形式表现出来，以便进行观察、研究，从而获取科学事实的方法。例如，著名的伽利略在比萨斜塔的七层阳台上把轻重不同的两个金属球同时抛下，而两个球同时落地，证明了自由落体的速度和时间与物体的质量无关。

在比萨斜塔上抛球是很好的实验方法的例子，但是实验方法也是有缺点的，有些实验需要花费高昂的成本，例如，为鉴定核爆炸装置的威力及其性能，研究核武器的杀伤破坏因素的变化规律，研究核爆炸的和平利用而进行的核爆炸试验，它是一项规模很大，需要多学科、多部门协同配合和耗费大量人力、物力的科学试验；有些实验需要过长的时间，例如，星系的形成和演化，星系核活动和黑洞吸积的物理机制等；而有些实验具有一定的危险性，例如，美国科学家富兰克林冒着生命危险去捕捉雷电。

数千年来，人类主要通过理论和实验两种手段探索科学奥秘，但是随着计算的发展，科学研究有了更多可能的方法。高速计算机使我们可以模拟那些不容易观察到的现象，可以求解用理论和实验手

段无法解决的重大科学技术问题。计算方法突破了实验和理论科学方法的局限，并进一步提高了人们对自然和社会的洞察力，为科学研究与技术创新提供了新的重要手段和理论基础。**计算已和理论、实验一起，被公认为科学的三大支柱。**

▶▶ 1.1.2 什么是计算思维

1. 计算思维的概念

美国卡内基·梅隆大学的周以真（Jeannette M. Wing）教授于 2006 年在美国计算机权威期刊 *Communications of the ACM* 杂志上给出了计算思维（Computational Thinking）的定义：

> 计算思维是运用计算机科学的基础概念进行问题求解、系统设计，以及人类行为理解等涵盖计算机科学之广度的一系列思维活动。

为了使计算思维更加容易理解，周教授又对它作了进一步的解释：

① 计算思维是通过约简、嵌入、转化和仿真等方法，把一个看来困难的问题重新阐释成一个我们知道问题怎样解决的方法；以日常使用微波炉为例，使用者不需深入了解微波的加热原理、电路的控制、计时器的使用等，这些复杂难懂的理论以及操作系统由专家和技术人员进行处理，他们将电器元件封装起来，将复杂的理论约简成说明书上通俗易懂的操作步骤。所有可能用到的程序都被提前存储起来，使用者的指令通过按钮转化为信号从而调用程序进行执行，自动地控制电路的通断、微波的发射，最后将信号转化为热量。通过抽象，复杂的问题被转化为可解决的问题。用户在整个过程中只需进行简单的按钮操作。

② 计算思维是一种递归思维，是一种并行处理，是一种把代码译成数据又能把数据译成代码，是一种多维分析推广的类型检查方法。例如，《命运交响曲》《蓝色多瑙河》等音乐令人陶醉。但许多人因为不会演奏乐器，无法谱出自己的乐曲。而现在随着计算思维的发展，不识音律者也可以圆谱曲之梦。计算机事先将音乐转化为符号，并将其运行程序储存起来，用户输入音符时，会在提示下输入符合声乐规律的符号，用户将符号进行组合，然后计算机将它转化为声音播放出来。声音被抽象为符号，避免了不会操作乐器的尴尬，而正常情况下，每个人都可以操作按键，在用户输入后，计算机自动提示并执行。这一过程中，声乐（数据）被转化为符号，符号又被转化为声乐（数据），这一技术把演奏乐器与识别音律这一难题转化为用户可以解决的问题，计算思维让每个人都可以成为音乐家。计算思维可以改变世界，或者说，它正在改变世界。

③ 计算思维是一种采用抽象和分解来控制庞大复杂的任务或进行巨大复杂系统设计的方法，是基于关注分离的方法。

④ 计算思维是一种选择合适的方式去陈述一个问题，或对一个问题的相关方面建模使其易于处理的思维方法。

⑤ 计算思维是按照预防、保护及通过冗余、容错、纠错的方式，并从最坏情况进行系统恢复的一种思维方法。

⑥ 计算思维是利用启发式推理寻求解答，也就是在不确定情况下的规划、学习和调度的思维方法。

⑦ 计算思维是利用海量数据来加快计算，在时间和空间之间，在处理能力和存储容量之间进行折中的思维方法。

2. 计算思维的本质

计算思维的本质（Essence）是抽象（Abstraction）和自动化（Automation）。它反映了计算思维的根本问题，即什么能被有效地自动执行。

任何自然系统和社会系统都可视为一个动态演化系统，演化伴随着物质、能量和信息的交换，这种交换可转换为（也就是抽象）符号变换，使它可以用计算机进行处理。

当动态演化系统抽象为用符号表示后，可对其建立模型、设计算法、开发软件并实施使之自动执行，这就是计算思维中的自动化。

计算思维建立在计算过程的能力和限制之上。计算方法和模型使我们敢于去处理那些原本无法由个人独立完成的问题求解和系统设计。

在日常生活中，我们需要应用计算思维去解决问题。在遇到某些不知从何下手的问题时，可以想一想是否可以将其转化成别的相近的问题取而代之，让问题简单化。同时，在解决问题的时候，尽量用模型化、程序化的思维去解决问题。

我们学习计算机并不只是学习编写程序和计算机的基础知识，更重要的是培养计算思维，并将其应用到社会生活中去解决实际问题。

3．计算思维的特性

计算思维具有以下特性：

① 计算思维是概念化的，而不是程序化的。

计算机科学不是计算机编程。像计算机科学家那样去思维意味着不是为计算机编程，而是能够在抽象的多个层次上思维。

② 计算思维是每个人需掌握的基本技能，而不是刻板的重复性工作。

基本技能是每一个人为了在现代社会中发挥职能所必须掌握的，而不是简单的机械性重复工作。

③ 计算思维不是计算机的思维方式，而是人类解决问题的一种思维方式。

计算思维是人类求解问题的一条途径，并不是让人类像计算机那样地思考。计算机枯燥且沉闷，人类聪颖且富有想象力。具备计算思维，利用计算机可以去解决很多计算时代之前不敢尝试的问题，实现"只有想不到，没有做不到"的境界。

④ 计算思维是数学和工程思维的互补与融合。

计算机科学在本质上源自数学思维，因为像所有的科学一样，其形式化基础建筑于数学之上。计算机科学又从本质上源自工程思维，因为我们建造的是能够与实际世界互动的系统。

⑤ 计算思维是思想，不是产品。

计算思维不是时时刻刻影响我们生活的软件、硬件等产品，而是求解问题、管理日常生活、与他人交流和互动的计算概念。

⑥ 计算思维面向所有的人、所有的地方。

当计算思维真正融入人类活动时，它作为一个解决问题的有效思维方法工具，人人都应当掌握，处处都会被使用。

我们可以这样理解，计算思维实际上是一个思维的过程，它能够将一个问题清晰、抽象地描述出来，并将问题的解决方案表示为一个信息处理的流程。它是一种解决问题切入的角度，现实中针对某一问题你会发现有很多解决方案的切入角度，而计算思维角度就是其中之一。

综上所述，计算思维是每个人的基本技能，不仅仅属于计算机科学家。在阅读、写作和算术 3R（Reading, wRiting and aRithmetic）之外，我们应当将计算思维加到每个人的解析能力之中。正如印刷出版促进了 3R 的传播，计算机的广泛应用也有力地促进了计算思维的传播。

▶▶ **1.1.3　计算思维对各学科的影响**

计算思维正在或已经渗透到各个学科、各个领域，并潜移默化地影响和推动着各个领域的发展。

1. 计算思维的影响

计算思维已经影响到所有科学和工程学科的研究，从几十年前开始运用计算机建模和仿真，到现在利用数据挖掘和机器学习来分析海量数据，不仅限于传统的理工学科，更多的学科正在受到其影响，并发生改变。

① 计算思维正在改变统计学，通过机器学习、贝叶斯方法的自动化以及图形化模型的使用，可以从大量的数据中，如多样化的天文学图谱、信用卡购买以及食品超市的发票等，进行模式识别和异常检测。就数据尺度和维数而言，统计学习用于各类问题的规模仅在几年前还是不可想象的。

② 计算机科学对于生物学的贡献，不仅在于从海量时序数据中搜寻模式规律的本领，更重要的是利用计算机专业中的数据结构和算法来表示蛋白质的结构以阐释其功能。计算生物学正在改变着生物学家的思考方式。

③ 计算博弈理论正改变着经济学家的思考方式，纳米计算改变着化学家的思考方式，量子计算改变着物理学家的思考方式。计算思维跨越了自然和人文的学科分界，影响了几乎所有学科的学术研究。

④ 计算机系统仿真是利用计算机科学和技术的成果建立被仿真的系统的模型，并在某些实验条件下对模型进行动态实验的一门综合性技术。它具有高效、安全、受环境条件的约束较少、可改变时间比例尺等优点，已成为分析、设计、运行、评价、培训系统（尤其是复杂系统）的重要工具。很多实验在现实中不具备进行实验的条件，或很难多次重复实验，例如，天气预报的模型，卫星运行轨迹等，都依赖于计算机仿真。例如，波音 777 飞机没有经过实际的风洞测试，而完全是采用计算机模拟测试的。

⑤ 许多科学和工程学原理是基于大量自然界中关于物理过程的计算模拟和数学模型产生的。地球科学试图模拟出一个地球，从它的内核到表层到太阳系。在人文艺术领域，通过数据挖掘和数据联邦等计算方法生成的电子图书馆、文物收藏等，为探究和理解人类行为的新趋势、新模式和新关联创造了机会。在未来，更深层次的计算思维——通过对更智慧更复杂的抽象方式的选择，也许可以让科学家和工程师模拟和分析比他们现在可以处理的系统大出无数个数量级的系统。而通过类似分层分解的抽象层次的使用，我们希望可以达到以下目标：模拟出基于多重时间维度和三维空间分辨率的系统；模拟多种复杂系统之间的相互影响，来识别在临界点和突发行为时的状况；在一段时间内，对这些模型进行超前式和后退式的试验；并且将这些模型与标准统计模型进行验证。

⑥ 计算思维也开始影响到超越科学和工程学的学科和专业。例如，医药算法、计算考古学、计算经济学、计算金融、计算与新闻学、计算法、计算社会科学以及数字人文科学。

2. 本教材中的计算思维

计算思维中信息如何抽象：计算机对人类的影响力之大已经无人质疑，已经成为一种生活形态，也是一种计算机文化形态，大部分读者应该已经了解计算机中信息是以二进制形式表示的。所有可以由计算机进行处理的内容都必须被表示成为二进制，这是计算机所有功能的基础。二进制目前已经不仅仅局限于计算机，它也改变了通信、电视等传统的处理方法，二进制集中体现了计算思维的抽象本质，本书的第 2 章将介绍字符、文字、图像、声音等如何用二进制表示，同时也领略计算思维抽象的神奇和无比强大。

计算思维中问题如何求解：计算机广泛地应用于科学、工程技术和社会科学等方面的计算，这是计算机应用的一个基本方面，也是读者比较熟悉的。例如，人造卫星轨迹计算，导弹发射的各项参数的计算，房屋抗震强度的计算等，在这些计算中，通常包含几百个线性方程组，几十阶微分方程组及函数的积分等大量复杂运算，如果利用人工来进行这些计算，通常需要几年甚至几百年，而结果也不一定能满足及时性、精确性等要求。计算机的迅速发展使这种庞大复杂的计算成为可能，利用计算机进行计算带来了巨大的经济效益，在电子、土木、机械等工程领域，计算高阶项可以提高精度，进而提高质量、减少浪费并节省制造成本。可是作为非计算机专业的同学，缺乏相关计算机知识，如何利用计算机为专业的计算服务呢？本书的第 4 章选取了计算思维中解决问题的基本算法集，通过程序设计方法的介绍和算法的介绍让大家掌握计算思维解决问题的基本方法，以便能很好地驾驭计算机帮助我们进行科学计算。每一位专业人士都应掌握计算思维的基本方法，就像掌握数学思维的基本方法一样，以具备解决大量复杂的科学计算能力。

计算思维中数据如何处理：用计算机对大量数据及时地加以记录、整理和计算，加工成人们所要求的形式，称为数据处理。数据处理与数值计算相比较，它的主要特点是原始数据多，处理量大，时间性强。

在计算机应用普及的今天，计算机已经不再只是进行科学计算的工具，计算机更多地应用在数据处理方面。例如，对工厂的生产管理、计划调度、统计报表、质量分析和控制等；在财务部门，用计算机对账目登记、分类、汇总、统计、制表等。

大数据时代已经来临，它将在众多领域掀起变革的巨浪。我们只有通过计算技术这种能力，才能够去解决每一个行业大数据的挑战。如何从海量数据中"提纯"出有用的信息，如何利用计算机进行有效的数据管理是每一个行业不可回避的问题。本书的第 6 章将主要介绍专业性的大量数据如何正确、有效地存储、操作，从而被有效地利用。

除此之外，本书的第 3 章、第 7 章还将分别介绍计算机硬件、软件基础知识的最小集和网络的一些基本概念及协议等。

当然，计算思维还包含大量方方面面的内容，思维也不是通过一本书就可以掌握的，我们只是给大家打开一扇门，希望同学们在大学的第一年里为成为适应新时代需要的"专业+信息"人才迈出坚实的第一步，能够运用计算机科学的基础概念，对问题进行求解、系统设计和行为理解，即具备初步的计算思维能力。

1.2　计算机概述

▶▶ 1.2.1　计算机的特点

计算机（Computer）是 20 世纪人类最伟大的发明之一，是一种能够存储程序，通过执行程序指令，自动、高速、精确地对各种信息进行复杂运算处理，并输出运算结果的一种高科技电子设备。计算机是人类进入信息化时代的里程碑式标志之一，也是最基本、最常用的信息处理工具，其主要特点如下。

1．运算速度快

当今计算机系统的运算速度已达到每秒万亿次，微机也可达每秒几亿次以上。大量的科学计算过去人工需要几年、几十年，而现在利用计算机只需要几天或几小时甚至几分钟就可以完成。

2．运算精度高

在计算机中，其字长越长则表示数的范围就越大，同时运算精度也就越高。随着计算机硬件技术的不断发展，计算机的字长也在不停地增加，使得它能够满足高精度数值计算的需要。例如，对圆周率的计算，数学家们经过长期艰苦的努力只算到了小数点后 500 位，而使用计算机很快就能够算到小数点后 200 万位。科学技术的发展特别是尖端科学技术的发展，需要高度精确的计算。计算机控制的导弹之所以能准确地击中预定的目标，是与计算机的精确计算分不开的。一般计算机可以有十几位甚至几十位（二进制）有效数字，计算精度可由千分之几到百万分之几，是任何其他计算工具所望尘莫及的。

3. 可靠性高

计算机基于数字电路的工作原理，而在数字电路中表示"0""1"这样的二进制数非常方便，其运行状态稳定，再加上计算机内部电路所采用的各种校验手段，使得计算机具有非常高的可靠性。

4. 具有逻辑判断功能，逻辑性强

计算机不仅能进行精确计算，还具有逻辑运算功能，可以对各种信息（如语言、文字、图形、图像、音乐等）进行比较和判断，以及推理和证明。

5. 存储容量大

计算机内部的存储器具有记忆特性，随着计算机存储容量的不断增大，可存储记忆的信息越来越多。计算机不仅能进行计算，而且能把参加运算的数据、程序以及中间结果和最后结果保存起来，以供用户随时调用。

6. 自动化程度高

由于计算机具有存储记忆能力和逻辑判断能力，因此人们可以将预先编好的程序组存入计算机内存，在程序控制下，计算机可以连续、自动地工作，不需要人的干预。

▶▶ 1.2.2　计算机的发展

1. 计算机的起源

计算机是 20 世纪人类最伟大的发明之一。西方人发明了这种奇妙的计算机器，为它起名为 Computer。60 多年来，这台机器彻底改变了我们每个人的生活、学习和工作，已在世界范围内形成了一种新的文化，构造了一种崭新的文明。历史是未来的一面镜子，关注计算机的人们都希望了解计算机发生和发展的历程。在此，让我们向前追溯到 60 多年前第一台电子计算机 ENIAC 诞生的岁月，以及人类发明计算工具的远古年代，并由此回顾和感受计算机网络所带来的冲击。

现代计算机是从古老的计算工具一步步发展而来的。算盘是我国人民独特的创造，是一种采用十进制的计算工具。随着社会的发展，计算工具也得到相应的发展。特别是近 300 多年来，在欧洲，法国物理学家帕斯卡（Blaise Pascal，1623—1662）于 1642 年发明了第一台能进行加、减法运算的齿轮式加减法器。在帕斯卡研究的基础上，1673 年德国数学家莱布尼兹（G.N.Won Leibniz，1646—1716）改进了帕斯卡的设计，增加了乘除法器，制成了可以进行四则运算的机械式计算器。另外，人们还研究了机械式逻辑器及机械式输入和输出装置，为完整的机械式计算机打下了基础。这些机器虽然发明得比较早，但受到当时工艺水平低下的制约（当时还不能生产廉价的精密小齿轮及其他的精密零部件），因此，直到 19 世纪，机械式计算机才开始成为商品进行使用。

19 世纪 20 年代，英国数学家查尔斯·巴比奇（Charles Babbage，1791—1871）最先提出了通用数字计算机的基本设计思想，并于 1822 年和 1834 年先后设计了差分机和分析机，试图以蒸汽机为动力来实现，但是受到当时技术和工艺的限制而失败了。分析机具有控制、处理、存储、输入及输出 5 个基本装置，是一种顺应计算机自动化、半自动化的程序控制潮流的通用数字计算机，它成为以后电子计算机硬件系统的基本组成。在现代电子计算机诞生的 100 多年前，巴比奇就已经提出了几乎是完整的设计方案，真是一个奇迹。1936 年美国科学家霍华德·艾肯（Howard Aiken，1900—1973）采用机电方法来实现巴比奇分析机的想法，并于 1944 年研制成功了 Mark I 计算机，使巴比奇的梦想变成现实，所以国际计算机界称巴比奇为"计算机之父"。

现代计算机也称为电脑或电子计算机（Computer），是指一种能存储程序和数据，自动执行程序，快速而高效地完成对各种数字化信息处理的电子设备。

在现代计算机的发展中，具有突出贡献的代表人物是英国数学家图灵（Alan Mathison Turing，1912—1954）和美籍匈牙利数学家冯·诺依曼（Johon Von Neumann，1903—1957）。图灵的主要贡献：一是提出了著名的"图灵机"（TM，Turing Machine）模型，探讨了计算机的基本概念，证明了通用数字计算机是可以实现的；二是提出了图灵测试（Turing Test），奠定了"人工智能"的理论基础。为了纪念图灵对计算机科学的重大贡献，美国计算机协会（ACM）在 1966 年设立了图灵奖，奖励每年在计算机科学领域作出特殊贡献的人。冯·诺依曼于 1946 年首先提出了在计算机中存储程序的思想，并确定了存储程序计算机的基本组成和基本工作方法。冯·诺依曼的这一设计思想被誉为计算机发展史上的里程碑，标志着计算机时代的真正开始。50 多年来，虽然计算机系统从运算速度、工作方式、性能指标等方面与当时的计算机有很大的差别，但冯·诺依曼提出的存储程序的思想和规定的计算机硬件的基本结构没有变，都属于冯·诺依曼计算机。因此，"存储程序"是现代计算机的重要标志。

世界上第一台电子计算机 ENIAC 在美国于 1946 年 2 月 14 日诞生。这台计算机是在美国陆军部的主持下，由美国宾夕法尼亚大学的埃克特（Ecket）和莫奇里（Mauchley）研制成功的，它占地 160 平方米，重 30 吨，功率 150 千瓦，使用了 18 000 多只电子管，运算速度为 5000 次/秒。虽然它仍存在着不能存储程序，以及使用的是十进制数等严重缺陷，但是它的运算速度在当时来说已经是非常快了。ENIAC 是 Electronic Numerical Integrator And Calculator 的缩写（称为电子数字积分计算机）。ENIAC 的问世具有划时代的意义，它标志着人类计算工具的历史性变革，它的成功，开辟了提高计算速度的极为广阔的前景，从此，计算机登上了人类社会发展的历史舞台。ENIAC 研制的同时，冯·诺依曼也于 1952 年和他的同事们研制了第二台电子计算机 EDVAC。这台机器的硬件系统由运算器、逻辑控制装置、存储器、输入和输出设备 5 部分组成，它采用了二进制编码，把程序和数据存储在存储器中。EDVAC 的发明为现代计算机在体系结构和工作原理上奠定了基础，对后来的计算机设计产生了重大影响。事实上，真正实现内存储程序式的世界第一台电子计算机是由英国剑桥大学的威尔克斯（M.V.Wilkes）等根据冯·诺依曼的设计思想设计的 EDSAC（Electronic Delay Storage Automatic Caculator，电子延迟存储自动计算器）。EDSAC 于 1949 年 5 月制成并投入运行，采用了二进制编码和存储器，即事先把指令存入计算机的存储器，省去了在机外编排程序的麻烦，保证了计算机能按事先存入的程序自动地进行运算，其硬件系统由运算器、逻辑控制装置、存储器、输入和输出设备 5 部分组成。计算机孕育于英国，诞生于美国，遍布于全世界。

2. 计算机的发展

自 1946 年电子计算机问世以来，计算机在制作工艺与元件、软件、应用领域等方面都取得了突飞猛进的发展。根据计算机所采用的逻辑元器件的不同，一般将计算机的发展分成 4 个阶段，习惯上称为 4 代，4 代计算机的主要特点比较见表 1-1。

表 1-1　4 代计算机的主要特点比较

代	时间	硬件特征	软件特征	应用领域
第一代	1946—1957	采用电子管作为计算机的元器件	数据定点表示，使用机器语言和汇编语言	军事部门、科学研究
第二代	1958—1964	采用晶体管作为计算机的元器件	高级语言开始出现，使用批处理管理程序	军事、工业、商业、银行等部门
第三代	1965—1970	采用中小规模集成电路作为计算机的元器件	操作系统开始成熟，软件功能日益增大	向各个部门推广和普及
第四代	1971—今	采用大规模与超大规模集成电路作为计算机的元器件	数据库系统得到发展，分布式操作系统高效可靠，软件工程的标准化	计算机得到广泛的应用，迅速普及推广开来

第 1 代计算机：电子管计算机时代（1946—1957）。逻辑元件采用电子管，软件方面用机器语言或汇编语言编写程序，主要用于军事和科学计算。特点是体积大、耗能高、速度慢（一般每秒数千次至数万次）、存储容量小、价格昂贵。其代表机型有 EDVAC、IBM704 等。

第 2 代计算机：晶体管计算机时代（1958—1964）。逻辑元件采用晶体管，软件方面出现了一系列高级程序设计语言，并提出了操作系统的概念。计算机设计出现了系列化的思想。应用范围也从军事与科学计算方面延伸到工程设计、数据处理、事务管理及其他科学研究领域。其代表机型有 IBM7090、ATLAS 等。

第 3 代计算机：中、小规模集成电路计算机时代（1965—1970）。逻辑元件采用中、小规模集成电路（IC），软件方面出现了操作系统及结构化、模块化程序设计方法，高级语言在这一时期有了很大的发展。软、硬件都向标准化、多样化、通用化、机种系列化的方向发展。计算机开始广泛应用在各个领域。其代表机型有 IBM360 等。

第 4 代计算机：大规模和超大规模集成电路计算机时代（1971 年至今）。逻辑元件采用大规模集成电路（LSI，Large Scale Integration）和超大规模集成电路（VLSI，Very Large Scale Integration）。伴随性能的不断提高，计算机体积、重量、功耗、价格不断下降，而速度和可靠性不断提高，应用范围进一步扩大。操作系统不断完善，应用软件已成为现代工业的一部分。这些年来，多媒体、网络也在不断地发展着，今天计算机的发展进入了以计算机网络为特征的时代。

与国外一样，我国的超大规模集成电路计算机的研制也是从微机开始的，只不过从 20 世纪 80 年代中期才开始。20 世纪 80 年代初期，国内很多单位开始采用 Z80、X86 和 M6800 等芯片研制微机。1985 年，原电子部六所研制了功能与 IBM PC（1981 年）兼容的 DJS-0520CH 微机，随后在 1987 年第一台国产 286 微机长城 286 问世。1995 年，曙光 1000 大型机通过鉴定，其峰值可达每秒 25 亿次计算。曙光 1000 与美国 Intel 公司 1990 年推出的大规模并行机体系结构与实现技术相近，此时与国外先进技术之间的差距缩小到 5 年左右。2000 年，我国自行研制成功高性能计算机"神威 I"，其主要技术指标和性能达到国际先进水平。我国成为继美国、日本之后世界上第 3 个具备自行研制高性能计算机能力的国家。

2001 年，中科院计算所研制成功了我国第一款通用 CPU 芯片"龙芯"。2002 年，曙光公司推出完全自主知识产权的"龙腾"服务器。龙腾服务器采用了"龙芯一号"CPU、曙光公司和中科院计算所联合研发的服务器专用主板、曙光 Linux 操作系统，该服务器是国内第一台完全实现自主产权的计算机产品，在国防等领域发挥了重大作用。2009 年，国防科技大学研制成功了"天河一号"超级计算机，峰值速度达 1.206 PFlops（1 千万亿次浮点指令/秒），实测达 563.1 TFlops，为国内首台达到千万亿次运行速度的超级计算机，其改进版本"天河一号 A"上搭载了 2048 颗国产 FT-1000 处理器（8 核 64 线程），在架构设计上采用了基于 TH Express-2 主干网的集群式"胖树"拓扑互连结构，其最终的实测速度高达 2.566 PFlops。

目前，在高性能计算机领域，无论是超级计算机的拥有量还是运算速度，我国都处于世界领先地位，最具代表性的是国防科技大学研制的"天河"、中科院研制的"曙光"以及国家并行计算机工程技术研究中心研制的"神威·太湖之光"等超级计算机，它们的最高速度已突破每秒十亿亿次。其中，部署于国家超算广州中心的"天河二号"内置 4096 颗国产 FT-1500 处理器（16 核 SPARC V9 架构，40nm 制程，主频 1.8GHz）持续计算速度高达 33.86 PFlops；部署于国家超算无锡中心的"神威·太湖之光"内置 40960 颗国产"申威 26010"众核处理器，其持续计算能力高达 93.015 PFlops。

3. 计算技术的发展趋势

随着科技的进步，各种计算机技术、网络技术的飞速发展，计算机的发展已经进入了一个快速而又崭新的时代，计算机已经从功能单一、体积较大发展到功能复杂、体积微小、资源网络化。计算机的未来充满了变数，性能的大幅度提高是不可置疑的，而实现性能的飞跃却有多种途径。不过性能的大幅提升并不是计算机发展的唯一路线，计算机的发展还变得越来越人性化，同时也更加注重环保。

（1）分子计算机

分子计算机体积小、耗电少、运算快、存储量大。分子计算机的运行是吸收分子晶体上以电荷形式存在的信息，并以更有效的方式进行组织排列。分子计算机的运算过程就是蛋白质分子与周围物理化学介质的相互作用过程。转换开关为酶，而程序则在酶合成系统本身和蛋白质的结构中极其明显地表示出来。生物分子组成的计算机具备能在生化环境下，甚至在生物有机体中运行，并能以其他分子形式与外部环境交换。因此它将在医疗诊治、遗传追踪和仿生工程中发挥无法替代的作用。分子芯片体积可比现在的芯片大大减小，而效率大大提高，分子计算机完成一项运算，所需的时间仅为 10 微微秒，比人的思维速度快 100 万倍。分子计算机具有惊人的存储容量，1 立方米的 DNA 溶液可存储 1 万亿亿的二进制数据。分子计算机消耗的能量非常小，只有电子计算机的十亿分之一。由于分子芯片的原材料是蛋白质分子，所以分子计算机既有自我修复的功能，又可直接与分子活体相联。

（2）量子计算机

量子计算机是利用原子所具有的量子特性进行信息处理的一种全新概念的计算机。量子理论认为，非相互作用下，原子在任一时刻都处于两种状态，称之为量子超态。原子会旋转，即同时沿上、下两个方向自旋，这正好与电子计算机 0 与 1 完全吻合。如果把一群原子聚在一起，它们不会像电子计算机那样进行线性运算，而是同时进行所有可能的运算，例如，量子计算机处理数据时不是分步进行而是同时完成的。只要 40 个原子一起计算，就相当于今天一台超级计算机的性能。量子计算机以处于量子状态的原子作为中央处理器和内存，其运算速度可能比目前的奔腾 4 芯片快 10 亿倍，就像一枚信息火箭，在一瞬间搜寻整个互联网，可以轻易破解任何安全密码。

（3）光子计算机

1990 年初，美国贝尔实验室制成世界上第一台光子计算机。

光子计算机是一种由光信号进行数字运算、逻辑操作、信息存储和处理的新型计算机。光子计算机的基本组成部件是集成光路，要有激光器、透镜和核镜。由于光子比电子速度快，光子计算机的运行速度可高达一万亿次。它的存储量是现代计算机的几万倍，还可以对语言、图形和手势进行识别与合成。

许多国家都投入巨资进行光子计算机的研究。随着现代光学与计算机技术、微电子技术相结合，在不久的将来，光子计算机将成为人类普遍的工具。

（4）纳米计算机

纳米计算机是用纳米技术研发的新型高性能计算机。纳米管元件的尺寸在几到几十纳米范围，质地坚固，有着极强的导电性，能代替硅芯片制造计算机。"纳米"是一个计量单位，一个纳米等于 10^{-9} 米，大约是氢原子直径的 10 倍。纳米技术是从 20 世纪 80 年代初迅速发展起来的新的前沿科研领域，最终目标是人类按照自己的意志直接操纵单个原子，制造出具有特定功能的产品。纳米技术正从微电子机械系统起步，把传感器、电动机和各种处理器都放在一个硅芯片上而构成一个系统。应用纳米技术研制的计算机内存芯片，其体积只有数百个原子大小，相当于人的头发丝直径的千分之一。纳米计算机不仅几乎不需要耗费任何能源，而且其性能要比今天的计算机强大许多倍。

（5）生物计算机

20 世纪 80 年代以来，生物工程学家对人脑、神经元和感受器的研究倾注了很大精力，以期研制出可以模拟人脑思维、低耗、高效的第 6 代计算机——生物计算机。用蛋白质制造的计算机芯片，存储量可以达到普通计算机的 10 亿倍。生物电脑元件的密度比大脑神经元的密度高 100 万倍，传递信息的速度也比人脑思维的速度快 100 万倍。其特点是可以实现分布式联想记忆，并能在一定程度上模拟人和动物的学习功能。它是一种有知识、会学习、能推理的计算机，具有能理解自然语言、声音、文字和图像的能力，并且具有说话的能力，使人机能够用自然语言直接对话，它可以利用已有的和不断学习到的知识，进行思维、联想、推理，并得出结论，能解决复杂问题，具有汇集、记忆、检索有关知识的能力。

▶▶ 1.2.3 　计算机的分类

随着计算机技术的发展和广泛应用，计算机的类型也越来越多样化，其分类方法也很多。下面仅从计算机的用途、使用范围、规模和处理能力 3 个方面进行说明。

1．按计算机的用途分类

按计算机的用途可以将计算机分为科学与工程计算计算机、数据处理计算机和工业控制计算机 3 类。科学与工程计算计算机专门用于科学与工程领域的计算问题；数据处理计算机主要用于数据处理，如办公事务处理、报表统计等；工业控制计算机主要用于生产过程监测和控制。

2．按计算机的使用范围分类

按计算机的使用范围可以将计算机分为专用计算机和通用计算机两类。

专用计算机是指为解决某种特定问题而设计的计算机，这种计算机具有运算速度快、精度高、运行效率好、针对性强和结构简单等特点。专用计算机一般用于银行存取款、飞机的自动控制、数控机床等方面。

通用计算机是指为解决各种一般问题而设计的计算机，这种计算机具有很强的综合处理能力，能够解决各种类型的问题，通用性是其主要特点。通用计算机既可用于数据处理、科学计算，又可用于工程设计和工业控制等，它是一种用途广泛、结构复杂的计算机。

3．按计算机的规模和处理能力分类

计算机的规模和处理能力主要是指计算机的大小、存储容量、运算速度、字长、外部设备等多方面的综合性能指标。按计算机的规模和处理能力大体可分为超级计算机、大型机、小型机、微型机等。

（1）超级计算机

超级计算机（Supercomputer），早期叫巨型机，现在常简称为"超算"。与大型机相比，超级计算机通常由成千上万个计算结点和服务结点组成，具有强大的计算和处理数据的能力。主要特点表现为超高的计算速度和超大的存储容量，并配有多种外部和外围设备及功能丰富的软件系统。

超级计算机是计算机中功能最强、运算速度最快、存储容量最大的一类计算机，多用于国家高科技领域和尖端技术研究，是一个国家科研实力的体现，它对国家安全、经济和社会发展具有举足轻重的意义，是国家科技发展水平和综合国力的重要标志。

为提高系统性能，现代的超级计算机都在系统结构、硬件、软件、工艺和电路等方面采取各种支持并行处理的技术。例如，一般都采用多处理机结构，且处理机除支持传统的标量数据外，还增加了向量或数组类型数据，硬件方面大多采用流水线、多功能部件、阵列结构或多处理机、向量寄存器、标量运算、并行存储器等多种先进技术。

我国的超级计算机研制始于 20 世纪 60 年代，由国防科技大学主持研发的国内首台超级计算机"银河 1 号"于 1983 年 12 月 22 日诞生，使我国继美国、日本之后成为第 3 个高性能计算机研制生产国。

中国现阶段超级计算机的拥有量超过 60 台，无论是保有量还是计算能力，目前我国在超级计算机领域都处于世界领先水平。

注意，计算机领域中对于微型机、小型机、大型机和超级计算机的划分都是一个相对的概念，其划分标准也会随着技术的不断发展而发生动态变化。正因为如此，目前的微型机的计算性能或许相当于数十年前的小型机；又或者现在的小型机的综合性能指标，说不定还赶不上若干年后的微型机。

（2）大型机

大型机（Mainframe）或称大型计算机。一般作为大型的高性能商业服务器，因其具有较大的体积（通常占地面积几十平方米）而得名。

大型机通常使用专用的处理器指令集、专用的操作系统和专用的应用软件，通常具有较高的运算速度，一般为每秒数千万亿次级别，还具有较大的存储容量，具备较好的通用性，功能也比较完备，能支持大量用户同时使用计算机数据和程序，具有强大的数据处理能力，但大型机的价格相对昂贵。

大型机处理复杂的多任务时能表现出超强的处理能力，其宕机时间远远低于其他类型的服务器。大型机输入/输出能力强，擅长超大型数据库的访问，采取动态分区管理，根据不同应用负载量的大小，灵活地分配系统资源，从底层防止入侵的设计策略使大型机安全性提高。

大型机通常应用在银行、证券和航空等大型企业中，对大数据处理能力和系统的安全性、稳定性等都有极为苛刻要求的应用场合。我国仅有少数科研院所能设计和生产大型机。

（3）小型机

小型机（Minicomputer 或 Minis）是相对于大型机而言的，小型机的软件、硬件系统规模比较小，但价格低、便于维护和使用。小型机的应用范围很广，既可作为医疗设备、测量仪器、工业控制中的数据采集、分析计算设备，也可作为巨型机、大型机的辅助设备，主要用于企业管理、大学和研究所的科学计算和事务管理等。

小型机最初是在 20 世纪 70 年代由美国 DEC 公司首先开发的一种高性能计算产品，曾经风行一时。小型机也曾用来表示一种多用户、采用主机/终端模式的计算机，它的规模和性能介于大型机和微型机之间。目前，主流小型机的内部一般集成了几十或上百个 CPU，且采用不同版本的 UNIX 操作系统，常作为中高端的专业服务器。

小型机采用的是主机/终端模式，并且各厂商均有各自的体系结构，如处理器架构、I/O 通道和操作系统软件等都是特别设计的，一般彼此之间互不兼容。与普通服务器相比，小型机还具有高 RAS（Reliability、Availability、Serviceability）特性：

① 高可靠性，计算机可以 7×24 持续工作永不停机；

② 高可用性，重要资源都有备份，能检测到潜在异常，能转移任务到其他资源以减少停机时间保持持续运行，且具备实时在线维护和延迟性维护等功能；

③ 高服务性，能够实时在线诊断，精确定位发生的故障，并能做到准确无误的快速修复。

（4）微型机

平常说的微机指的就是个人计算机（PC，Personal Computer）。这种计算机以其设计先进（总是率先采用高性能微处理器）、软件丰富、功能齐全、价格便宜等优势而拥有广大的用户。

自 1971 年 Intel 公司推出世界上第一台 4 位微型计算机 MCS-4 后，微型计算机开始以"摩尔第一定律"的速度发展，即平均每 18 个月芯片的集成度提高 1 倍、性能提高 1 倍、价格下降一半。这就是说，微机将向着运算速度更快、功能更强、更易用、价格更便宜、体积更小、重量更轻、携带更方便的方向发展。

1.3　计算机的工作原理

著名的美籍匈牙利数学家冯·诺依曼在总结前人研究的基础上，于 1946 年提出了"存储程序式计算机"方案，从而使计算机实现了自动化。存储程序的工作原理是：在计算机中设置存储器，将程序和数据存放到存储器中，计算机按照程序指定的逻辑顺序依次取出存储器中的内容进行处理，直到得出结果。

由此可见，要利用计算机来处理某些问题时，首先要制订该项任务的解决方案，再将其分解成计算机能够识别并可以执行的基本操作指令，这些指令按一定的顺序排列起来，就组成了程序（Program）。计算机按照程序规定的流程依次执行存放在存储器中的一系列指令，最终完成程序所要实现的目标。

所谓指令（Instruction）是指计算机完成某一种操作的命令。一条指令就是计算机机器语言的一个语句，它一般包括操作码和地址码两部分，如图 1.1 所示。操作码（OP，Operation Code）用来表示一条指令的操作特性和功能，即指出进行什么操作；地址码（AC，Address Code）规定操作数的值或地址、操作结果的地址及下一条指令的地址等。地址码部分的地址可能不止一个，也可能没有。地址是每个存储单元对应的一个固定编号，只要给出确定的地址，就能访问相应的存储单元，对该单元进行读/写操作，从中读出指令，并将执行结果写回到存储器。

图 1.1　指令的组成格式

一条指令的执行过程一般可分为取指令（Fetch）、分析指令（Decode）、执行指令（Execute）3 个阶段。一系列指令的执行过程实际上就是在不断重复上述 3 个阶段的过程，如图 1.2 所示。

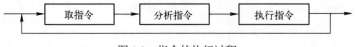

图 1.2　指令的执行过程

一台计算机所能识别并执行的全部指令的集合称为这台计算机的指令系统。指令系统与计算机的硬件系统密切相关，它是根据计算机使用要求设计的，一旦确定了指令系统，硬件上就必须保证指令系统的实现，因此，指令系统是设计一台计算机的基础，它决定了计算机硬件的主要性能和基本功能。指令系统中的指令条数因计算机类型的不同而不同，少则几十条，多则数百条。一台计算机的指令系统按其功能可以分成以下 5 类。

① 数据传送类指令：主要用于向寄存器、存储器传送数据。

② 数据处理类指令：主要完成算术运算和逻辑运算等。

③ 程序控制类指令：主要用于控制程序的执行方向。

④ 输入与输出类指令：主要用于实现主机与外部设备之间的信息交换。

⑤ CPU 控制和调试指令：主要用于实现系统的控制。

"存储程序工作原理"是当代计算机结构设计的基础，它使计算机的自动运算成为可能，是计算机与所有其他手算工具的根本区别。虽然计算机技术发展很快，但"存储程序工作原理"至今仍然是所有计算机都采用的基本工作原理。因此，人们把现代电子计算机称为冯·诺依曼式计算机。

依照存储程序的工作原理，计算机的工作方式应该有两个基本能力：一是能够存储程序和数据，二是能够自动地执行程序。于是，计算机中必须有一个存储器，用以存储程序与数据；有一个计算器，用以执行指定的操作；有一个控制部件，以便实现自动操作；还要有输入部件和输出部件，以便输入原始数据、程序和输出计算结果。

由此可见，计算机的硬件系统一般由 5 个基本功能部件组合而成，即运算器、控制器、存储器、输入设备和输出设备，如图 1.3 所示。

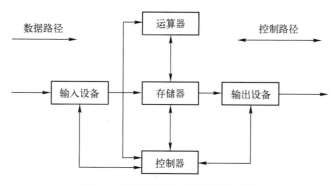

图 1.3　计算机硬件系统的基本组成

① 运算器（Arithmetic Unit）也称为算术逻辑部件（ALU，Arithmetic Logic Unit），是计算机中执行各种算术运算和逻辑运算的部件。算术运算是指加、减、乘、除及它们的复合运算。而逻辑运算是指"与""或""非"等逻辑比较和逻辑判断等操作。在计算机中，任何复杂运算都转化为基本的算术与逻辑运算，在运算器中完成。

② 控制器（Control Unit）是计算机的神经中枢和指挥中心，是指挥整个计算机各功能部件协调一致动作的部件。它的基本功能是从内存取指令和执行指令。控制器通过地址访问存储器、逐条取出指定单元指令，分析指令，并根据指令产生的控制信号作用于其他各部件来完成指令要求的工作。上述工作周而复始，保证了计算机能自动连续地工作。

通常将运算器和控制器合起来称为中央处理器（CPU，Central Processing Unit）。CPU 是计算机硬件的核心部件，控制了计算机的运算、处理、输入和输出等工作。计算机的性能主要取决于 CPU。

③ 存储器（Memory）是计算机中具有记忆功能的部件，用于存储程序和数据。程序是计算机操作的依据，数据是计算机操作的对象。根据存储器与 CPU 联系的密切程度可分为主存储器和辅助存储器。

④ 输入设备（Input Device）是用于将程序和数据输入到计算机中的设备，其功能是将数据、程序及其他信息，从人们熟悉的形式转化为计算机能够识别和处理的形式输入到计算机内部，如键盘、鼠标等。

⑤ 输出设备（Output Device）是用来将计算机处理的结果进行表示的设备，其功能是将计算机内部的二进制形式的数据信息转换成人们所需要的或其他设备能接收和识别的信息形式，如显示器、打印机等。

计算机中的五大部件每一个部件都有相对独立的功能，分别完成各自不同的工作。五大部件是在控制器的控制下协调统一地进行如下工作。

第一步：把表示计算步骤的程序和计算中需要的原始数据，在控制器输入命令的控制下，通过输入设备送入计算机的存储器存储。

第二步：当计算开始时，在取指令作用下把程序指令逐条送入控制器，控制器对指令进行译码，并根据指令的操作要求向存储器和运算器发出存储、取数命令和运算命令，经过运算器计算并把结果存放在存储器内。

第三步：在控制器的取数和输出命令的作用下，通过输出设备输出计算结果。

不管是进行复杂的数学计算，还是对大量的数据进行处理，或者对一个过程进行自动控制，用户都应先按照处理的步骤，用编程语言编写程序，然后通过输入设备，将程序和需处理的数据送入计算机并存放在存储器中。计算机在运行程序前，必须将源程序编译转换为计算机可识别的机器指令，并将这些指令按一定顺序存放在存储器的若干存储单元中。

当计算机启动程序运行后，控制器将某个地址送往存储器，从该地址单元取回一条指令。控制器根据这条指令的含义，发出相应的操作命令，控制该命令的执行。比如，执行一条加法指令，先要从存储单元取出该操作数，送入运算器，再将操作数相加，并将运算结果送回存储单元存放，然后再取下一条指令继续执行。如果执行到输出指令时，计算机通过输出设备将结果显示在屏幕上。

1.4　计算机应用技术展望

计算机应用技术的发展日新月异，新计算机技术的广泛应用，将对人们的生活带来深刻影响。下面介绍普适计算、人工智能、云计算、物联网和大数据技术。

▶▶ 1.4.1　普适计算

普适计算（Ubiquitous Computing 或 Pervasive Computing），又称为普存计算、普及计算，是一个强调和环境融为一体的计算概念，而计算机本身则从人们的视线里消失。在普适计算的模式下，人们能够在任何时间、任何地点、以任何方式进行信息的获取与处理。

普适计算最早起源于 1988 年 Xerox PARC 实验室的一系列研究计划。在该计划中，美国施乐（Xerox）公司 PARC 研究中心的 Mark Weiser 首先提出了普适计算的概念。1991 年 Mark Weiser 在 *Scientific American* 上发表了 "The Computer for the 21st Century"，正式提出了普适计算。1999 年，IBM 也提出了普适计算（IBM 称为 Pervasive Computing）的概念，即无所不在、随时随地可以进行计算的一种方式。跟 Weiser 一样，IBM 也特别强调计算资源普存于环境当中，人们可以随时随地获得需要的信息和服务。1999 年欧洲研究团体 ISTAG 提出了环境智能（Ambient Intelligence）的概念。其实这是跟普适计算类似的概念，只不过在美国通常叫普适计算，而欧洲的有些组织团体则叫环境智能。二者提法不同，但是含义相同，实验方向也是一致的。

普适计算的核心思想是小型、便宜、网络化的处理设备广泛分布在日常生活的各个场所，计算设备将不只依赖命令行、图形界面进行人机交互，而更依赖"自然"的交互方式，计算设备的尺寸将缩小到毫米甚至纳米级。在普适计算的环境中，无线传感器网络将广泛普及。例如，在环保和交通等领域无线传感器将无处不在，人体传感器网络也将大大促进健康监控及人机交互等的发展。各种新型交互技术（如触觉显示、OLED 等）将使交互更容易、更方便。

科学家认为，普适计算是一种状态，在这种状态下，移动设备、谷歌文档或远程游戏技术 Online 等应用程序，以及 4G、5G 或广域 Wi-Fi 等高速无线网络将整合在一起，清除"计算机"作为获取数字服务的中央媒介的地位。随着每辆汽车、照相机、计算机、手表和电视屏幕都拥有几乎无限的计算能力，计算机将彻底退居到"幕后"，以至于用户感觉不到它们的存在。

▶▶ 1.4.2　人工智能

人工智能是运用知识来解决问题，模仿、延伸和扩展人的智能，从而实现机器智能，使计算机也具有人类听、说、读、写、思考、学习、适应环境变化、解决各种实际问题的能力，是研究用计算机模拟人的某些思维过程和智能行为的学科。人工智能涉及计算机科学、心理学、哲学和语言学等学科。可以说几乎涉及自然科学和社会科学的所有学科，其范围已远远超出计算机科学的范畴。人工智能与思维科学的关系是实践和理论的关系，人工智能是处于思维科学的技术应用层次。从思维观点看，人工智能不仅限于逻辑思维，还要考虑形象思维、灵感思维才能促进人工智能的突破性的发展。

人工智能的核心问题包括构建能够与人类相似甚至超卓的推理、知识、规划、学习、交流、感知、使用工具和操控机械的能力等。当前有大量的工具应用了人工智能，其中包括搜索和数学优化、逻辑推演。而基于仿生学、认知心理学，以及基于概率论和经济学的算法等也在逐步探索当中。人工智能学科研究的主要内容包括：机器翻译、智能控制、专家系统、机器人学、语言和图像理解、遗传编程、自动程序设计、航天应用、庞大的信息处理、存储与管理，以及执行生命体无法执行的或复杂或规模庞大的任务等。值得一提的是，机器翻译是人工智能的重要分支和最先应用领域。不过就已有的机译成就来看，机译系统的译文质量离终极目标仍相去甚远。而机译质量是机译系统成败的关键。中国数学家、语言学家周海中教授曾在论文《机器翻译五十年》中指出：要提高机译的质量，首先要解决的是语言本身的问题而不是程序设计问题。单靠若干程序来作为机译系统，肯定是无法提高机译质量的，另外在人类尚未明了大脑是如何进行语言的模糊识别和逻辑判断的情况下，机译要想达到"信、达、雅"的程度是不可能的。

人工智能在计算机上实现时有两种不同的方式。一种是采用传统的编程技术，使系统呈现智能的效果，而不考虑所用方法是否与人或动物机体所用的方法相同。这种方法称为工程学方法（Engineering Approach），它已在一些领域内做出了成果，如文字识别、计算机下棋等。另一种是模拟法（Modeling Approach），它不仅要看效果，还要求实现方法也和人类或生物机体所用的方法相同或类似。遗传算法（GA，Genetic Algorithm）和人工神经网络（ANN，Artificial Neural Network）均属后一类型。遗传算法模拟人类或生物的遗传-进化机制，人工神经网络则是模拟人类或动物大脑中神经细胞的活动方式。为了得到相同智能效果，两种方式通常都可使用。采用前一种方法，需要人工详细规定程序逻辑。如果游戏简单，还是方便的。如果游戏复杂，角色数量和活动空间增加，相应的逻辑就会很复杂（按指数式增长），人工编程就非常烦琐，容易出错。而一旦出错，就必须修改原程序，重新编译、调试，最后为用户提供一个新的版本或提供一个新补丁，非常麻烦。采用后一种方法时，编程者要为每个角色设计一个智能系统（一个模块）来进行控制，这个智能系统（模块）开始什么也不懂，就像初生婴儿那样，但它能够学习，能渐渐地适应环境，应付各种复杂情况。这种系统开始也常犯错误，但它能吸取教训，下一次运行时就可能改正，至少不会永远错下去，不用发布新版本或打补丁。利用这种方法来实现人工智能，要求编程者具有生物学的思考方法，入门难度大一些，而一旦入了门，即可得到广泛应用。由于这种方法编程时无须对角色的活动规律做详细规定，应用于复杂问题，通常会比前一种方法更省力。

▶▶ 1.4.3　云计算

云计算（Cloud Computing）是分布式计算的一种，是指通过网络"云"将巨大的数据计算处理程序分解成无数个小程序，然后通过多部服务器组成的系统进行处理和分析这些小程序得到结果并返回给用户。早期的云计算，简单地说，就是简单的分布式计算，解决任务分发，并进行计算结果的合并。因而，云计算又称为网格计算。通过这项技术，可以在很短的时间内（几秒）完成对数以万计的数据的处理，从而实现强大的网络服务。现阶段所说的云服务已经不单单是一种分布式计算，而是分布式计算、效用计算、负载均衡、并行计算、网络存储、热备份冗杂和虚拟化等计算机技术混合演进并跃升的结果。

"云"实质上就是一个网络，狭义上讲，云计算就是一种提供资源的网络，使用者可以随时获取"云"上的资源，按需求量使用，并且可以看成是无限扩展的，只要按使用量付费就可以，"云"就像自来水厂一样，可以随时接水，并且不限量，按照自己家的用水量，付费给自来水厂就可以。

从广义上说，云计算是与信息技术、软件、互联网相关的一种服务，这种计算资源共享池称为"云"。计算把许多计算资源集合起来，通过软件实现自动化管理，只需要很少的人参与，就能让资源被快速提供。也就是说，计算能力作为一种商品，可以在互联网上流通，就像水、电、煤气一样，可以方便地取用，且价格较为低廉。

总之，云计算不是一种全新的网络技术，而是一种全新的网络应用概念，云计算的核心概念就是以互联网为中心，在网站上提供快速且安全的云计算服务与数据存储，让每一个使用互联网的人都可以使用网络上的庞大计算资源与数据中心。

云计算的可贵之处在于高灵活性、可扩展性和高性比等，与传统的网络应用模式相比，其具有如下优势与特点。

（1）支持异构基础资源

云计算可以构建在不同的基础平台之上，即可以有效兼容各种不同种类的硬件和软件基础资源。硬件基础资源主要包括网络环境下的三大类设备，即计算（服务器）、存储（存储设备）和网络（交换机、路由器等设备）；软件基础资源则包括单机操作系统、中间件、数据库等。

（2）支持资源动态扩展

支持资源动态伸缩，实现基础资源的网络冗余，意味着添加、删除、修改云计算环境的任一资源结点，抑或任一资源结点异常宕机，都不会导致云环境中的各类业务的中断，也不会导致用户数据的丢失。这里的资源结点可以是计算结点、存储结点和网络结点。而资源动态流转，则意味着在云计算平台下实现资源调度机制，资源可以流转到需要的地方。如在系统业务整体升高情况下，可以启动闲置资源并纳入系统中，提高整个云平台的承载能力。而在整个系统业务负载低的情况下，则可以将业务集中起来，而将其他闲置的资源转入节能模式，从而在提高部分资源利用率的情况下，达到其他资源绿色、低碳的应用效果。

（3）支持异构多业务体系

在云计算平台上，可以同时运行多个不同类型的业务。异构，表示该业务不是同一的，不是已有或事先定义好的，而应该是用户可以自己创建并定义的服务。

（4）支持海量信息处理

云计算，在底层，需要面对各类众多的基础软/硬件资源；在上层，需要能够同时支持各类众多的异构的业务；而具体到某一业务，往往也需要面对大量的用户。由此，云计算必然需要面对海量信息交互，需要有高效、稳定的海量数据通信/存储系统作支撑。

（5）按需分配，按量计费

按需分配，是云计算平台支持资源动态流转的外部特征表现。云计算平台通过虚拟分拆技术，可以实现计算资源的同构化和可度量化，可以提供小到一台计算机，多到千台计算机的计算能力。按量计费起源于效用计算，在云计算平台实现按需分配后，按量计费也成为云计算平台向外提供服务时的有效收费形式。

云计算甚至可以让你体验每秒 10 万亿次的运算能力，拥有这么强大的计算能力可以模拟核爆炸、预测气候变化和市场发展趋势。用户通过 PC、笔记本电脑、手机等方式接入数据中心，按自己的需求进行运算。

云计算机的服务类型分为三类，即基础设施即服务（IaaS）、平台即服务（PaaS）和软件即服务（SaaS）。

IaaS（Infrastructure-as-a-Service）：基础设施即服务。消费者通过网络可以从完善的计算机基础设施获得服务，例如硬件服务器租用。

PaaS（Platform-as-a-Service）：平台即服务。PaaS 实际上是指将软件研发的平台作为一种服务，以

SaaS 的模式提交给用户。因此，PaaS 也是 SaaS 模式的一种应用。但是，PaaS 的出现可以加快 SaaS 的发展，尤其是加快 SaaS 应用的开发速度，如软件的个性化定制开发。

SaaS（Software-as-a-Service）：软件即服务。它是一种通过网络提供软件的模式，用户无须购买软件，而是向提供商租用基于 Web 的软件，来管理企业经营活动。

亚马逊是最早意识到服务价值的公司，它把服务于公司内部的基础设施、平台、技术，在成熟后推向市场，为社会提供该项服务，也因此成为全球云计算市场的领头羊。我国知名的云计算企业有阿里云、中国电信云、百度云、腾讯云等。

▶▶ 1.4.4　物联网

物联网（IOT，Internet of Things）是指通过信息传感器、射频识别技术、全球定位系统、红外感应器、激光扫描器等各种装置与技术，实时采集任何需要监控、连接、互动的物体或过程，采集其声、光、热、电、力学、化学、生物、位置等各种需要的信息，通过各类可能的网络接入，实现物与物、物与人的泛在连接，实现对物品和过程的智能化感知、识别和管理。物联网是一个基于互联网的信息承载体，它让所有能够被独立寻址的普通物理对象形成互联互通的网络。

与传统的互联网相比，物联网有其鲜明的特征。

首先，它是各种感知技术的广泛应用。物联网上部署了海量的多种类型传感器，每个传感器都是一个信息源，不同类别的传感器所捕获的信息内容和信息格式不同。传感器获得的数据具有实时性，按一定的频率周期性地采集环境信息，不断更新数据。

其次，它是一种建立在互联网上的泛在网络。物联网技术的重要基础和核心仍旧是互联网，通过各种有线和无线网络与互联网融合，将物体的信息实时准确地传递出去。在物联网上的传感器定时采集的信息需要通过网络传输，由于其数量极其庞大，形成了海量信息，在传输过程中，为了保障数据的正确性和及时性，必须适应各种异构网络和协议。

再次，物联网不仅提供了传感器的连接，其本身也具有智能处理的能力，能够对物体实施智能控制。物联网将传感器和智能处理相结合，利用云计算、模式识别等各种智能技术，扩充其应用领域。从传感器获得的海量信息中分析、加工和处理出有意义的数据，以适应不同用户的不同需求，发现新的应用领域和应用模式。

物联网的应用领域涉及方方面面，在工业、农业、环境、交通、物流、安保等基础设施领域的应用，有效推动了这些方面的智能化发展，使得有限的资源可以更加合理地使用、分配，从而提高了行业效率、效益。在家居、医疗健康、教育、金融与服务业、旅游业等与生活息息相关的领域的应用，从服务范围、服务方式到服务的质量等方面都有了极大的改进，大大提高了人们的生活质量；在涉及国防军事领域方面，虽然还处在研究探索阶段，但物联网应用带来的影响也不可小觑，大到卫星、导弹、飞机、潜艇等装备系统，小到单兵作战装备，物联网技术的嵌入有效提升了军事智能化、信息化、精准化，极大提升了军事战斗力，是未来军事变革的关键。

根据其实质用途可以归结为三种基本应用模式：

① 对象的智能标签。通过二维码、RFID 等技术标识特定的对象，用于区分对象个体，例如在生活中使用的各种智能卡，条码标签的基本用途就是用来获得对象的识别信息；此外，通过智能标签还可以用于获得对象物品所包含的扩展信息，例如智能卡上的金额余额，二维码中所包含的网址和名称等。

② 环境监控和对象跟踪。利用多种类型的传感器和分布广泛的传感器网络，可以实现对某个对象的实时状态的获取和特定对象行为的监控。例如，使用分布在市区的各个噪声探头监测噪声污染，通过二氧化碳传感器监控大气中二氧化碳的浓度；通过 GPS 标签跟踪车辆位置，通过交通路口的摄像

头捕捉实时交通流程等。

③对象的智能控制。物联网基于云计算平台和智能网络，可以依据传感器网络，利用获取的数据进行决策，对对象的行为进行控制和反馈。例如，根据光线的强弱调整路灯的亮度，根据车辆的流量自动调整红绿灯间隔等。

自物联网技术应用以来，智能家居行业正如火如荼地快速发展，已经从遥控模式发展到手机远程控制，网络传输信号也从有线一跃而升为无线，既降低成本、低碳节能，还让许多家庭享受到高科技带来的便利、舒适生活，让人喜不自禁。

▶▶ 1.4.5 大数据

1. 大数据的定义

大数据（Big Data）是一个较为抽象的概念，正如信息学领域大多数新兴概念一样，至今尚无确切、统一的定义，不同的机构和个人给出了不同的定义。国际数据公司（IDC，International Data Company）对大数据的定义为：大数据一般涉及两种或两种以上的数据形式。它要收集超过 100TB 的数据，并且是高速、实时数据流；或者从小数据开始，但数据每年会增长 60%以上。这个定义给出了量化标准，但只强调数据量大、种类多、增长快等数据本身的特征。大数据研究机构，全球领先的信息技术研究和咨询公司——高纳德（Gartner）给出了这样的定义：大数据是海量、高增长率和多样化的信息资产，大数据需经过成本效益高的、创新的信息处理模式处理，才能具有更强的决策能力、洞察力和流程优化能力。这个定义是一个描述性的定义，对大数据本质的刻画还是不够清晰。再看看维基百科全书的大数据定义：大数据是指无法在可容忍的时间范围内使用常用的软件工具获取、管理和处理的数据集合。这个概念也不是一个精确的概念，因为对常用的软件工具和可容忍的时间范围不好界定。亚马逊公司的大数据科学家 John Rauser 给出了一个简单的定义：大数据是任何超过了一台计算机处理能力的数据量。这同样是一个非常宽泛的定义。

人们对大数据的本质认识需要一个不断深化的过程，但这并不影响大数据科学的发展以及对大数据的应用。

2. 大数据的特征

虽然不同的企业或个人对大数据都有着自己不同的解读，但人们都普遍认为大数据具有海量的数据规模、高速的数据流转、多样的数据类型、数据的真实性及低的价值密度五大特征，简称为大数据的 5 个 V 特征，即 Volume、Velocity、Variety、Veracity 和 Value。

Volume（海量）：数据体量巨大。这是指以秒为单位生成的数据量。

Variety（多样）：数据形态多样、类别丰富。大数据的数据类型丰富，包括结构化数据、半结构化和非结构化数据，其中结构化数据占 10%左右，主要是指存储在关系数据库中的数据；半结构化、非结构化数据占 90%左右。它们的种类繁多，主要包括邮件、音频、视频、微信、微博、位置信息、链接信息、手机呼叫信息、网络日志等。

Velocity（高速）：数据产生和处理的速度快。通常，数据处理和分析的速度要达到秒级响应。这是指数据生成、存储、分析和移动的速度。随着互联网连接设备的可用性，无线或有线机器和传感器可以在创建数据后立即传递。这可以实现实时数据流，并帮助企业做出有价值的快速决策。

Veracity（真实）：数据应具有真实性。研究大数据就是从庞大的数据网络中提取出能够解释和预测现实事件的过程。

Value（价值）：价值密度低，商业价值高。数据价值密度低是大数据关注的非结构化数据的重要属性。大数据为了获取事物的全部细节，不对事物进行抽象、归纳等处理，直接采用原始的数据，保留了数据的原貌，因此在呈现数据全部细节的同时也引入了大量没有意义甚至错误的信息，因此相对于特定的应用，大数据关注的非结构化数据的价值密度偏低。但与此同时，由于大数据保留了数据的所有细节，所以通过分析数据可以发现巨大的商业价值。

3．大数据相关技术及应用

最早提出"大数据"时代即将来临的全球知名咨询公司麦肯锡（McKinsey）在其报告中指出，数据已经渗透到当今每一个行业和业务职能领域，成为重要的生产因素，人们对于数据的挖掘和运用，预示着新一波生产率的增长和消费者盈余浪潮的到来。大数据技术的战略意义不在于掌握庞大的数据信息，而在于对这些含有意义的数据进行专业化处理。换而言之，如果把大数据比作一种产业，那么这种产业实现盈利的关键就在于提高对数据的"加工能力"，通过"加工"实现数据的"增值"。

大数据需要特殊的技术，适用于大数据的技术有大规模并行处理（MPP）数据库、数据挖掘、分布式文件系统、分布式数据库、云计算平台、互联网以及可扩展的存储系统等。大数据的分析不能采用随机分析法（抽样检测）之类的捷径，须采用对全部数据进行分析的方法，其特色在于对海量数据的挖掘，所以大数据必然无法用人脑来推算、估测，也是无法用单台计算机进行处理的，而必须采用分布式的计算架构，需依托于云计算的分布式处理、分布式数据库、云存储和虚拟化等技术。从技术层面上看，大数据与云计算的关系就像一枚硬币的正反面一样密不可分，大数据的处理、分析和挖掘必须要使用云计算技术。

研究大数据要善于从已有的数据中洞悉可能发生的事物以及事物间存在的隐蔽联系。在各行各业中均存在大数据，人们需要将收集到的庞大数据进行整理、分析、归纳和总结后，方可揭示隐含在其中的规律，挖掘出其潜在的价值，从而实现信息资产的有效利用。

一个典型的大数据应用案例是，PredPol 公司通过与洛杉矶和圣克鲁斯的警方以及一群研究人员合作，基于地震预测算法的变体和犯罪大数据来预测犯罪发生的概率，可以精确到 500 平方英尺的范围内。在洛杉矶运用该算法的地区，盗窃犯罪和暴力犯罪分别下降了 33%和 21%。另一个例子是利用大数据技术在奶牛基因层面寻找与产奶量相关的主效基因，这首先应对奶牛的全基因组进行扫描，获得所有表型信息和基因信息，然后采用大数据技术进行分析比对，挖掘出其中的主效基因。简而言之，大数据是对大量的、动态的、可持续的数据，通过运用新系统、新工具、新模型的挖掘，从而获得具有洞察力和新价值的东西。以前人们很难从海量数据中洞察事物的本质，在决策工作中容易出现错误的推断，而大数据时代的来临，一切真相将会展现在人们面前。

 本章小结

通过学习本章，应了解计算思维的基本概念、本质、特点以及计算思维对其他学科专业的影响。同时本章也介绍计算机的基本概念以及计算机的产生、发展历史和计算机的分类和应用领域，以及计算机的应用技术展望，重点应掌握计算机的工作原理，为后续内容的学习打下坚实的基础。

习题 1

1-1　选择题

1. 下列不属于人类三大科学思维的是（　　）。

　　A．理论思维　　　　　B．逻辑思维　　　　　C．实验思维　　　　　D．计算思维

2. 下列关于计算思维的说法中，正确的是（　　　）。

    A. 计算机的发明导致了计算思维的诞生　　　　B. 计算思维的本质是计算

    C. 计算思维是计算机的思维方式　　　　　　　D. 计算思维是人类求解问题的一条途径

3. 人类最早研制的第一台计算机是（　　　）。

    A. ENIAC　　　　　B. EDSAC　　　　　C. EDVAC　　　　　D. UNIVAC

4. 世界上最先实现内部存储程序的计算机是（　　　）。

    A. ENIAC　　　　　B. EDSAC　　　　　C. EDVAC　　　　　D. UNIVAC

5. 电子计算机的发展已经历了4代，4代计算机的主要元器件分别是（　　　）。

    A. 电子管，晶体管，中、小规模集成电路，激光器件

    B. 电子管，晶体管，中、小规模集成电路，大规模或超大规模集成电路

    C. 晶体管，中、小规模集成电路，激光器件，光介质

    D. 电子管，数码管，中、小规模集成电路，激光器件

6. 第3代计算机的逻辑元件采用的是（　　　）。

    A. 晶体管　　　　　　　　　　　　　　　　B. 中、小规模集成电路

    C. 大规模或超大规模集成电路　　　　　　　D. 微处理器集成电路

7. 计算机指令一般包含（　　　）两部分。

    A. 数字和文字　　　　　　　　　　　　　　B. 操作码和地址码

    C. 数字和运算符　　　　　　　　　　　　　D. 源操作数和目的操作数

8. 基于应用服务提供商的企业管理服务属于云计算的（　　　）。

    A. 基础设施即服务　B. 资源共享服务　　　C. 平台即服务　　　D. 软件即服务

9. 以下不属于大数据特征的是（　　　）。

    A. 海量的数据规模　B. 高速的数据流转　　C. 多样的数据类型　D. 高的价值密度

10. （　　　）是研究、开发用于模拟、延伸和扩展人的智能的理论、方法、技术及应用系统的一门新的技术科学。

    A. 人工智能　　　　B. 物联网　　　　　　C. 机器学习　　　　D. 计算机科学

1-2　填空题

1. 世界上公认的第一台电子计算机于＿＿＿＿＿年诞生，它的名字是＿＿＿＿＿。

2. 计算机的发展经历了＿＿＿＿＿代。各代的基本组成元件分别是＿＿＿＿＿、＿＿＿＿＿、＿＿＿＿＿、＿＿＿＿＿。

3. 计算机系统由＿＿＿＿＿和＿＿＿＿＿两部分组成。

4. 基于冯·诺依曼思想而设计的计算机硬件系统是由＿＿＿＿＿、＿＿＿＿＿、＿＿＿＿＿、＿＿＿＿＿、＿＿＿＿＿5个功能部件组成的。

1-3　思考题

1. 什么是计算思维？计算思维有什么特征？与计算机是什么关系？

2. 计算思维与物理学的思维方式、数学思维方式有什么区别，有什么联系？

3. 什么是计算机，计算机的基本特点是什么？

4. 计算机的存储程序工作原理是如何运行的？

第 2 章　计算机中的信息表示

人类社会的生存与发展都离不开信息。信息犹如水和空气一样时刻存在于人们的工作、学习和生活中。在科学技术飞速发展的时代，信息是当今世界的重要资源，每个人都应该具备使用计算机收集信息、处理信息和利用信息的能力。计算机是信息处理和人们进行信息交流中不可缺少的工具之一。信息时代几乎一切信息都要转换成数字，才能用计算机和通信技术进行传播和交流。用数字表示各种信息，叫做信息的数字化，也叫信息的编码，这是信息技术的重要环节。

本章将阐述信息和信息技术的含义、信息化社会的主要特征；介绍数制及常用数制间的转换方法；介绍数值、文本、声音和图形图像等信息在计算机中的表示方式。

2.1　信息与信息技术

▶▶ 2.1.1　信息与数据

长期以来，人们把能源和物质材料看作人类赖以生存的两大要素。而现在，人们已经认识到信息、物质材料和能源是构成当今世界的三大要素。在当今这个时代，信息可以说是无处不在、无时不有的，信息和人们的生活、学习和工作息息相关，人的感官和身体所感受到的，可以说都是信息。人们借助语言、文字等手段彼此传递和交流信息。同时，我们可以从一个目光、一个姿势或者一段简短用语中获得一定的信息。那么，什么是信息呢？所谓信息（Information），是人们用于表示具有一定意义的符号的集合，这些符号可以是文字、数字、图形、图像、动画、声音和光等。信息是人们对客观世界的描述，可以传递知识。而我们熟知的数据（Data）则是信息的具体表现形式，是指人们看到和听到的、各种各样的物理符号及其组合，它反映了信息的内容。数据经过加工、处理并赋予一定意义后即可成为信息。

例如，测量一个成年人的血压，测得高压 160mmHg、低压 80mmHg。记录在纸上的 160/80 是数据，而 160/80 这个数据本身是没有意义的，但是，当数据经过某种描述或与其他数据比较时，便被赋予了意义。例如，对这个人进行健康评估时，将他的血压 160/80 与正常血压进行比较（成年健康人的高压范围是 90～110mmHg，低压范围是 60～80mmHg）后，认为他的高压超出了正常范围，是高血压——这才是信息。所以信息是有意义的数据。

在计算机领域中，数据是信息在计算机内部的表现形式。数据可以在物理介质上记录或传输，并通过外围设备被计算机接收，经过处理得到结果。有时信息本身是已经被数据化了的，所以数据本身也就具有了信息的含义。因此，在计算机领域信息处理（Information Processing）也称为数据处理，信息检索（Information Retrieval）也称为数据检索。

信息一般具有以下主要特性。

① 不灭性。信息与物质、能量一样，具有不灭性，但信息的不灭性与它们有本质的区别。例如，一只碗被打碎了，构成碗的陶瓷的原子、分子并没有变，但已不是一只碗了。而一条信息产生后，其载体（如书、磁盘等）可以变换，甚至可以被毁掉，但信息本身并没有被消灭。信息的不灭性是信息的一大特点。

② 可传递性和共享性。一条信息复制为成千上万条信息所用的费用十分低廉。尽管信息的创造可能需要很大的投入，但复制只需要载体的成本，所以可以大量地复制，广泛地传播，并可以共享。

③ 知识性。信息能给观察者以启示，并从信息中获得知识。

④ 时效性。某些信息在此时可能价值非常高，但在彼时则可能一点价值也没有。比如金融信息，在某一时刻，会非常有价值，但过了这一时刻，可能就会毫无价值。所以说，某些信息的价值是随着时空的变化而快速变化的。

⑤ 依附性。信息不能独立存在，必须借助于某种符号才能表现出来，而这些符号又必须记载于某种物体之上。

⑥ 可处理性。信息可以被分析、计算、存储，也可以转换形态。信息经过分析、计算处理后，实现信息的增值，可以更有效地服务于不同的领域。

▶▶ 2.1.2 信息资源

信息资源是信息与资源两个概念整合衍生出的新概念。信息是事物的一种普遍属性，资源是指自然界及人类社会中一切对人类有用的事物。因此，并非所有信息都能成为资源，只有经过人类开发与重新组织后的信息才能成为信息资源，即信息资源是信息世界中对人类有价值的那一部分信息，是附加了人类劳动的、可供人类使用的信息。因此，构成信息资源的基本要素是：信息、人、符号和载体。信息是组成信息资源的原材料，人是信息资源的生产者和使用者，符号是生产信息资源的媒介和手段，载体是存储和使用信息资源的物质形式。

信息资源与其他资源相比，具有可再生性和可共享性的特点。可再生性是指信息资源不同于一次性消耗资源，它可以反复使用而不失去其价值，而且会随着对信息资源的开发、使用的深入而变得更加的丰富和充实。可共享性是指任何人都可以使用信息资源，信息资源也不会有任何损失。

按对信息的开发使用程度，可以把信息资源分为潜在的信息资源和现实的信息资源两大类。

潜在的信息资源是指人类在利用感觉器官或各种仪器感知和接收信息后，经过一系列思维活动，存储在大脑中的知识。潜在的信息资源能够为个人所利用，进行知识信息的再生产，但无法为他人直接利用。一旦经过表述输出，形成现实的信息资源，就可以被人们广泛地利用，成为可无限再生的信息资源。

现实的信息资源按照表述方式又可以分为口语信息资源、体语信息资源、实物信息资源、文献信息资源、数字信息资源等。

① 口语信息资源是指人类用口头语言表达出来而未被记录下来的信息资源，主要通过谈话、授课、讨论、演讲、集会等方式进行传播使之得到利用。

② 体语信息资源是指人类用表情、姿态、动作等方式表达出来的未被记录下来的信息资源，它们通常依附于一定的文化背景，如舞蹈。体语信息资源同样通过面对面的人际传播方式得到传播和利用。

③ 实物信息资源是指人类通过创造性的劳动以实物形式表达出来的信息资源，如产品样本、标本、模型、雕塑等。可以通过参观博览会、博物馆、展览馆、样品室、标本室，实地调查等方式获取相关信息。

④ 文献信息资源是指人类用文字、数据、图像、音频、视频等方式记录在一定载体上的信息资源。只要这些载体不损坏或消失，文献信息资源就可以跨越时空无限循环地为人类服务，如图书、期刊、会议文献、专利文献、科技报告、标准文献、学位论文、档案文献和政府出版物等。

⑤ 数字信息资源是指经过数字化处理的，可以通过计算机系统或通信网络等识别、传递、浏览的一种信息资源。

数字信息资源主要有数据库和网络信息资源两种形式。

- 数据库是按一定结构存储在计算机中的相关信息的集合。按照数据库中所含信息的内容可以分为：文献书目数据库、数值型数据库、事实型数据库、全文本数据库、图像数据库、图形数据库、多媒体数据库等。
- 网络信息资源是指以数字化形式记录的、以多种媒体形式表达的、分布式存储在 Internet 不同主机上的，并能够通过计算机网络进行传递的信息资源的集合。通过 Internet 查找和利用这些信息资源，是当今获取信息的最主要途径。

▶▶ 2.1.3　信息技术

在人类社会漫长的发展过程中，经历了 5 次信息革命：第 1 次信息革命是语言的产生。语言是最早的人类交流和传播信息的工具。第 2 次信息革命是文字的使用。文字能保留信息，对人类文化的发展起到了重要的作用。第 3 次信息革命是印刷术的发明，在更大的范围内以更快的速度传播人类文明。第 4 次信息革命是广播、电视、电话的使用，以更快的速度推动人类文明向前发展。第 5 次信息革命是计算机与通信技术相结合的技术——信息技术的诞生。信息技术从生产力变革和智力开发两个方面推动着人类社会的进步，对人类社会产生了比以往更深远、更有意义的影响。

信息技术（IT，Information Technology）是指与信息的产生、获取、处理、传输、控制和利用等相关的技术。这些技术包括计算机技术、通信技术、微电子技术、传感技术、网络技术、新型元器件技术、光电子技术、人工智能技术、多媒体技术等。其中，计算机技术、通信技术、微电子技术是它的核心技术。随着计算机的普及，信息技术在社会各行业中得到广泛的渗透，显示出它强大的生命力，它正在从根本上不断地改变着人类社会的生产方式和生活方式。

以往，对信息的处理多以人工的方式进行，随着信息技术的发展，计算机作为信息处理的工具，在信息存储、处理、交流传播等方面起着主导作用。

▶▶ 2.1.4　信息化社会

1993 年美国首先提出了"国家信息基础设施"的计划，也称"信息高速公路"。从此拉开了全球信息化的序幕。作为 21 世纪信息化社会的基础工程，"信息高速公路"将融合现有的计算机网络服务、电话和有线电视功能传递各种信息，其服务范围包括教育、卫生、娱乐、科研、商业和金融等极其广阔的领域，使人类可以不受时间、空间的限制，非常容易地获取信息。"信息高速公路"对全球经济及各国政治文化都带来了重大而深远的影响。在世界各国政府的组织和推动下，随着信息处理、信息传输技术的不断发展，高速率的多媒体全球网络经济的发展不断加快，推动全球步入信息化时代。

信息化（Informatization）是指信息技术和信息产业在国民经济和社会各个领域的发展中发挥着主导的作用，并且作用日益增强，使经济运行效率、劳动生产率、企业核心竞争力和人民生活水平达到全面提高的过程。它以信息产业在国民经济中的比重、信息技术在传统产业中的应用程度和国家信息基础建设水平为主要标志。在信息化的过程中，信息技术是信息化的主要推动力量，信息产业（Information Industry）主要包含信息设备制造业、通信网络运营业、软件业和信息服务业等，从无到有、迅速壮大，其发展速度是任何传统产业都无法比拟的。现在，信息产业作为当今高新技术产业的主体和新的生产力的代表，将成为我国面向 21 世纪生存与发展的战略性支柱产业。信息化已成为推进国民经济和社会发展的助力器，信息化水平则成为一个城市或地区现代化水平和综合实力的重要标志。因此，世界各国都把加快信息化建设作为国家的发展战略。信息化给人类带来了前所未有的机遇和挑战。

信息化社会（Information Society）具有以下特征：

① 信息成为重要的战略资源；

② 信息产业上升为最重要的产业；

③ 计算机网络成为社会的基础设施。

有学者认为，信息化社会必须具备两个条件：一是信息产业的产值占国民经济总产值的一半以上，二是从事信息产业的人员占从业人员的一半以上。由此判断，人类社会离信息化社会的到来还有一段距离。但是，信息化社会的实现也是可以预期的，其优越性已能预见。

信息化社会有以下 3 个方面的优越性。

第 1 个优越性是在网络化的信息社会里世界变小了。通过网络将不同的单位、地区、国家乃至整个世界连成一体。网络上流通的信息为大众所共享，任何人只要打开计算机就可以方便地查阅各行各业的信息，阅读各种电子书刊，发布消息、启事、通知等各种文书，与网友可以像面对面的谈话一样地互相交换意见，享受网上的各种服务等。在这样的信息社会里，世界上任何地区发生的任何政治、经济、生态事件都会立即产生全球影响，没有任何独善其身的乐土。信息社会使远程观测、远程信息反馈、远程遥控、复杂市场的多方面跟踪监测及许多灾害预警等成为可能。

第 2 个优越性是工作效率大大提高了。比如，通过计算机网络将企业的设计、生产、销售部门都联系在一起，用虚拟现实让所有的设计、生产、销售人员都参加讨论和提出意见，然后一次投产、销售。这就省去了设计、初试、修改设计等一系列中间过程，缩短了产品的开发时间，节省了大量的人力、物力和财力。

第 3 个优越性是工作和生活质量明显提高了。且不说各种自动化、智能化给人们带来的种种方便和享受，多媒体、虚拟现实技术的成就更使人感到这种质量的提高。互联网的普及，使偏僻地区的人们，可以与中心城市的居民，在教育、医疗、娱乐、商业等许多方面，得到同样质量的服务，分散在全球的亲友，可以像居住在一起一样地互通音信、协同工作。

无论是经济领域还是社会生活的各个方面，信息化对整个社会都产生了深远的影响。信息化对传统的思维模式、发展模式、贸易模式、管理模式都产生了巨大的冲击，并推动信息产业成为全球最具活力的产业。

2.2　信息在计算机中的表示

日常生活中的信息是由各种符号表示的，但在计算机系统中，所有的符号都要用电子元件的不同状态表示，即以电信号表示。因此，计算机处理信息的首要问题就是要解决不同的信息在计算机中如何表示的问题。

▶▶ 2.2.1　数制

1. 数制的概念

数制（Numbering System）即表示数值的方法，有进位计数制和非进位计数制两种。按照进位的原则进行计数的数制称为进位计数制，简称进制。日常生活中，除了采用十进制数，还有二十四进制（24 小时为一天）、六十进制（60 分钟为 1 小时，60 秒为 1 分钟）、二进制（鞋、袜子等两只为一双）等。表示数值大小的数码与它在数中的位置无关的数制称为非进位计数制，如罗马数字就是典型的非进位计数制。

进位计数制的基本特点如下。

① 使用固定个数的数码表示数值的大小。数码的个数 R 称为该数制的基数（Radix），最小数码

是 0，最大数码是 R–1。数码在一个数中所处的位置称为数位。例如，十进制数（Decimal）的基数是 10，使用 0～9 十个数码；二进制数（Binary）的基数是 2，使用 0、1 两个数码；八进制数（Octal）的基数是 8，使用 0～7 八个数码；十六进制数（Hexdecimal）的基数是 16，使用 0～9、a～f（或 A～F）十六个数码。

② 逢 R 进一。在各种进制中，有一套统一的规则。R 进制的规则是逢 R 进 1，例如，十进制数逢 10 进 1，八进制数逢 8 进 1，二进制数逢 2 进 1，十六进制数逢 16 进 1。

③ 采用位权表示法。表示数值大小的数码与它在数中的位置有关，即与它所在位置的"权"值有关。位权值的大小是以基数 R 为底，以数码所在位置的序号为指数的整数次幂。比如，十进制整数部分的位权值从个位开始向左依次为 10^0，10^1，10^2，…，十进制小数部分的位权值从小数点后第一位开始向右依次为 10^{-1}，10^{-2}，…。例如，十进制数 135.69 按权展开可表示为：

$$135.69 = 1 \times 10^2 + 3 \times 10^1 + 5 \times 10^0 + 6 \times 10^{-1} + 9 \times 10^{-2}$$

对于一个 R 进制的数 $A_n A_{n-1} \cdots A_2 A_1 A_0 . A_{-1} A_{-2} \cdots A_{-m}$，它的按位权展开式的一般形式为

$$A_n \times R^n + A_{n-1} \times R^{n-1} + \cdots + A_2 \times R^2 + A_1 \times R^1 + A_0 \times R^0 + A_{-1} \times R^{-1} + A_{-2} \times R^{-2} + \cdots + A_{-m} \times R^{-m}$$

数位、基数和位权是进位计数制中的 3 个要素。无论是什么进制的数，都按照基数来进位、借位，用位权值来计数。

2. 数制的转换

将数由一种数制转换成另一种数制称为数制间的转换。计算机采用二进制表示数据，而日常生活或数学中人们习惯使用十进制，因此，计算机在进行数据处理时必须把输入的十进制数转换成它能识别的二进制数，处理结束后再把二进制数转换为人们习惯的十进制数。这两个转换过程是由计算机系统自动完成的。

（1）R 进制数转换为十进制数

R 进制数转换为十进制数非常简单，只要写出该进制数的按位权展开式，进行乘法和加法运算即可。例如：

二进制数　$11010011 = 1 \times 2^7 + 1 \times 2^6 + 0 \times 2^5 + 1 \times 2^4 + 0 \times 2^3 + 0 \times 2^2 + 1 \times 2^1 + 1 \times 2^0 = (211)_{10}$

十六进制数　$a12f.28 = a \times 16^3 + 1 \times 16^2 + 2 \times 16^1 + f \times 16^0 + 2 \times 16^{-1} + 8 \times 16^{-2} = (41263.15625)_{10}$

除了用下标区别不同进制的数据，还可以在数据后加一个特定的字母来表示它所采用的进制。字母 D 表示数据为十进制数（也可以省略），字母 B 表示数据为二进制数，字母 O 表示数据为八进制数，字母 H 表示数据为十六进制数。例如，1237.17D（十进制数 1237.17）、211.211（十进制数 211.211，省略了字母 D）、1110.0011B（二进制数 1110.0011）、456O（八进制数 456）、234a.b5H（十六进制数 234a.b5）。

（2）十进制数转换为 R 进制数

将十进制数转换为 R 进制数需对整数部分和小数部分分别进行转换。

整数部分的转换采用"除基数取余法"，即用基数 R 多次整除被转换的十进制数的整数部分，直到商为 0，每次整除后所得的余数，按倒序排列便是对应 R 进制数的整数部分，也就是说第一次整除基数所得的余数是该进制数的最低位，最后一次整除基数所得的余数是最高位。

小数部分的转换采用"乘基数取整法"，即用基数多次乘以被转换的十进制数的小数部分，每次相乘后，所得乘积的整数部分按正序排列便是对应 R 进制数的小数部分，也就是说第一次乘基数所得的整数部分是该进制数的最高位（小数点后第一位），最后一次是最低位。

将一个十进制数的整数部分和小数部分分别转换后再组合，一个完整的转换过程就完成了。

【例 2.1】　75D=?B

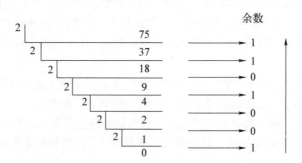

解得：

$$75D = 1001011B$$

【例 2.2】　0.375D=?B

解得：

$$0.375D = 0.011B$$

综合例 1.1 和例 1.2，得出：75.375D = 1001011.011B。

（3）二进制数与八进制数和十六进制数之间的相互转换

因为 $8=2^3$、$16=2^4$，也就是说，1 个八进制数位等于 3 个二进制数位，1 个十六进制数位等于 4 个二进制数位。因此，可以很容易地实现二进制数与八进制数、二进制数与十六进制数之间的转换。

二进制数转换成八进制数，以小数点为分界点，左右每 3 位一节，不足 3 位以零补足。

【例 2.3】　101101.01B = 101　101.010B = 55.2O

二进制数转换成十六进制数，以小数点为分界点，左右每 4 位一节，不足 4 位以零补足。

【例 2.4】　1111011011.100101011B = 0011　1101　1011.1001　0101　1000B = 3DB.958H

八进制数转换成二进制数，将每位八进制数码以 3 位二进制数表示。

【例 2.5】　76.42O = 111　110.100　010B = 111110.10001B

十六进制数转换成二进制数，将每位十六进制数码以 4 位二进制数表示。

【例 2.6】　a3b.c = 1010　0011　1011.1100B = 101000111011.11B

▶▶ 2.2.2　计算机中的信息表示

计算机是以二进制方式组织、存放信息的。这是因为二进制数只有 0 和 1 两个数码，对应两种状态，用电子器件表示两种状态是很容易的（十进制数有 10 个数码对应 10 种状态，用电子技术实现起来很困难），如电灯的亮和灭、晶体管的导通和截止、电压的高和低等。如果用电子器件的这两种状态分别表示 0 和 1，按照数位进制的规则，采用一组同类物质可以很容易地表示出一个数据。另外，二进制数的运算规则很简单，即 $0 + 0 = 0$，$0 + 1 = 1$，$1 + 1 = 10$。这样的运算很容易实现，在电子电路中，只要用一些简单的逻辑运算元件就可以完成。再加上由于二进制数只有两个状态，所以数字的传输和处理不容易出错，使计算机工作的可靠性得以提高。因此，在计算机内部，一切信息（包括数值、字符、图形、指令等）的存放、处理和传送均采用二进制的形式。

1．信息的存储单位

信息的存储单位有位、字节和字等。

在计算机内，一个二进制的位也称比特，记为 bit 或 b。这是最小的信息单位，用 0 或 1 表示。由于 1 比特太小，无法用来表示出信息的含义，所以又引入了字节。字节也称拜特，记为 Byte 或 B（注意：这里 B 作为信息量大小的单位，不要与数的表示中表示为二进制数的 B 混淆），它是信息存储中最常用的基本单位。在计算机中规定，1 字节为 8 个二进制位（1B = 8bit）。除字节外，还有千字节（KB）、兆字节（MB）、吉字节（GB）、太字节（TB），拍字节（PB）。它们之间的换算关系是：

$1KB = 1024B = 2^{10}B$

$1MB = 1024KB = 2^{10}KB = 2^{20}B$

$1GB = 1024MB = 2^{10}MB = 2^{20}KB = 2^{30}B$

$1TB = 1024GB = 2^{10}GB = 2^{20}MB = 2^{30}KB = 2^{40}B$

$1PB = 1024TB = 2^{10}TB = 2^{20}GB = 2^{30}MB = 2^{40}KB = 2^{50}B$

计算机中也经常用字表示信息，字常记为 Word 或 W。字是计算机进行信息处理时，CPU 能够直接处理的一组二进制位数。一个字由若干字节构成，通常将组成一个字的位数称为该字的字长。例如，一个字由 4 字节（即 32 位）组成，则该字字长为 32 位。字长取决于计算机的类型，常见的字长有 32 位（如 386 机、486 机）、64 位（如 586 机、Pentium 机系列）等。一般情况下，字长越长，运算速度越快，计算精度就越高，处理能力也越强。所以字长是衡量计算机硬件品质优劣的一项重要的技术指标。

在计算机中处理的数据分为数值型和非数值型两类。由于计算机中采用二进制，所有这些数据信息在计算机内部都必须以二进制编码的形式表示。也就是说，所有输入计算机中的数据都对应一个唯一的 0 和 1 组合。

对于不同类型的数据其编码方式是不同的，编码的方法也很多，一般都制定了相应的国家标准或国际标准。如数值型数据的原码、反码、补码编码方案；西文字符的 ASCII 码；汉字编码的国标码、机内码、字型码等方案。因此，进入计算机中的各种数据，都必须先把它转换成计算机能识别的二进制编码。同样，从计算机输出的数据要进行逆向的转换。信息转换过程如图 2.1 所示。

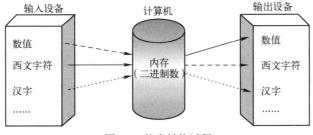

图 2.1　信息转换过程

 ## 2.3　数值信息的编码

计算机中所有的信息都应数值化，参与运算的数的正负号自然也不例外。通常规定一个数的最高位作为符号位，即数符，用 0 表示正数，用 1 表示负数。一个数在计算机内部的表示称为机器数。机器数所表示的数值称为真值。机器数的最高位若是 1，表示真值是个负数；若是 0，表示真值是个正数。计算机中对带符号数常采用的编码有 3 种：原码、反码和补码。

▶▶ 2.3.1　带符号整数的编码

1. 原码

原码最简单，它就是机器数。其符号用 0 表示正号，用 1 表示负号，通常用$[X]_原$表示 X 的原码。

例如（假设计算机用 16 位二进制码表示数据）：

$$[+1]_原=[+0000000\,00000001]_原=00000000\,00000001$$
$$[-1]_原=[-0000000\,00000001]_原=10000000\,00000001$$
$$[+32767]_原=[+1111111\,11111111]_原=01111111\,11111111$$
$$[-32767]_原=[-1111111\,11111111]_原=11111111\,11111111$$

注意，数字 0 的表示有两种原码形式：

$$[+0]_原=[+0000000\,00000000]_原=00000000\,00000000$$
$$[-0]_原=[-0000000\,00000000]_原=10000000\,00000000$$

原码表示的数据范围因字长而定，采用 16 位二进制原码表示时，其真值的表示范围为：$[-(2^{15}-1),$ $+(2^{15}-1)]$，即二进制的取值范围为：[1111 1111 1111 1111，0111 1111 1111 1111]。

当用原码对两个数做加法运算时，如果两数符号相同，则数值相加，符号不变；如果两数符号不同，数值部分实际上是相减的，这时，必须比较两个数哪个绝对值大，才能决定运算结果的符号位及值。所以，用原码运算不方便。

2. 反码

反码可以由原码得到。反码表示法规定：正数的反码与原码相同，负数的反码是对原码除符号位以外的所有数位取反（0 变 1，1 变 0），通常用$[X]_反$表示 X 的反码。

例如（假设计算机用 16 位二进制码表示数据）：

$$[+1]_反=[+0000000\,00000001]_反=00000000\,00000001$$
$$[-1]_反=[-0000000\,00000001]_反=11111111\,11111110$$
$$[+32767]_反=[+1111111\,11111111]_反=01111111\,11111111$$
$$[-32767]_反=[-1111111\,11111111]_反=10000000\,00000000$$

注意，数字 0 的表示有两种反码形式：

$$[+0]_反=[+0000000\,00000000]_反=00000000\,00000000$$
$$[-0]_反=[-0000000\,00000000]_反=11111111\,11111111$$

反码表示的数据范围因字长而定。采用 16 位二进制原码表示时，其真值的表示范围为：$[-(2^{15}-1),$ $+(2^{15}-1)]$，即二进制的取值范围为：[1000 0000 0000 0000，0111 1111 1111 1111]。

同样，用反码运算也不方便。

3. 补码

补码也可以由原码得到。补码表示法规定：正数的补码与原码相同，负数的补码由在其反码的末位上加 1 得到，通常用$[X]_补$表示 X 的补码。

例如（假设计算机用 16 位二进制码表示数据）：

$$[+1]_补=[+0000000\,00000001]_补=00000000\,00000001$$
$$[-1]_补=[-0000000\,00000001]_补=11111111\,11111111$$
$$[+32767]_补=[+1111111\,11111111]_补=01111111\,11111111$$
$$[-32767]_补=[-1111111\,11111111]_补=10000000\,00000001$$

而对于数字 0 的补码表示只有一种形式：

$$[+0]_补=[-0]_补=00000000\,00000000$$

补码表示的数据范围因字长而定，采用 16 位二进制补码表示时，其真值的表示范围为：$[-2^{15}, +2^{15}-1]$，即二进制整数取补的取值范围为：[1000000000000000，011 1111111111111]。

【例 2.7】 已知 $X=+12D=+0001100B$，$Y=+10D=+0001010B$，通过其补码表示法计算 $X-Y$ 的值。（为书写方便，假设计算机用 8 位二进制码表示数据）

解：$X-Y=X+(-Y)$

$\qquad [X]_{补} = [+0001100]_{补} = 0000\ 1100$

$\qquad [-Y]_{补} = [-0001010]_{补} = [1000\ 1010]_{反}+1 = 11110101+1 = 11110110$

$\qquad [X-Y]_{补} = [X]_{补}+[-Y]_{补} = 00001100+11110110 = 00000010$（超出字长的进位丢弃）

由 $\qquad\qquad [[X-Y]_{补}]_{原} = [00000010]_{原} = 00000010$

故 $\qquad\qquad X-Y = 00000010 = +2D$

【例 2.8】 已知 $X=-6D=-0000110B$，$Y=-10D=-0001010B$，通过其补码表示法计算 $X+Y$ 的值。

解：$[X]_{补} = [-0000110]_{补} = [1000\ 0110]_{反}+1 = 11111001+1 = 11111010$

$\qquad [Y]_{补} = [-0001010]_{补} = [1000\ 1010]_{反}+1 = 11110101+1 = 11110110$

$\qquad [X+Y]_{补} = [X]_{补}+[Y]_{补} = 11111010+11110110 = 11110000$（超出字长的进位丢弃）

由 $\qquad\qquad [[X+Y]_{补}]_{原} = [11110000]_{原} = 10010000$

故 $\qquad\qquad X+Y = 10010000 = -16D$

从以上的例子可以看出，对于补码：① 可以将减法运算转化为加法运算来完成；② 数的符号位可参与运算；③ 两数和（差）的补码等于两数的补码之和（差）。因此，现代计算机内部大都采用补码表示数值，运算结果也用补码表示，以达到简化运算的目的。

▶▶ 2.3.2 带符号实数的编码

计算机中数值数据的小数点一般通过隐含规定小数点的位置来表示，根据约定的小数点的位置是否固定，分为定点表示和浮点表示两种表示方法。采用定点表示的数称为定点数，采用浮点表示的数称为浮点数。

1. 定点表示法

数的定点表示法是指机器数中小数点的位置固定不变。定点表示法有定点整数和定点小数两种约定。定点整数约定小数点位置在机器数的最后一位之后。定点整数是用来表示纯整数的，前面介绍原码、反码和补码时，实际上约定的是纯整数。定点小数约定小数点位置在符号位之后，定点小数是用来表示纯小数的，即所有数均小于 1。例如，字长为 8 位时，数据$+2^7-1$ 和-2^{-7}的定点表示如图 2.2 所示。

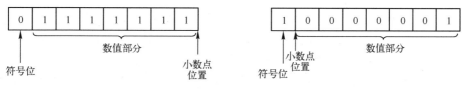

图 2.2 8 位字长数据的定点表示

定点表示法的数值范围在许多应用中是不够用的，尤其是在科学计算中，为了扩大数的表示范围，也可以通过编程技术，采用多个字节表示一个定点数，如 8 字节等。

2. 浮点表示法

数的浮点表示法是指机器数中小数点的位置是浮动的，浮点表示法类似科学计数法，任一数均可通过改变指数部分，使小数点位置发生变动。例如，十进制数 1122.33 可以写成 $10^4×0.112233$、$10^3×1.12233$、$10^2×11.2233$ 等不同形式。浮点数由两部分组成：尾数部分和阶码部分。二进制数浮点表示法的一般形式是：

$$N = 2^E×M$$

其中，2 是数制的基数，在计算机内部表示时是隐含的；E 和 M 都是带符号的数，E 称为阶码，是一个整数，其本身的小数点约定在阶码最右面（即用补码表示成定点纯整数）；M 称为尾数，是一个纯小数，其最高位从数据中第一个非零数位开始（即规格化处理），其小数点位置位于尾数部分的数符位之后（即用补码表示成定点纯小数）。由此可见，浮点数是定点整数和定点小数的混合。

假设机器字长为 32 位，其阶码占 8 位，尾数占 24 位，二进制数据 0.00000011101011 的 M 值为 0.11101011，阶码 E 为–110，其浮点数表示如图 2.3 所示。

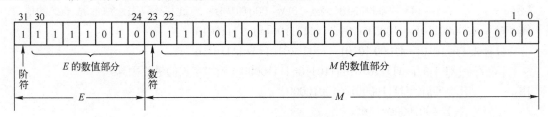

图 2.3　32 位浮点数示例

不同的计算机中，阶码 E 的长度和尾数 M 的长度都有具体的规定。显然，浮点数的表示范围比定点数大。

2.4　文本信息的编码

计算机处理的信息除了数值数据，还有其他大量的非数值数据，非数值数据中主要是字符数据。由字符数据转换成二进制数值数据，最好的方法就是为字符编码，即对字符进行编号。对字符进行编码既可以节省存储空间，数据处理的过程也很容易完成。字符编码的方法很简单，首先要确定有多少字符需要进行编码，因为字符的个数决定了编码的位数；然后对每一个字符进行编号。例如，我们熟悉的工作证号、门牌号、身份证号都是编码。在日常处理的字符数据中，有西文字符和中文字符两种，由于两种字符形式的不同，编码的方法也不相同。

▶▶ 2.4.1　西文字符的编码

西文字符包括各种运算符号、关系符号、控制符号、字母和数字等。在计算机中广泛应用的西文字符编码是 ASCII 码（American National Standard Code for Information Interchange，美国国家信息交换标准码）。ASCII 码采用 1 字节进行编码，因此可以表示 256 种不同的字符。其中，二进制最高位为 0 的编码称为标准 ASCII 码，是国际通用的，其范围为 0～127（00000000B～01111111B），共可以表示 128 个字符，包括 52 个英文大小写字母、10 个数字、34 种控制字符、32 个字符和运算符。标准 ASCII 码表如表 2.1 所示。

编码在 10000000B～11111111B 内为扩充 ASCII 码。扩充 ASCII 码的二进制最高位是 1，其范围为 128～255，也有 128 种。尽管对扩充 ASCII 码美国国家标准信息协会已给出定义，但在实际中，多数国家都利用扩充 ASCII 码来定义自己国家的文字代码。例如，日本将其定义为片假名字符的代码，中国则将其定义为中文文字的代码。

表 2.1 标准 ASCII 码表

十六进制（高位） 低位 ／ 二进制（高）／ 二进制（低）	0 0000	1 0001	2 0010	3 0011	4 0100	5 0101	6 0110	7 0111
0 0000	NUL	DLE	SP	0	@	P	`	p
1 0001	SOH	DC1	!	1	A	Q	a	q
2 0010	STX	DC2	"	2	B	R	b	r
3 0011	ETX	DC3	#	3	C	S	c	s
4 0100	EOT	DC4	$	4	D	T	d	t
5 0101	EDQ	NAK	%	5	E	U	e	u
6 0110	ACK	SYN	&	6	F	V	f	v
7 0111	BEL	ETB	'	7	G	W	g	w
8 1000	BS	CAN	(	8	H	X	h	x
9 1001	HT	EM	)	9	I	Y	i	y
A 1010	LF	SUB	*	:	J	Z	j	z
B 1011	VT	ESC	+	;	K	[	k	{
C 1100	FF	FS	,	<	L	\	l		
D 1101	CR	GS	-	=	M	]	m	}
E 1110	SO	RS	.	>	N	^	n	~
F 1111	SI	US	/	?	O	_	o	DEL

其中，常用的控制字符的作用如表 2.2 所示。

表 2.2 常用的控制字符的作用

BS（Backspace）——退格	CR（Carriage Return）——回车
CAN（Cancel）——作废	DEL（Delete）——删除
LF（Line Feed）——换行	FF（Form Feed）——换页
SP（Space）——空格	—

在书写字符的 ASCII 码时，也经常使用十六进制数和十进制数，如 30H（48D）是数字 0 的 ASCII 码，61H（97D）为字母 a 的 ASCII 码。西文字符在排序时是根据它的编码大小来确定的。

▶▶ 2.4.2 汉字的编码

汉字与西文字符相比，其特点是字形复杂而且数量多，要解决这两个问题，也是采用对汉字的编码来实现的。在一个汉字处理系统中，输入、内部处理、输出等不同的过程需要不同的汉字编码，可分为汉字输入码、汉字国标码、汉字机内码、汉字字形码和汉字地址码。

1. 区位码与汉字国标码

为了解决汉字的编码问题，1981 年我国国家标准局公布了国标 GB 2312—80 汉字编码字符集，在此标准中共收录了 7445 个汉字及符号。其中，汉字 6763 个，汉字符号 682 个。在该标准的汉字编码表中，汉字和汉字符号被分成了 94 个区和 94 个位，区、位的序号均为 01～94。一个汉字的编码由它所在的区号和位号组成，称为区位码。区位码中规定，1～15 区（其中有些区没有被使用）为汉字符号区，包括西文字母、日文假名和片假名、俄文字母、数字、制表符及一些特殊的图形符号。16～94 区为汉字区。在汉字区中，按照汉字的使用频度分为两级：一级汉字 3755 个，依汉语拼音声母顺序排列（同音字再按笔画顺序排列），占用了 16～55 区；二级汉字 3008 个，按部首排列，占用了 56～87

区。这样在区位码表中，每一个字符可用 4 位十进制数唯一表示，而没有重码。但为了与标准 ASCII 码兼容，将区码和位码分别加上十六进制数 20H 就构成了汉字国标码，如"啊"字的区位码的十六进制数表示为 1001H，而"啊"字的汉字国标码则为 3021H。汉字国标码和区位码的换算关系是：

$$汉字国标码 = 汉字区位码 + 2020H$$

由于区位码与汉字属性之间没有直接的对应关系，用户难以记忆，所以区位码一般用于输入一些特殊符号。

2．汉字机内码

汉字机内码是计算机内部处理汉字信息时所用的汉字编码，也称汉字的内码。保存一个汉字的区位码要占用 2 字节，区号、位号各占 1 字节。因为区号、位号都不超过 94，所以这两个字节的最高位仍然是 0。为了区分汉字区位码与标准 ASCII 码，汉字机内码是将区码和位码分别加上十六进制数 A0H 作为机内码。例如，"啊"字的区位码的十六进制表示为 1001H，而"啊"字的机内码则为 B0A1H。使汉字机内码的两个字节的最高位均为 1，这样就容易与西文的 ASCII 码区分了。以 GB 2312—80 国家标准为依据制定的汉字机内码也称为 GB 2312 码，它和区位码及汉字国标码的换算关系是：

$$汉字机内码 = 汉字区位码 + A0A0H = 汉字国标码 + 8080H$$

与西文字符一样，汉字在排序时也是根据它的编码大小来确定的，即分在不同区里的汉字由机内码的第 1 字节的大小决定，在同一区中的汉字则由第 2 字节的大小来决定。由于汉字的内码都大于 128，所以汉字无论是高位内码还是低位内码都大于 ASCII 码（仅对 GB 2312 码而言）。机内码是汉字最基本的编码，汉字机内码应该是统一的，而实际上目前世界各地的汉字系统都还不相同。

3．汉字输入码

输入汉字使用的编码称为汉字输入码，也称为汉字外部码，简称外码。它的作用是用键盘上的字母和数字来描述汉字。汉字具有字量大、同音字多等特点，怎样实现汉字的快速输入是应解决的重要问题之一。目前，我国的汉字输入码编码方案已有上千种，在计算机上常用的有十几种，如全拼输入法、双拼输入法、智能 ABC 输入法、表形码输入法、五笔字型输入法等。不同的输入法其汉字输入码也不同，如"汉"字在拼音输入法中的输入码为"han"，而在五笔字型输入法中的输入码为"icy"。目前，已经出现了汉字的语音输入法，实际上是用录音设备将采集到的声音数据作为汉字输入码。汉字输入码不是汉字在计算机内部的表示形式，只是一种快速有效的输入汉字的手段。不管采用什么汉字输入方法，输入的外码到机器内部都要转换成机内码，才能被存储和进行各种处理。

4．汉字字形码与汉字地址码

汉字信息用输入码送入计算机，用机内码进行各种处理。处理后，如果要将汉字信息在输出设备上输出，就要用到汉字字形码。汉字字形码又称汉字字模，它是指汉字图形信息的数字代码，存放在汉字库中。在目前的汉字处理系统中，汉字字形码有点阵码和矢量码两种。点阵码是指汉字字形点阵信息的数字代码，主要用于显示输出。汉字点阵有多种规格，如 16×16、24×24、32×32、48×48 点阵等。以 24×24 的字形点阵为例，每个汉字需要 72 字节，存储一、二级汉字约需 600KB 的存储空间，而 32×32 的字形点阵，每个汉字需要 128 字节，存储一、二级汉字约需 1MB 的存储空间。点阵规模越大，字形也越清晰美观，但在汉字库中所占用的空间也越大。

矢量码是采用抽取特征的方法形成汉字轮廓描述的代码，这种字形的优点是字体美观，可以任意地放大、缩小甚至变形，可产生高质量的汉字输出。如 PostScript 字库、TrueType 字库就是这种字形码。

每个汉字字形码在汉字库中的逻辑地址称为汉字地址码。当要向输出设备输出汉字时，必须通过汉字地址码才能在汉字库中取到所需的字形码，最终在输出设备上形成可见的汉字字形。汉字地址码的设计要考虑和机内码有一个简单的对应转换关系。

计算机对汉字的输入、保存和输出过程为：在输入汉字时，操作者在键盘上输入输入码，通过输入码找到汉字国标码，再计算出汉字的机内码后保存。而当显示或打印汉字时，则首先从计算机内取出汉字的内码，然后根据内码计算出汉字的地址码，通过地址码从汉字库中取出汉字的字形码，再通过一定的软件转换，将字形输出到屏幕或打印机上，其转换过程如图 2.4 所示。

图 2.4　汉字处理转换过程图

 ★2.5　声音和图形图像信息的编码

为了能对多媒体信息进行综合处理，首先就要获取各种媒体。而现实生活中媒体的物理形式是多种多样的，比如，声音的物理形式是声波，图像的物理形式是由二维或三维空间中连续变化的光和色彩组成的，它们都属于模拟信号，在幅度和时间上是连续变化的。而在计算机内部只能存储和处理数字信号，是离散的。因此，多媒体信息必须转化成数字信息。

多媒体信息的数字化过程一般包括 3 个阶段：采样、量化和编码，如图 2.5 所示。

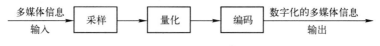

图 2.5　多媒体信息的数字化过程

采样：就是按照一定的规律每隔一定时间间隔抽取模拟信号的值。

量化：理论上采样得到的样本值可以是 $-\infty \sim +\infty$ 之间的任意值，量化就是对样本值进行离散化处理，即事先规定一组数据，每个数据按一定规则近似地表示一组相关采样值。

编码：经过量化后得到的数字信息，还必须按一定格式转换成计算机可以识别的二进制形式，才能在计算机中保存。用二进制形式表示量化值的过程称为编码。

▶▶ 2.5.1　声音媒体的数字化

声音（声波）本质上是一种机械振动，它通过空气传播到人耳，刺激神经后使大脑产生一种感觉。声音信号是典型的连续信号，不仅在时间上连续，而且在幅度上也是连续的。在时间上"连续"是指在一个指定的时间范围里声音信号的幅值有无穷多个，在幅度上"连续"是指幅度的数值有无穷多个。我们把在时间和幅度上都连续的信号称为模拟信号。

声音通常用模拟波的形式来表示，有两个基本参数：振幅和频率。振幅反映了声音的音量，频率反映了声音的音调。频率在 20Hz～20kHz 的波称为音频波，频率小于 20Hz 的波称为次音波，频率大于 20kHz 的波称为超音波。

常见声音的频率范围如下。

● 电话音频：200～3400Hz。
● 调频广播音频：20Hz～15kHz。
● 调幅广播音频：50Hz～7kHz。

音频信号是一种模拟信号，计算机不能直接处理，音频信号必须先数字化，才能在计算机中进行处理。

1．音频信号的数字化过程

（1）采样

采样的对象是通过话筒等装置转换后得到的模拟电信号。采样是每隔一定时间间隔（称为采样周期）在模拟波形上取一个电压值（称为样本值）。采样是对连续时间的离散化。采样频率越高，用采样数据表示的声音就越接近于原始波形，数字化音频的质量也就越高。常见的采样频率标准有 44.1kHz、22.05kHz、11.025kHz 等。

（2）量化

采样得到的幅值是无穷多个实数值中的一个，因此幅度还是连续的。如果把信号幅度取值的数目加以限定，就可以用有限个数值表示采样得到的幅值，实现幅度的离散化。例如，输入电压的范围是 0～0.7V，假设它的取值只限定为 0，0.1，0.2，…，0.7 共 8 个值，如果采样得到的幅度值是 0.122V，它的取值就应为 0.1V，如果采样得到的幅度值是 0.26V，它的取值就应为 0.3V，这样连续的幅度值就被离散化了。

事先把模拟电压取值范围划分为若干个区域，这个区域中的所有电压取值都用一个数字表示，把采样得到的模拟电压值用所属区域对应的数字来表示，就称为量化。

用来量化的数字的二进制位数 n 称为量化位数（上例的量化位数为 3），n 的值越大，所得到的量化值就越接近原始波形的取样值。常见的量化位数有 24、16、8 等。例如，对图 2.6 所示波形采样得到的采样值进行量化，若 $n=3$，则能用 8 个等级表示取样值，量化后的结果如图 2.7 所示。

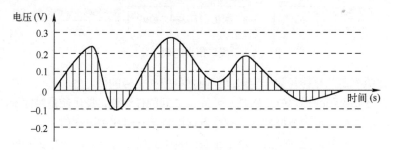

图 2.6　音频信号的采样

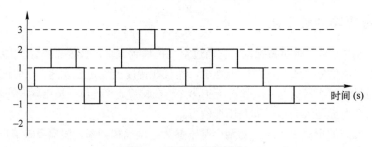

图 2.7　音频信号的量化

（3）编码

把量化后的数据用一定字长的二进制数据形式表示。编码后得到的数字音频数据是以文件的形式保存在计算机中的。

可以看出，决定数字音频质量的两个主要因素是"采样频率"和"量化位数"。

2．计算机中的数字音频文件

计算机中广泛应用的数字音频文件主要有两类。

一类是采集各种声音的机械振动而得到的数字文件（也称为波形文件），其实就是声音模拟信号的数字化结果。波形文件的形成过程是，音源发出的声音（机械振动）通过麦克风转换为模拟信号，模拟声音信号经过声卡的采样、量化、编码，得到数字化的结果。常见的有 WAV 文件、MP3（MPEG Audio Layer 3）文件、WMA（Windows Media Audio）文件。

① WAV 文件：是使用最为广泛的一种音频文件（波形文件格式），未经处理和压缩，具有很高的音质，是 PC 上最流行的声音文件格式。其文件尺寸较大，多用于存储简短的声音片段。由于未经压缩，WAV 的存储容量特别大，不利于用户存储歌曲，更不利于音乐的网上传播。

② MP3 文件：是一种高性能的声音压缩编码方案，是 MPEG（动态图像专家组）标准的第 3 层声音压缩标准，压缩率高达 1:10～1:12。大多数人听不到 16kHz 以上的声音，因此 MP3 编码器便剥离了频率高于预设频率的所有音频，只是人们没有觉察到罢了。MP3 成功创造了与 CD 几乎具有相同音质但又小得多的声音文件。例如，一首 50MB 的 WAV 格式的歌曲用 MP3 压缩后只需 4MB 左右的存储空间。

③ WMA 文件：全称是 Windows Media Audio，是 Microsoft 公司推出的与 MP3 格式齐名的一种新的音频格式。由于 WMA 在压缩比和音质方面都超过了 MP3，更是远胜于 RA（Real Audio），即使在较低的采样频率下也能产生较好的音质，再加上 WMA 有 Microsoft 的 Windows Media Player 做其强大的后盾，所以一经推出就赢得一片喝彩。网上的许多音乐纷纷转向 WMA 格式，许多播放器软件也纷纷开发支持 WMA 格式的插件程序。估计不久，WMA 就会成为网络音频的主要格式。

另一类是专门用于记录乐器声音的 MIDI 文件，常见的文件格式有 MID、MOD 及 RMI 文件等。MIDI（Musical Instrument Digital Interface）乐器数字化接口，是一种技术规范，它是把电子乐器键盘的演奏过程（如按下的是哪个键，压力多大，时间多长等信息）记录下来，称为 MIDI 信息（相当于一个乐谱），把 MIDI 信息作为文件存储起来即成为 MIDI 文件，其扩展名为.MID。它与波形文件不同，它记录的不是声音本身，而是将每个音符记录为一个数字，实际上就是数字形式的乐谱，因此可以节省空间，适合长时间音乐的需要。

MIDI 文件与普通的音频文件区别如下。

① 文件大小不同，一首可以播放 5 分钟左右时间的 MIDI 歌曲，其容量只有几十 KB 或百余 KB。而同样这首歌的波形音乐文件如 WAV，则高达 50MB 左右，即使是经过 MP3 技术进行高比例压缩处理，也有 5MB。

② MIDI 文件本身不包含任何声音信息，而是发音命令，记录的是 MIDI 设备的音色、声音的强弱、声音持续多长时间等，只是一些数字信号而已。而 WAV 是把声音的波形记录下来，将这些模拟波形转换成数字信息，这些信息所占用的体积显然要比只是简单描述性的 MIDI 文件大得多。

3. 声音素材的采集和制作

声音素材的采集和制作主要有以下 4 种方式：

① 利用一些软件光盘中提供的声音文件；

② 通过计算机中的声卡，从麦克风中采集语音生成 WAVE 文件，如制作课件中的旁白就可采用这种方法）；

③ 通过计算机中声卡的 MIDI 接口，从带 MIDI 输出的乐器中采集音乐，形成 MIDI 文件，或用连接在计算机上的 MIDI 键盘创作音乐，形成 MIDI 文件；

④ 使用专门的软件工具抓取 CD 或 VCD 光盘中的音乐，生成声音素材，再利用声音编辑软件对声音素材进行剪辑、合成，最终生成所需要的声音文件。

▶▶ 2.5.2　图形图像媒体的数字化

图形图像可以生动、直观地表达非常丰富的信息量，是多媒体技术的重要组成部分。图像的物理形式是二维或三维空间中连续变化的光和色彩，属于模拟信号，在幅度和时间上是连续变化的。计算机中描述的图像可以分为静态图像和动态图像两类。静态图像根据它们在计算机中生成的原理不同，又分为位图图像和矢量图形两种。动态图像又分为视频和动画两种。

1. 静态图形图像的数字化

（1）数字图像和图形

在计算机中一幅数字图像可以通过两种不同的方法得到。一种方法是通过对模拟图像进行采样、量化而得到，称为位图图像（Bit_based Map），简称位图。位图实际上是把图像分解为若干个点（称为像素），将像素的颜色、亮度及其他属性用若干个二进制位来描述。使用扫描仪或数码相机得到的图像属于位图图像，如第 2 章中的汉字点阵实际上就是表示一个汉字的图像。另一种方法是通过一组程序指令集来描述构成一幅图形的所有点、线、框、圆、弧、面等几何元素的位置、维数、大小和色彩，即以数学的方法来表示，这类图像称为矢量图形（Vector_based Map）。剪贴画就属于矢量图形。

位图图像的优点是色彩显示自然、柔和、逼真，缺点是图像在放大或缩小的转换过程中会产生失真，如图 2.8 所示，并且随着图像精度的提高或尺寸增大，所占用的磁盘空间也急剧增大。

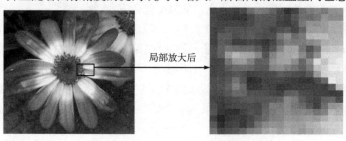

局部放大后

图 2.8　位图和局部放大后的位图

矢量图以数学方式记录图像，由软件制作而成。其优点是信息存储量小，分辨率完全独立，在图像的尺寸放大或缩小过程中图像的质量不会受到丝毫影响，缺点是用数学方程式来描述图像，需要进行大量复杂的计算，而且制作出的图像色彩显示比较单调，看上去比较生硬，不够柔和、逼真。矢量图形主要用于广告设计、美术字、统计图和工程制图等。

（2）静态图像的数字化

可以通过扫描仪或数码相机等设备把看到的图像传入到计算机中进行处理，那么这些设备是如何把生活中的图像传入到计算机中的呢？这就需要经过采样和量化两个过程。

图像的采样是指将图像转变成像素集合的一种操作。常见的图像一般都是采用二维平面信息的分布方式，要将这些图像信息输入到计算机中进行处理，就必须将二维图像信号按一定间隔从上到下有序的沿水平方向或垂直方向直线扫描，从而获得图像灰度值阵列，再求出每一特定间隔的值，就能得到计算机中的图像像素信息。

经过采样后，图像被分解成在时间和空间上离散的像素，但这些像素值仍然是连续量。量化就是把这些连续的灰度值变换成离散值的过程。

（3）静态图像的存储格式

计算机中的图像可以按多种不同的格式存储，每种格式都有自己的特点和使用场合。

● JPEG（Joint Photographic Expert Group）格式：是 24 位的图像文件格式，是一种有损压缩格式。

这种格式图像经过压缩后存储空间很小，但质量有所下降。

- BMP（Windows Bitmap）格式：是在 DOS 和 Windows 上常用的一种标准图像格式，能被大多数应用软件所支持。它支持 RGB、索引颜色、灰度，不支持透明，需要的存储空间较大。
- GIF（Graphic Interchange Format）格式：即图形交换格式，是 CompuServe 公司开发的图像文件存储格式。1987 年开发的 GIF 文件格式的版本号是 GIF87a，1989 年进行了扩充，扩充后的版本号定义为 GIF89a。GIF 格式文件占用空间很小，是网络上广泛使用的一种图像格式。
- PSD（Adobe Photoshop Document）格式：是 Photoshop 内定的文件格式，它支持 Photoshop 提供的所有图像模式，包括多通道、多图层和多种色彩模式。
- TIFF（Tag Image File Format）格式：是为 Macintosh 机开发的一种图像文件格式，最早流行于 Macintosh。现在 Windows 上主流的图像应用程序都支持该格式，大多数扫描仪也都可以输出这种格式的图像文件。这种格式支持色彩数量最高达 16384 种，存储图像质量高，但占用的存储空间也非常大，其大小是相应的 GIF 图像的 3 倍，JPEG 图像的 10 倍。此格式有压缩和非压缩两种形式，由于 TIFF 格式独有的可变结构，所以对 TIFF 文件解压缩非常困难。

2．动态图像的数字化及动画、视频文件

（1）基本概念

帧是一个完整且独立的窗口视图，作为要播放的视图序列中的一个组成部分，它可能占据整个屏幕，也可能只占据屏幕的一部分。

帧速率是指每秒播放的帧数。两幅连续帧之间的播放时间间隔即延时通常是恒定的，合适的帧速率必须保证产生平稳运动的印象，这取决于个体与被播放事物的性质。通常，产生平稳运动的印象至少要以 16 帧/秒的帧速率，电影为 24 帧/秒。例如，美、日电视标准为 30 帧/秒，欧洲标准 25 帧/秒，HDTV（高清晰度电视）标准 60 帧/秒。

动态图像包括动画和视频信息，是指连续渐变的静态图像或图形序列沿时间轴顺次更换显示，从而构成运动视感的媒体。当序列中每帧图像是由人工或计算机生成时，称为动画。当序列中每帧图像是通过实时摄取自然景象或活动对象时，称为影像视频，或简称为视频。常见的视频信号有电影、电视。

（2）动态图像的数字化

动画可以描述一个过程，与静止的图像相比，它具有更丰富的信息内涵。对动画进行数字化处理就是把动画分解为若干个静止图像，再对每个静止图像进行数字化（即通过采样、量化等步骤生成相应的位图图像），最后形成动画的数字化编码文件。

普通的视频信号都是模拟的，因此，视频信号必须进行数字化处理（即视频信号的扫描、采样、量化和编码）后，才能由计算机进行处理。视频与动画的主要区别在于组成视频的每帧图像是自然景物的图像，所以二者的数字化过程基本类似。

（3）动态图像存储格式

常见的动画文件有 MPG 文件、GIF 文件、FLIC 文件、SWF 文件等格式。动画文件也是十分庞大的。其中，MPG 文件是用了压缩技术处理后的文件（即 VCD 影碟的文件）；GIF 格式的文件尺寸较小，在网页制作中被广泛采用；FLIC 格式是 Autodesk 公司在其出品的 Autodesk Animator/Animator Pro/ 3D Studio 等 2D/3D 动画制作软件中采用的彩色动画文件格式，是 FLC 和 FLI 的统称；SWF 格式是 Macromedia 公司的产品 Flash 的矢量动画格式，它采用曲线方程描述其内容，因此这种格式的动画在缩放时不会失真，非常适合描述由几何图形组成的动画，如教学演示等。

常见的视频文件格式包括：

- AVI（Audio Video Interleaved）文件，是 Microsoft 公司开发的一种数字音频与视频文件格式，主要

用来保存电影、电视等各种视频信息，有时也出现在 Internet 上，供用户下载新影片的精彩片断；

- MPG 文件是使用 MPEG 方法进行压缩的全运动视频图像，压缩效率非常高，图像和音响的质量也非常好，目前市场上的 VCD、DVD 都采用 MPEG 技术；
- MOV 即 QuickTime 格式，是 Apple 公司开发的一种音频、视频文件格式，用于保存音频和视频信息，现在它被包括 Apple Mac OS、Microsoft Windows 95/98/NT/XP 在内的所有主流操作系统平台支持。MOV 文件格式支持 25 位彩色，支持 RLE、JPEG 等领先的集成压缩技术，提供 150 多种视频效果，并提供了 200 多种 MIDE 兼容音响和设备的声音装置。

3. 动态图像素材的采集方法

（1）通过软件工具创作。利用多媒体创作软件提供的动画制作功能，如 Macromedia 公司推出的 Authorware 是功能强大的多媒体创作工具，能让屏幕上的对象以直线或曲线运动。Director 能制作文字特技动画、物体转动效果等。一般来说，多媒体创作软件提供的动画功能比较简单且容易实现。

（2）捕捉屏幕动态图像。捕捉屏幕动态图像有两种方法：一是利用专门的软件，如 HyperCam，它可以捕捉 Windows 平台屏幕上的动作，同时能够记录来自系统麦克风的声音，还可以自定义屏幕捕捉区域；二是利用软件来截取 VCD 上的视频片段（形成 MPG 文件或 BMP 图像序列文件），或者把 DAT 视频文件转换成 Windows 系统通用的 AVI 文件。

（3）捕获录像带或广播视频节目。最常见的是用视频捕捉卡配合相应的软件（如 Ulead 公司的 Media Studio 及 Adobe 公司的 Premiere）来采集录像带上的画面。

（4）使用已有光盘中的视频动画文件。

（5）从网络教育资源库中搜索。

 ## 本章小结

通过学习本章内容，应了解信息的本质和特点、信息技术在信息化社会的地位和作用，以及信息技术对社会各个领域的影响，特别是对教育的影响。熟悉计算机中信息的表示及各种数制之间的转换方法。熟悉各种类型信息在计算机中的编码方法。本章的学习对今后进一步学习计算机技术具有十分重要的意义。

 ## 习题 2

2-1　单项选择题

1. 1KB 表示（　　）。
   - A. 1000 位　　　　　　B. 1024 位　　　　　　C. 1000 字节　　　　　　D. 1024 字节
2. 在计算机中，1 字节所包含的二进制位的个数是（　　）。
   - A. 2　　　　　　　　B. 4　　　　　　　　C. 8　　　　　　　　D. 16
3. 与十六进制数 200 等值的十进制数为（　　）。
   - A. 256　　　　　　　B. 512　　　　　　　C. 2048　　　　　　　D. 1024
4. 下列不同进制的数中最大的是（　　）。
   - A. 1010011B　　　　B. 257O　　　　　　C. 689D　　　　　　D. 1FFH
5. 下列字符中 ASCII 码值最大的是（　　）。
   - A. X　　　　　　　　B. x　　　　　　　　C. b　　　　　　　　D. B
6. 下列 4 组数应依次为二进制，八进制，十六进制，符合这个要求的是（　　）。
   - A. 10，68，79　　　　B. 21，57，18　　　　C. 12，80，10　　　　D. 11，77，39

7. 假定某台计算机的字长为 8 位，一个数的补码为 11111111，则这个十进制数是（　　）。

　　A. 255　　　　　　　B. –1　　　　　　　　C. 127　　　　　　　　D. 128

8. 按 16×16 点阵存放国标 GB2312-80 中一级汉字（共 3755 个）的汉字库，大约需占（　　）
存储空间。

　　A. 1MB　　　　　　B. 512KB　　　　　　C. 256KB　　　　　　D. 118KB

9. 计算机中表示信息的最小单位是（　　）。

　　A. 位　　　　　　　B. 字节　　　　　　　C. 字　　　　　　　　D. 字长

10. 与十进制 36.875 等值的二进制数是（　　）。

　　A. 110111.011　　　B. 100100.111　　　　C. 100110.111　　　　D. 100101.101

11. 一个汉字的区位码需要用（　　）字节表示。

　　A. 1　　　　　　　　B. 2　　　　　　　　　C. 3　　　　　　　　　D. 4

12. 在存储一个汉字内码的两个字节中，每个字节的最高位是（　　）。

　　A. 1 和 1　　　　　　B. 1 和 0　　　　　　C. 0 和 1　　　　　　D. 0 和 0

*13. MIDI 文件中存放的是（　　）。

　　A. 波形声音的模拟信号　　　　　　　　B. 波形声音的数字信号

　　C. 计算机程序　　　　　　　　　　　　D. 符号化的音乐指令

*14.（　　）是静态图像压缩标准。

　　A. PAL　　　　　　B. JPEG　　　　　　C. MPEG　　　　　　D. NTSC

*15.（　　）是动态图像压缩标准。

　　A. PAL　　　　　　B. JPEG　　　　　　C. MPEG　　　　　　D. NTSC

2-2　填空题

1. 1011000111101B =＿＿＿＿＿O =＿＿＿＿＿H =＿＿＿＿＿D。

2. 169.5D =＿＿＿＿＿B =＿＿＿＿＿O =＿＿＿＿＿H。

3. 3BFH=＿＿＿＿＿B =＿＿＿＿＿O =＿＿＿＿＿D。

4. 假定某台计算机的字长为 8 位，则十进制数 –67 的原码为＿＿＿＿＿，反码为＿＿＿＿＿，
补码为＿＿＿＿＿。

5. 已知"中"的区位码为 5448H，则它的机内码是＿＿＿＿＿。

*6. 在计算机中，静态图像可分为＿＿＿＿＿和＿＿＿＿＿两类，虽然它们的生成方法不同，但
在显示器上显示的结果几乎没有什么差别。

2-3　思考题

1. 什么是信息？什么是数据？数据和信息有什么不同？

2. 什么是信息技术？信息技术的社会作用是什么？

3. 请简述信息社会的特点及信息技术对当今社会的影响。

4. 信息处理技术具体包括哪些内容？

5. 什么是信息能力？什么是信息素养？请简述在当今社会中，具备信息素养的重要性。

6. 计算机内部的信息为什么要采用二进制编码表示？

7. ASCII 码由几位二进制数组成？能表示什么信息？

8. 汉字信息在计算机中如何表示？

第3章 微型计算机的系统组成

　　计算机技术的高速发展和广泛应用，使其成为人们生活和工作中不可缺少的工具之一。计算机的强大功能是建立在硬件和软件基础上的，硬件是软件建立和依托的基础，软件是计算机系统的灵魂，两者相辅相成，缺一不可，硬件和软件相结合才能充分发挥计算机系统的功能。理解微型计算机软硬件的基础知识并掌握计算机组装技能是十分重要的。

　　本章从微型计算机系统的3个层次入手，详细介绍微型计算机的硬件系统和软件系统，并简单介绍微型计算机的选购与组装，使读者对微型计算机系统有一个充分的了解。

 ## 3.1 微型计算机系统的层次关系

　　在微型计算机系统中，从局部到全局存在3个层次：微处理器→微型计算机→微型计算机系统，这是3个不同的概念，但它们之间又有着密切的联系。微型计算机的层次关系如图3.1所示。

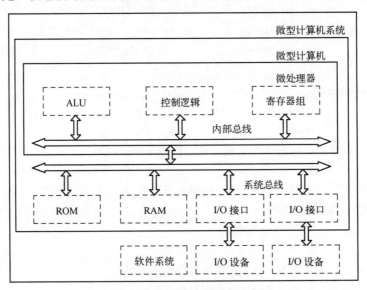

图3.1　微型计算机的层次关系

1. 微处理器

　　微处理器（Microprocessor）一般称为CPU，是微型计算机的核心部件。微处理器包括算术逻辑部件（ALU）、控制逻辑部件、寄存器组和内部总线等，通常被集成在一片或几片大规模集成电路或超大规模集成电路中。

2. 微型计算机

　　微型计算机（Microcomputer）以微处理器为核心，再配以存储器、输入/输出接口电路和系统总线。存储器包括随机存取存储器（RAM）和只读存储器（ROM）。输入/输出接口电路是用来使外部设备和微型计算机相连的电路，系统总线是为 CPU 与其他部件之间传输数据、地址和控制信息的通道。微处理器的性能决定了整个微型计算机的各项关键指标。

3．微型计算机系统

微型计算机系统（Microcomputer System）以微型计算机为主体，再配以相应的外部设备和软件，它是完整的计算机系统，具有实用意义，可以正常工作。

3.2　微型计算机硬件系统

▶▶ 3.2.1　概述

微型计算机系统，简称微型计算机、微机、PC（Personal Computer）或电脑。一个完整的计算机硬件系统包括 5 个功能部件——运算器、控制器、存储器、输入设备和输出设备。这 5 大功能部件相互配合，协同工作。其实微型计算机的硬件系统也是基于这 5 个部件的。考虑到微型计算机系统的特点，通常认为微型计算机的硬件系统由主机和外部设备两部分组成。其中，主机包括微处理器、内存储器、总线和输入/输出接口，是整个系统的控制中心。主机通常被封装在主机箱内，制成一块印制电路板，称为主机板，简称主板或系统板。外部设备包括外存储器、输入/输出设备及一些其他设备。微型计算机硬件系统组成如图 3.2 所示。

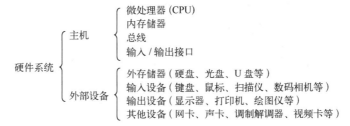

图 3.2　微型计算机硬件系统组成

典型的台式微型计算机的外观结构如图 3.3 所示。主要包括显示器、主机箱、键盘、鼠标和音箱等。

图 3.3　台式微型计算机外观结构

打开机箱的侧面挡板后，可以看到机箱的内部结构，如图 3.4 所示。主机箱内安装有电源、主板、内存、显示卡、声卡、网卡、硬盘和光驱等硬件设备，其中声卡和网卡多集成在主板上。（详细信息参见本章后面讲述。）

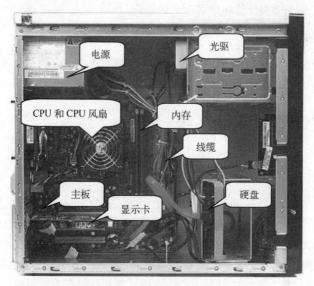

图 3.4   主机箱内部结构

主机箱前面板上有光驱、前置接口（USB、话筒、耳机等）、电源开关和 Reset（重启）开关等，如图 3.5 所示。

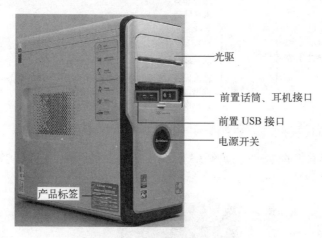

图 3.5   主机前面板

● 电源开关：按下主机的电源开关，即接通主机电源并开始启动计算机。

● 光驱：光驱的前面板，可以通过面板上的按钮打开和关闭光驱。

● 前置接口：使用延长线将主板上的 USB、音频等接口扩展到主机箱的前面板上，方便接入各种相关设备。常见的有前置 USB 接口、前置话筒和耳机接口。

主机箱的后部有电源、显示器、鼠标、键盘、USB、音频输入/输出和打印机等设备的各种接口，用来连接各种外部设备，如图 3.6 所示。

现在，微型计算机非常普及，使烦琐的日常事务和艰辛的脑力劳动都变得轻松起来。微机丰富了人们的生活，成为与人们的工作和学习密不可分的良伴。

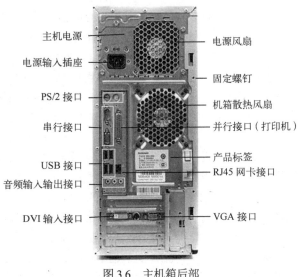

图 3.6　主机箱后部

▶▶ 3.2.2　微处理器

1. 微处理器概念

微处理器也叫中央处理器（CPU，Central Processing Unit），是任何微型计算机系统中必备的核心部件。如果把计算机比作人，那么 CPU 就是人的大脑。CPU 从内存储器或高速缓冲存储器中取出指令，放入指令寄存器，并对指令译码。它把指令分解成一系列的微操作，然后发出各种控制命令，执行微操作系列，从而完成一条指令的执行。

微处理器包括算术逻辑部件（ALU）、控制逻辑部件、寄存器组和内部总线等，具有运算和控制功能。算术逻辑部件可以执行定点或浮点的算术运算操作、移位操作及逻辑操作，也可执行地址的运算和转换。控制部件主要负责对指令译码，并且发出为完成每条指令所要执行的各操作的控制信号。寄存器部件包括通用寄存器、专用寄存器和控制寄存器。通用寄存器又可分定点数和浮点数两类，它们用来保存指令中的寄存器操作数和操作结果。通用寄存器是中央处理器的重要组成部分，大多数指令都要访问到通用寄存器。通用寄存器的宽度决定了计算机内部的数据通路宽度，其端口数目往往可影响内部操作的并行性。专用寄存器是为了执行一些特殊操作所需用的寄存器。控制寄存器通常用来指示计算机执行的状态，或者保持某些指针，包括处理状态寄存器、地址转换目录的基地址寄存器、特权状态寄存器、条件码寄存器、处理异常事故寄存器及检错寄存器等。微处理器中还有一些缓存，用来暂时存放一些数据指令，缓存越大，CPU 的运算速度越快。

2. 微处理器主要性能指标

① 字长：CPU 一次可以处理的二进制数据的位数。字长的大小直接反映计算机的数据处理能力，字长越长，CPU 可同时处理的数据二进制位数越多，运算能力越强，计算精度越高。例如，8 位的 CPU 一次只能处理 1 字节，而 32 位的 CPU 一次就能处理 4 字节；同理，字长为 64 位的 CPU 一次可以处理 8 字节。目前，微机的字长是 64 位。

② 外频：CPU 的外部时钟频率称为外频。它直接影响 CPU 与内存之间的数据交换速度。外频是 CPU 的基准频率，决定着整块主板的运行速度。一个 CPU 默认的外频只有一个，主板必须能支持这个外频。因此在选购主板和 CPU 时必须注意这点，如果两者不匹配，系统就无法工作。在台式机中，所说的超频，都是超过 CPU 的外频，但是现在一般情况下，CPU 的倍频都是被锁住的。

③ 主频：CPU 的时钟频率称为主频。它用来表示 CPU 的运算、处理数据的速度，单位是 MHz（兆赫兹）、GHz（吉赫兹）。1MHz 表示 1 秒内有 100 万个时钟周期，1GHz 表示 1 秒内有 10 亿个时钟周期。时钟周期是微处理器内部最小的时间单位。例如，规格 3.2 GHz 的意思是微处理器在 1 秒内运行 32 亿个时钟周期。CPU 的主频为外频×倍频系数。主频和实际的运算速度存在一定的关系，但并不是一个简单的线性关系。CPU 的运算速度与 CPU 的流水线、总线等各方面的性能也有关系。在其他因素相同的情况下，使用 3.2 GHz 处理器的计算机比使用 1.5GHz 处理器的计算机快得多。

④ 倍频系数：指 CPU 主频与外频之间的相对比例关系。在相同的外频下，倍频越高，CPU 的频率也越高。但实际上，在相同外频的前提下，高倍频的 CPU 本身意义并不大。这是因为 CPU 与系统之间的数据传输速度是有限的，一味追求高主频而得到高倍频的 CPU 就会出现明显的"瓶颈"效应，即 CPU 从系统中得到数据的极限速度不能够满足 CPU 运算的速度。

⑤ 缓存：缓存大小也是 CPU 的重要指标之一，而且缓存的结构和大小对 CPU 速度的影响非常大，CPU 内缓存的运行频率极高，一般是和处理器同频运作，工作效率远远大于系统内存和硬盘。但是考虑到 CPU 芯片面积和成本的因素，缓存一般都很小。现在微处理器的一级缓存（L1 Cache）、二级缓存（L2 Cache）甚至三级缓存（L3 Cache）都集成在微处理器内部，其容量通常以 KB 或 MB 来度量。

⑥ 多核心处理器：CPU 的发展非常迅速，已经从单核心技术向多核心技术发展。所谓多核心处理器简单地说就是在一块 CPU 基板上集成了多个处理器核心，并通过并行总线将各处理器核心连接起来。多核心处理技术的出现，大大地提高了 CPU 的多任务处理性能。

⑦ 生产工艺：CPU 内部有数量极多的晶体管，它是通过光刻工艺进行加工的。现在的光刻精度一般用纳米（nm）表示，数据越小，表示精度越高，生产工艺越先进，这样生产出的 CPU 的工作主频可以达到很高。Intel 公司已经于 2010 年发布 32nm 生产工艺的酷睿 i3/酷睿 i5/酷睿 i7 系列，并且已有发布 22nm 与 15nm 产品的计划。

⑧ 超线程技术（HT，Hyper-Threading）：该技术利用特殊的硬件指令，把两个逻辑内核模拟成两个物理芯片，让单个处理器都能使用线程级并行计算，进而兼容多线程操作系统和软件，减少了 CPU 的闲置时间，提高了 CPU 的运行效率。

▶▶ 3.2.3　存储器

1. 存储系统的层次结构

存储器是计算机记忆或暂存数据的部件。计算机中的全部信息，包括原始的输入数据、经过初步加工的中间数据及最后处理完成的结果数据都存放在存储器中。而且，指挥计算机运行的各种程序也都存放在存储器中。现代数据处理特别是多媒体技术，对存储器的依赖越来越大。为了充分发挥各种存储设备的长处，需要将其有机地组织起来，形成具有层次结构的存储系统。所谓存储系统的层次结构，是把各种不同存储容量、不同存取速度的存储设备，按照一定的体系结构组织起来，使所存储的程序和数据按层次分布在各存储设备中。存储系统层次结构如图 3.7 所示。

第一层是 CPU 内部寄存器。这些寄存器在 CPU 芯片内，存取速度非常快，但寄存器的数量和容量受到芯片面积的限制。严格地讲，寄存器不属于存储器的范畴。第二层是高速缓冲存储器。它位于 CPU 和内存之间，属于小容量、存取速度很快的存储器。第三层是主存储器，就是通常所说的内存。第四层是外存。图 3.8 所示的存储系统中，从上到下存取速度越来越慢，存储容量越来越大，价格越来越低。

把存储器分为几个层次主要有以下几个原因。

① 合理解决速度与成本的矛盾，以获得较高的性能价格比。半导体存储器速度快，但价格高，容量不宜做得很大，因此仅用作与 CPU 频繁交流信息的内存储器。磁盘存储器价格较便宜，可以把容

量做得很大，但存取速度较慢，因此用作存取次数较少，且需存放大量程序、原始数据和运行结果的外存储器。计算机在执行某项任务时，仅将与此有关的程序和原始数据从磁盘上调入容量较小的内存，通过 CPU 与内存进行高速的数据处理，然后将最终结果通过内存再写入磁盘。这样的配置价格适中，综合存取速度则较快。

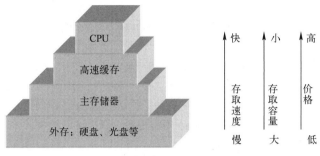

图 3.7　存储系统

② 高速缓冲存储器采用速度很快、价格更高的半导体静态存储器，与微处理器做在一起，存放当前使用最频繁的指令和数据。当 CPU 从内存中读取指令与数据时，将同时访问高速缓存与主存。如果所需内容在高速缓存中，就能立即获取；如没有，再从主存中读取。高速缓存中的内容是根据实际情况及时更换的。这样，通过增加少量成本即可获得很高的速度。

③ 使用磁盘作为外存，不仅价格便宜，可以把存储容量做得很大，而且在断电时它所存放的信息也不丢失，可以长久保存，且复制、携带都很方便。

存储器中所包含的字节数称为该存储器的容量，简称存储容量。存储容量以字节为单位，常用的单位有 KB、MB、GB、TB、PB 等。

2．内存储器

微型计算机的内存储器是暂时存储程序和数据的地方。待执行的程序和数据必须先从外存储器送入内存储器后才能执行。例如，当我们利用 Word 文字处理软件打开一个文件时，实际上是把文件从外存调入内存，当从键盘上敲入字符时，字符就被存入内存中，当选择"保存"命令时，内存中的数据就会被存入硬盘。

内存储器由半导体器件构成的，CPU 可直接访问内存储器中的每个存储单元。微型计算机的型号和功能不同，所配内存容量也不同。

内存储器按其工作方式的不同，可以分为只读存储器（ROM，Read Only Memory）和随机存取存储器（RAM，Random Access Memory）。

① 只读存储器（ROM）：只能读出信息而不能由用户写入信息的存储器，断电后，其中的信息也不会丢失。ROM 中的信息由生产厂家在制造时一次性写入，并永久保存下来。它一般用来存放系统的引导程序、自检程序、系统参数等信息。平时开机首先启动的是存于主板上 ROM 中的 BIOS 程序，然后再由它去调用硬盘中的操作系统。

② 随机存取存储器（RAM）：又称为主存，是在 CPU 运行期间既可读出信息也可写入信息的存储器，但断电后，写入的信息会丢失，一切需要执行的程序和数据都要先存入 RAM 中。一般所说的内存为 2GB，指的就是 RAM 的大小。通常，购买或升级的内存条就是用作微机的主存。

评价内存条的性能指标主要有两个。

① 存储容量：即一根内存条可以容纳的二进制信息量。存储容量越大，计算机能记忆的信息越多。目前，市场上常见的 DDR3 内存条的容量有 1GB、2GB 和 4GB 等。

② 存取速度（存储周期）：即两次独立的存取操作之间所需的最短时间，又称为存储周期，以纳秒（ns）为单位，$1ns=10^{-9}s$。数字越小，表明内存的存取速度越快。半导体存储器的存取周期一般为 $60\sim100$ ns。

3. 高速缓冲存储器（Cache）

随着微电子技术的不断发展，CPU 的主频不断提高。RAM 由于容量大、寻址系统繁多、读/写电路复杂等原因，造成了 RAM 的工作速度大大低于 CPU 的工作速度，直接影响了计算机的性能。为了解决主存 RAM 与 CPU 工作速度不匹配的问题，在 CPU 和主存之间设置了一级高速度、小容量的存储器，称为高速缓冲存储器（Cache）。

Cache 用来存放当前内存中频繁使用的程序块和数据块。当 CPU 访问这些程序和数据时，首先从 Cache 中查找，如果所需程序和数据不在 Cache 中，则到主存中读取数据，同时将数据回写入 Cache 中，因此采用 Cache 可以提高系统的运行速度。

Cache 由静态存储器（SRAM）构成。目前，为了进一步提高性能，微机中的 Cache 设置成二级或三级。一开始的高速小容量存储器就被称为一级缓存（L1 Cache），每级缓存比前一级缓存速度慢且容量大。

L1 Cache（一级缓存）是 CPU 第一层高速缓存，分为数据缓存和指令缓存。内置的 L1 高速缓存的容量和结构对 CPU 的性能影响较大，不过高速缓冲存储器均由静态 RAM 组成，结构较复杂，在 CPU 管芯面积不能太大的情况下，L1 级高速缓存的容量不可能做得太大。一般的 L1 缓存的容量通常为 $32\sim256$KB。

L2 Cache（二级缓存）是 CPU 的第二层高速缓存，分内部和外部两种芯片。内部的芯片二级缓存运行速度与主频相同，而外部的二级缓存则只有主频的一半。L2 高速缓存容量也会影响 CPU 的性能，原则是越大越好，现在 CPU 的 L2 高速缓存可以达到 8MB 以上。

L3 Cache（三级缓存），分为两种，早期的是外置，现在的都是内置的。L3 缓存的应用可以进一步降低内存延迟，同时提升大数据量计算时处理器的性能。降低内存延迟和提升大数据量计算能力对游戏都很有帮助。

4. 外存储器

外存储器即外存，是内存的延伸，其主要作用是长期存放计算机工作所需的系统文件、应用程序、用户程序、文档和数据等。当 CPU 需要执行外存中的某些程序和数据时，外存中存储的程序和数据必须先送入内存，才能被计算机执行。由此可见，外存扩大了系统的存储容量。

磁盘是微型计算机使用的主要外存储设备，分为软盘、硬盘、光盘等，它们既是输入设备，也是输出设备。目前软盘已被淘汰。硬盘根据所用材料分为固态硬盘（SSD）和机械硬盘（HDD）。

（1）机械硬盘

机械硬盘（Hard Disc Drive），简称 HDD，又称为温彻斯特式硬盘。它是由电机和硬盘组成的，硬盘是涂有磁性材料的磁盘组件，如图 3.8 所示。固定式硬盘一般置于主机箱内。根据容量的大小，一个机械转轴上可以串有若干个硬盘，每个硬盘的上下两面各有一个读/写磁头。硬盘是一个非常精密的机械装置，磁头传动装置必须把磁头快速而准确地移到指定的磁道上。

硬盘通常由重叠的一组盘片构成，每个盘片又有两个盘面，每个盘面都有数目相等的磁道，并从外缘的 0 开始编号，所有盘面上相同编号的磁道组合在一起形成一个圆柱，称为磁盘的柱面。磁盘的柱面数与一个盘面上的磁道数是相等的。由于每个盘面都有自己的磁头，因此盘面数等于总的磁头数。硬盘的容量取决于硬盘的磁头数、柱面数及每个磁道扇区数：

$$硬盘的容量 = 柱面数 × 磁头数 × 扇区数 × 512B$$

硬盘的基本参数如下。

① 单碟容量

单碟容量是硬盘相当重要的参数之一，一定程度上决定着硬盘的档次高低。硬盘是由多个存储碟片组合而成的，而单碟容量就是一个存储碟所能存储的最大数据量。硬盘厂商通过两种手段增加硬盘容量：一是增加存储碟片的数量，但受到硬盘整体体积和生产成本的限制，碟片数量都受到限制，一般都在 5 片以内；二是增加单碟容量，目前的硬盘容量一般在 500GB～2TB 范围内。

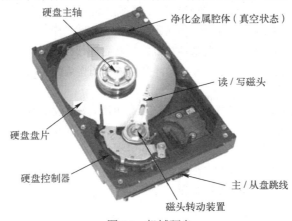

图 3.8　机械硬盘

② 转速

转速是硬盘内电机主轴的旋转速度，也就是硬盘盘片在一分钟内所能完成的最大转数。转速的快慢是表示硬盘档次的重要参数之一，它是决定硬盘内部传输率的关键因素之一，在很大程度上直接影响到硬盘的速度。硬盘的转速越快，硬盘寻找文件的速度也就越快，相对的硬盘的传输速度得到了提高。硬盘转速以每分钟多少转来表示，单位表示为 rpm。rpm 是 revolutions per minute 的缩写，即转/每分钟。rpm 值越大，内部传输率就越快，访问时间就越短，硬盘的整体性能也就越好。目前主流的 3.5 英寸硬盘的转速有 5400rpm、5900rpm、7200rpm、10000rpm，2.5 英寸硬盘的转速以 10000rpm 为主。

③ 缓存容量

缓存是硬盘控制器上的一块内存芯片，具有极快的存取速度，它是硬盘内部存储和外界接口之间的缓冲器。由于硬盘的内部数据传输速度和外界介质传输速度不同，缓存在其中起到一个缓冲的作用。缓存的大小与速度是直接关系到硬盘的传输速度的重要因素，能够大幅度地提高硬盘整体性能。当硬盘存取零碎数据时需要不断地在硬盘与内存之间交换数据，如果有大缓存，则可以将那些零碎数据暂存在缓存中，减小外系统的负荷，也提高了数据的传输速度。主流的缓存容量一般为 8～64MB。

④ 硬盘接口

硬盘接口是硬盘与主机系统间的连接部件，作用是在硬盘缓存和主机内存之间传输数据。不同硬盘接口决定着硬盘与计算机之间的连接速度，在整个系统中，硬盘接口的优劣直接影响着程序运行快慢和系统性能好坏。硬盘接口分为 IDE、SATA、SCSI 和光纤通道 4 种。IDE 接口硬盘多用于家用产品中，也部分应用于服务器；SCSI 接口的硬盘则主要应用于服务器市场；光纤通道只在高端服务器上，价格昂贵；目前的主流接口是 SATA 接口。

不同型号的硬盘其容量、磁头数、柱面数及每道扇区数均不同，主机必须知道这些参数才能正确控制硬盘的工作，因此安装新硬盘后，需要对主机进行硬盘类型的设置。

使用新硬盘之前，必须对硬盘进行硬盘的低级格式化、硬盘分区和硬盘的高级格式化。

① 硬盘的低级格式化

硬盘的低级格式化又称为硬盘的初始化，其主要目的是对一个新硬盘划分磁道和扇区，并在每个扇区的地址域上记录地址信息。初始化工作一般由硬盘生产厂家在硬盘出厂前完成。当硬盘受到破坏或更改系统时，需重新进行硬盘的初始化。初始化工作是由专门的程序来完成的，如 ROM-BIOS 中的硬盘初始化程序等，具体操作请参阅使用说明书。

② 硬盘分区

系统允许把硬盘划分成若干个（至少一个）相对独立的逻辑存储区，每个逻辑存储区称为一个硬盘分区。只有分区后的硬盘才能被系统识别使用。这是因为经过分区后的硬盘具有自己的名字，也就是通常所说的硬盘标识符，系统通过标识符访问硬盘。硬盘分区工作一般也由厂家完成，但由于计算机的不安全因素或病毒的侵害等，有时要求用户重新对硬盘进行分区。硬盘分区操作也是由系统的专门程序完成的，如 DOS 下的 FDISK 命令等，具体操作请参阅相关的使用说明书。

③ 硬盘的高级格式化

硬盘建立分区后，使用前必须对每一个分区进行高级格式化，格式化后的硬盘才能使用。硬盘高级格式化的主要作用有两点：一是装入操作系统，使硬盘兼有系统启动盘的作用；二是对指定的硬盘分区进行初始化，建立文件分配表以便系统按指定的格式存储文件。

硬盘格式化是由格式化命令完成的。注意，格式化操作会清除硬盘中原有的全部信息，所以在对硬盘进行格式化操作之前一定要做好备份工作。

（2）固态硬盘

固态硬盘（Solid State Drive、IDE Flash Disk）由控制单元和存储单元（Flash 芯片）组成，简单地说就是用固态电子存储芯片阵列而制成的硬盘，如图 3.9 所示。固态硬盘的接口规范和定义、功能及使用方法上与普通硬盘的相同，在产品外形和尺寸上也与普通硬盘一致。其芯片的工作温度范围很宽（−40～85℃），目前广泛应用于军事、车载、工控、视频监控、网络监控、网络终端、电力、医疗、航空、导航设备等领域，虽然目前成本较高，但也正在逐渐普及到计算机配件市场。由于固态硬盘技术与传统硬盘技术不同，所以产生了不少新兴的存储器厂商。新一代的固态硬盘普遍采用 SATA—2 接口及 SATA—3 接口。

图 3.9　固态硬盘

固态硬盘按照存储介质分为基于闪存（Flash 芯片）和基于 DRAM 两种。

① 基于闪存的固态硬盘（IDE Flash Disk、Serial ATA Flash Disk）

采用 Flash 芯片作为存储介质即通常所说的 SSD。它的外观可以被制作成多种样式，如笔记本硬盘、微硬盘、存储卡、U 盘等样式。这种 SSD 固态硬盘最大的优点就是可以移动，而且数据保护不受电源控制，能适应于各种环境，但是使用年限不高，适合于个人用户使用。

按照存储单元 SSD 又分为两类：SLC（Single Layer Cell，单层单元）和 MLC（Multi-Level Cell，多层单元）。SLC 的特点是成本高、容量小、但是速度快，而 MLC 的特点是容量大成本低，但是速度慢。MLC 的每个单元是 2bit，相对 SLC 来说整整多了 1 倍。不过，由于每个 MLC 存储单元中存放的资料较多，结构相对复杂，出错的概率会增加，必须进行错误修正，这就导致其性能大幅落后于结构简单的 SLC 闪存。此外，SLC 闪存的优点是复写次数高达 100000 次，比 MLC 闪存高 10 倍。此外，为了保证 MLC 的寿命，控制芯片都校验和智能磨损平衡技术算法，使得每个存储单元的写入次数可以平均分摊，达到 100 万小时故障间隔时间（MTBF）。

② 基于 DRAM 的固态硬盘

基于 DRAM 的固态硬盘采用 DRAM 作为存储介质，目前应用范围较窄。它仿效传统硬盘的设计，可被绝大部分操作系统的文件系统工具进行卷设置和管理，并提供工业标准的 PCI 和 FC 接口用于连接主机或者服务器。应用方式可分为 SSD 硬盘和 SSD 硬盘阵列两种。它是一种高性能的存储器，而且使用寿命很长，美中不足的是需要独立电源来保护数据安全。DRAM 固态硬盘属于非主流的设备。

（3）光盘存储器

光盘存储器是利用光学方式进行读/写信息的存储设备，主要由光盘、光盘驱动器（简称光驱）和光盘控制器组成。光盘是存储信息的介质，用于计算机系统的光盘根据写入数据次数的不同，分为只读光盘、一次写入光盘和可擦写光盘 3 类。

光驱是读取光盘的设备，光驱按读写方式又可分为只读光驱和可读写光驱。可读写光驱又称为刻录机，它既可以读取光盘上的数据，也可以将数据写入光盘。只读光驱只有读取光盘上数据的功能，而没有将数据写入光盘的功能。

光驱的好坏很重要，一个好的光驱，无论光盘的质量如何都能流畅地读出数据。光驱的关键技术指标如下。

① 数据传输速率：光驱读盘的速度是以倍速（X）的形式标注的。单倍速光驱的数据传输速率是 150Kb/s，52 倍速（52X）光驱的数据传输速率是 7800Kb/s。数据传输速率是光驱最重要的性能指标。光驱的数据传输率越高越好。

② 平均寻道时间：是指激光头从原来位置移到新位置并开始读取数据所花费的平均时间。显然平均寻道时间越短，光驱的性能就越好。

③ CPU 占用时间：指光驱在维持一定的转速和数据传输率时所占用 CPU 的时间。CPU 占用时间越少，其整体性能就越好。

④ 数据缓冲区：是光驱内部的存储区。它能减少读盘次数，提高数据传输率。在价格相差不大的情况下，这个值越大越好。

⑤ 接口类型。常见光驱的接口有 3 种：IDE、SATA 和 USB，选择适合主板的即可。

（4）常见的移动存储设备

① U 盘

U 盘全称 USB 闪存盘，英文名 USB Flash Disk。U 盘是一种新型的随身型移动存储设备，通过 USB 接口与计算机交换数据，支持即插即用，在 Windows Me/Windows 2000 及以上版本的操作系统下无须安装任何驱动程序，使用非常方便，如图 3.10 所示。U 盘的另外一个优点是它的读/写速度非常快，其读出速度大于 1MB/s，写入速度大于 600KB/s。另外，U 盘采用半导体存储器作为存储介质，无机械读/写部件，所以不仅数据保存能力非常强，而且抗电磁干扰、抗震能力也非常强。U 盘采用世界上最先进的存储和移动传输技术，加上为方便使用而精心设计的造型，是移动办公及文件交换的最佳选择。一般的 U 盘容量有 4GB、8GB、16GB、32GB、64GB 等。

图 3.10　各式 U 盘

② 移动硬盘

移动硬盘是以硬盘为存储介质，强调便携性的存储产品，如图 3.11 所示。移动硬盘大多采用硅氧盘片。这是一种比铝、磁更为坚固耐用的盘片材质，并且具有更大的存储量和更好的可靠性。移动硬盘以高速、大容量、轻巧便捷等优点赢得了许多用户的青睐。移动硬盘大多采用 USB 接口或 IEEE 1394 接口，能以较高的速度与系统进行数据传输。不过移动硬盘的数据传输速度在一定程度上受到了接口速度的限制。目前，市场上移动硬盘按尺寸分为 1.0 英寸、1.8 英寸、2.5 英寸和 3.5 英寸。2.5 英寸和 3.5 英寸是市场主流，硬盘容量高达 2TB。随着技术的发展，更大容量的移动硬盘还将不断推出。

③ 存储卡

图 3.11 各式移动硬盘

存储卡是用于手机、数码相机、便携式计算机、MP3 和其他数码产品上的独立存储介质，一般是卡片的形态，故统称为存储卡，又称为数码存储卡、数字存储卡等，包括 CF 卡（Compact Flash）、MMC 卡（Multi-Media Card）、SD 卡（Secure Digital）和 SM 卡（Smart Media），如图 3.12 所示。存储卡具有体积小巧、携带方便、使用简单的优点。同时，由于大多数存储卡都具有良好的兼容性，便于在不同的数码产品之间交换数据。近年来，随着数码产品的不断发展，存储卡的存储容量不断得到提升，应用也快速普及，所以一些计算机就内置了读卡器，以方便用户传输数据到计算机中。

图 3.12 各式存储卡

▶▶ 3.2.4 总线

计算机中的各部件之间必须互连。总线（BUS）是连接微机中各部件的一组物理信号线，用于各部件之间的信息传输。一次传输信息的位数称为总线宽度。总线在微机的组成与发展过程中起着关键性的作用，采用总线结构便于部件和设备的扩充。使用统一的总线标准，使不同设备间的互连变得更加容易。

CPU 本身由若干部件组成，这些部件之间也是通过总线相连的，通常将 CPU 芯片内部的总线称为内部总线，而连接系统各部件之间的总线称为外部总线，也称为系统总线。按照总线上传送信息类型的不同，可将总线分为数据总线、地址总线和控制总线。微型计算机的总线结构如图 3.13 所示。不同的 CPU 芯片，数据总线、地址总线和控制总线的根数（即总线的宽度）也不同。

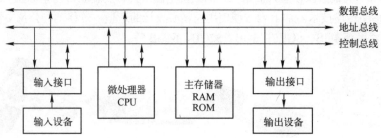

图 3.13 微型计算机的总线结构

① 数据总线（DB，Data Bus）：用来传送数据信息。它是 CPU 同各部件交换信息的通路。数据总线都是双向的，而具体传送信息的方向，则由 CPU 来控制。CPU 既可通过 DB 从内存或输入设备中读入数据，又可通过 DB 将内部数据送至内存或输出设备。DB 的宽度决定了 CPU 和计算机其他部

件之间每次交换数据的位数,即通常所说的字长。目前,微型计算机采用的数据总线有 16 位、32 位、64 位等几种类型。例如,Pentium 机的 CPU 有 64 根数据线,每次可以交换 64 位数据。

② 地址总线(AB,Address Bus):用来传送地址信息。通常,地址总线是单向的。CPU 通过地址总线把需要访问的内存单元地址或外部设备的地址传送出去。地址总线的宽度与所寻址的范围有关,即地址总线的位数决定了 CPU 可直接寻址的内存空间大小。比如,8 位机的地址总线为 16 根,其最大可寻址空间为 2^{16}=64KB;16 位机的地址总线为 20 根,其可寻址空间为 2^{20}=1MB。一般来说,若地址总线为 n 根,则可寻址空间为 2^n 字节。

③ 控制总线(CB,Control Bus):用来传送控制信号,以协调各部件的操作。它包括 CPU 对内存储器和接口电路的读写/信号、中断响应信号等,也包括其他部件送给 CPU 的中断申请信号、准备就绪信号等。

▶▶ 3.2.5 主机板

主机板(Main Board)又称为系统主板(System Board),用于连接计算机的多个部件。它安装在主机箱内,是微型计算机最基本、最重要的部件之一,如图 3.17 和图 3.18 所示。计算机主板的平面是一块 PCB 印刷电路板,电路板内部是错落有致的电路布线。主板中最重要的部件是芯片组,它决定了该主板支持何种类型的 CPU、内存的规格与容量、接口类型和数量等。

1. 主机板的结构

所谓主板结构就是根据主板上各元器件的布局排列方式、尺寸大小、形状、所使用的电源规格等制定出的通用标准,所有主板厂商都必须遵循。目前,市场上常见的主板结构有 ATX、Micro ATX、BTX 等。

ATX(AT extended)主板广泛应用于家用计算机,比 AT 主板设计更为先进、合理,与 ATX 电源结合得更好。ATX 主板比 AT 主板更要大一点,软驱和 IDE 接口都被移植到了主板中间,键盘和鼠标接口也由 COM 接口换成了 PS/2 接口,并且直接将 COM 接口、打印接口和 PS/2 接口集成在主板上。大多数主板都采用此结构,如图 3.14 所示。

Micro ATX 又称 Mini ATX 主板结构,是 ATX 结构的简化版,如图 3.15 所示。它保持了 ATX 标准主板背板上的外设接口位置,与 ATX 兼容。Micro ATX 主板把扩展插槽减少为 3~4 只,DIMM 插槽为 2~3 个,从横向减小了主板宽度,比 ATX 标准主板结构更为紧凑。按照 Micro ATX 标准,主板上集成了图形和音频处理功能。目前,很多品牌机主板使用了 Micro ATX 标准,在计算机配件市场上也常能见到 Micro ATX 主板。

图 3.14 ATX 主板

图 3.15 Micro ATX 主板

BTX 是英特尔提出的最新一代主板主板架构,是 Balanced Technology Extended 的简称,是 ATX 结构的替代者,新的 BTX 规格能够在不牺牲性能的前提下做到最小的体积。BTX 提供了很好的兼容性。目前已经有数种 BTX 的派生版本推出,根据板型宽度的不同分为标准 BTX(325.12mm)、micro BTX

（264.16mm）和 Low-profile 的 pico BTX（203.20mm），以及未来针对服务器的 Extended BTX。目前流行的新总线和接口，如 PCI Express 和串行 ATA 等，在 BTX 架构主板中得到很好的支持，将来的 BTX 主板将完全取消传统的串口、并口、PS/2 等接口。

2．主机板的组成

主板采用了开放式结构。在电路板上面，有棱角分明的各部件：插槽、芯片、电阻、电容等。当主机加电时，电流会在瞬间通过 CPU、南北桥芯片、内存插槽、AGP 插槽、PCI 插槽、IDE 接口，以及主板边缘的串口、并口、PS/2 接口等。随后，主板会根据 BIOS（基本输入输出系统）来识别硬件，并进入操作系统发挥出支撑系统平台工作的功能。

虽然主板的品牌很多，布局不同，但基本结构和使用的技术基本一致。下面以图 3.16 所示主板为例，介绍主板上的几个重要部件。

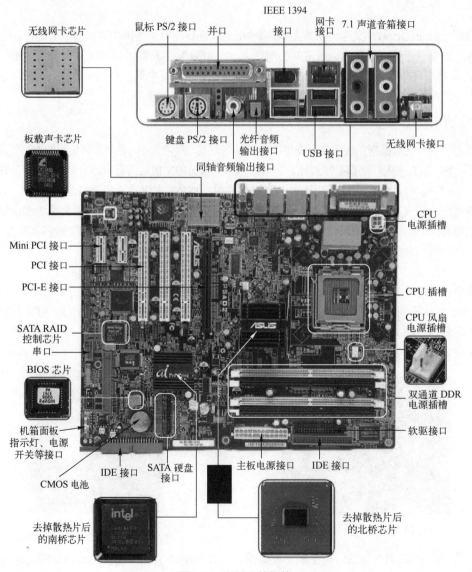

图 3.16　主板上的部件

（1）CPU 插槽

CPU 插槽用于固定连接 CPU 芯片。由于集成化程度和制造工艺的不断提高，越来越多的功能被集成到 CPU 上。CPU 与主板的接口形式根据 CPU 型号的不同分为 Socket 插槽、Slot 插槽和 LGA 插槽 3 种，每种又有不同的型号。

（2）内存插槽

主板给内存预留了专用插槽，只要购买所需数量并与主板插槽匹配的内存条，就可以实现扩充内存和即插即用。对于支持双通道 DDR 内存的主板，4 条内存插槽用两种颜色区分。要实现双通道必须成对地配备内存，即只需要将两条完全一样的 DDR 内存条插入同一颜色的内存插槽中。

目前市场上的内存有 DDR、DDR2 和 DDR3 共 3 种内存条，相应的内存插槽也有 3 种，内存条采用了防呆设计，一般不会插错。

（3）总线扩展槽

总线扩展槽主要用于扩展微型计算机的功能，也称为 I/O 插槽。在它上面可以插入许多的标准选件，如显示卡、声卡、网卡等，以扩展微型计算机的各种功能。任何插卡插入扩展槽后，都可以通过系统总线与 CPU 连接，在操作系统的支持下实现即插即用。这种开放的体系结构为用户组合各种功能设备提供了方便。目前主板上常见的扩展槽如下。

① AGP 插槽：用于在主存与显卡的显示内存之间建立一条新的数据传输通道，不需要经过 PCI 总线就可以让影像和图形数据直接传送到显卡中。AGP 总线是一种专用的显示总线，目前一块主板只有一个 AGP 扩展槽，位于北桥芯片和 PCI 扩展槽之间。目前，市场上的新型主板已不使用此种插槽。

② PCI 插槽：多为乳白色，是主板必备的插槽，可以插视频采集卡、声卡、网卡等设备。PCI 插槽是主板的主要扩展插槽，通过插接不同的扩展卡可以获得目前微机能实现的几乎所有外接功能。

③ PCI Express 插槽：随着 3D 性能要求的不断提高，AGP 已越来越不能满足视频处理带宽的要求，目前主流主板上显卡接口多转向 PCI Express。PCI Express 插槽有 1×、2×、4×、8× 和 16× 之分。未来的趋势是 PCI Express 插槽将完全取代 AGP 插槽和 PCI 插槽。

（4）BIOS 芯片

BIOS 即"基本输入/输出系统"（Basic Input/Output System），是一块方块状的存储器，是主板的核心，它保存着计算机系统中的基本输入/输出程序、系统信息设置、自检程序和系统启动自举程序。BIOS 负责从计算机开始加电到完成操作系统引导之前的各部件和接口的检测、运行管理。现在主板的 BIOS 还具有电源管理、CPU 参数调整、系统监控、病毒防护等功能。

早期的 BIOS 通常采用 EPROM 芯片，用户不能更新版本。目前，主板上的 BIOS 芯片采用闪存（Flash ROM）。由于闪存可以电擦除，因此可以更新 BIOS 的内容，升级十分方便，但也成为主板上唯一可以被病毒攻击的芯片。BIOS 中的程序一旦被破坏，主板将不能工作。

（5）主板芯片组

芯片组（Chipset）是主板的核心组成部分，按照在主板上的排列位置的不同，通常分为北桥芯片和南桥芯片。其中，北桥芯片是主桥，它可以与不同的南桥芯片搭配使用，以实现不同的功能与性能。

北桥芯片通常在主板上靠近 CPU 插槽的位置，负责与 CPU 的联系并控制内存，作用是在处理器与 PCI 总线、DRAM、AGP 和 L2 高速缓存之间建立通信接口。因为北桥芯片的数据处理量非常大，所以此类芯片的发热量一般较高，在此芯片上装有散热片。

南桥芯片一般位于主板上离 CPU 插槽较远的下方、PCI 插槽的附近，这种布局是考虑到它所连接的 I/O 总线较多，离处理器远一点有利于布线，而且更加容易实现信号线等长的布线原则。南桥芯片负责 I/O 总线之间的通信，如 PCI 总线、USB、LAN、ATA、SATA、音频控制器、键盘控制器、实时时钟控制器、高级电源管理等。相对于北桥芯片来说，南桥芯片数据处理量并不算大，所以南桥芯片一般都不必采取主动散热，有时甚至连散热片都不需要。南桥芯片的发展方向主要是集成更多的功能，如网卡、RAID、IEEE 1394、甚至 WI-FI 无线网络等。

（6）CMOS 芯片

CMOS 是主板上的一块可读/写的 ROM 芯片，用来保存当前系统的硬件配置和一些用户设定的参数。用户可以利用 CMOS 对计算机的系统参数进行设置。设置方法是，系统启动时按设置键（通常是 Del 键）进入 BIOS 设置窗口，在窗口内进行 CMOS 的设置。CMOS 开机时由系统电源供电，关机时靠主板上的电池供电，即使关机，信息也不会丢失，但应注意更换电池。

（7）各种接口

接口电路是 CPU 与外部设备之间的连接缓冲。CPU 与外部设备的工作方式、工作速度、信号类型都不相同，通过接口电路的变换作用，把二者匹配起来。接口电路中包括一些专用芯片、辅助芯片，以及各种外部设备适配器和通信接口电路等。不同外部设备与主机相连都要配备不同的接口。常用的接口电路一般都做成标准件，便于选用。

微型计算机与外部设备之间的信息传输方式有串行和并行两种。串行方式是按二进制位，逐位传输，传送速度较慢，但节省器材；并行方式一次可以传送若干个二进制位的信息，传送速度比串行方式快，但器材投入较多。在计算机内部都是采用并行方式传送信息，而计算机与外部设备之间的信息传送，两种方式均有采用。为了适应这两种传送方式，微机的 I/O 接口也有两种，即串行接口和并行接口。

随着主板技术的增加，主板上集成的接口越来越多，主板的后侧 I/O 背板上的外部设备接口如图 3.16 所示。

① 硬盘接口

硬盘接口可分为 IDE 接口（Integrated Device Electronics，集成设备电子部件）和 SATA 接口（Serial ATA，串行 ATA）。早期型号的主板上，大多集成两个 IDE 口，主要连接 IDE 硬盘和 IDE 光驱。而目前市场的主板上，IDE 接口大多被缩减，甚至取消，代之以 SATA 接口。

② 并行接口

并行接口（Parallel Port）主要用于连接打印机等设备。主板上的并行接口为 26 针的双排插座，标识为 LPT 或 PRN。现在使用 LPT 接口的打印机与扫描仪已经基本很少了，多使用 USB 接口的打印机与扫描仪。

③ 串行接口

串行接口（Serial Port）主要用于连接鼠标、外置 MODEM 等外部设备。串行接口是所有计算机都具备的 I/O 接口，主板上的串行接口一般为两个 10 针双排插座，分别标注为 COM1 和 COM2。目前部分新出的主板已取消了串口。

④ PS/2 接口

PS/2 接口的功能比较单一，仅能用于连接键盘和鼠标。一般情况下，鼠标的接口为绿色、键盘的接口为紫色。PS/2 接口的传输速率比 COM 接口稍快一些，但这么多年使用之后，虽然现在绝大多数主板依然配备该接口，但支持该接口的鼠标和键盘越来越少，大部分外设厂商也不再推出基于该接口的外设产品，更多的是推出 USB 接口的外设产品。不过，由于该接口使用非常广泛，因此很多使用者即使在使用 USB 也更愿意通过 PS/2-USB 转接器插到 PS/2 上使用。由于键盘、鼠标每一代产品的寿命都非常长，因此 PS/2 接口现在依然使用效率极高，但在不久的将来，将被 USB 接口完全取代。

⑤ USB 接口

USB 接口是现在最为流行的接口，最大可以支持 127 个外设，并且可以独立供电，其应用非常广泛。USB 接口可以连接键盘、数码相机、扫描仪、U 盘等外部设备。

⑥ 网卡接口

主板上的板载网络接口几乎都是 RJ-45 接口。该接口应用于以双绞线为传输介质的以太网中。网卡上面两个状态指示灯，通过这两个指示灯可判断网卡的工作状态。

⑦ 光纤音频接口

光纤音频接口（TosLink）是日本东芝公司开发并设定的技术标准，在视听器材的背板上有 Optical 作为标识。现在几乎所有的数字影音设备都具备这种格式的接头。现在某些型号的主板也配备了光纤音频接口，需要专门的光纤音频连接线。

⑧ 同轴音频接口

同轴音频接口（Coaxial），标准为 SPDIF（Sony / Philips Digital InterFace），是由索尼公司与飞利浦公司联合制定的，在视听器材的背板上有 Coaxial 作为标识，主要是提供数字音频信号的传输。目前，有些主板配备了单个输出的接口（黄色），如图 3.16 所示。

⑨ IEEE1394 接口

IEEE1394 接口是 APPLE 公司开发的串行标准，中文译名为火线接口（FireWire）。它支持外设热插拔，可为外设提供电源，省去了外设自带的电源，能连接多个不同设备，支持同步数据传输。主要用于连接数字摄影机等。

▶▶ 3.2.6　输入和输出设备

1．输入设备

输入设备是用户和计算机系统之间进行信息交换的主要装置之一。常见的输入设备有：键盘、鼠标、摄像头、扫描仪、光笔、手写输入板、游戏杆、语音输入装置等。

① 键盘

键盘是微型计算机的主要输入设备，是实现人机对话的重要工具。通过它可以输入程序、数据、操作命令，也可以对计算机进行控制。

键盘通过一根五芯电缆连接到主机的键盘插座内，使用串行数据传输方式，其内部有专门的微处理器和控制电路。当操作者按下任意一个键时，键盘内部的控制电路产生一个代表这个键的二进制代码，然后将此代码送入主机内部，操作系统就知道用户按下了哪个键。

目前，常用的键盘有 101 键盘和 104 键盘两种。104 键盘示意图如图 3.17 所示。

② 鼠标

鼠标是用于移动显示器上的光标，并通过菜单或按钮向主机发出各种操作命令的输入设备，它不能输入字符和数据，如图 3.18 所示。鼠标是近年来逐渐流行的一种输入设备，可以方便准确地移动光标进行定位，因其外形酷似老鼠而得名。根据结构的不同，鼠标可分为机械式和光电式两种。机械式鼠标底部有一个橡胶小球，当鼠标在水平面上滚动时，小球与平面发生相对转动而控制光标移动。光电式鼠标对光标进行控制的是鼠标底部的两个平行光源，当鼠标在特殊的光电板上移动时，光源发出的光经反射后转化为移动信号，控制光标移动。

图 3.17　104 键盘示意图

图 3.18　鼠标

鼠标有双键和三键之分。通常，左键用作确定操作，右键用作特殊功能，如在任一对象上单击鼠标右键会弹出当前对象的快捷菜单。现在鼠标接口多为 USB 接口，安装鼠标时直接插在微型计算机的 USB 接口即可。

2. 输出设备

输出设备用于输出计算机处理的结果、用户文档、程序及数据等信息。常用的输出设备有显示器、打印机、绘图仪、磁盘等。

① 显示器

显示器是计算机系统最常用的输出设备，用户通过它可以很方便地查看送入计算机的程序、数据、图形等信息，以及经过计算机处理后的中间结果、最后结果。显示器是人机对话的主要工具之一。

衡量显示器好坏的一个重要指标是分辨率。显示器按分辨率可分为中分辨率显示器和高分辨率显示器。中分辨率为 320×200，即屏幕垂直方向上有 320 点，水平方向上有 200 点。高分辨率为 640×200、640×480、1024×768 等。分辨率越高图像就越清晰。

② 显示卡

显示器与主机相连必须配置适当的显示适配器，即显示卡，或称显卡，如图 3.19 所示。显示卡的

功能主要用于主机与显示器数据格式的转换，是体现计算机显示效果的必备设备，它不仅把显示器与主机连接起来，而且还起到处理图形数据、加速图形显示等作用。显示卡插在主板的扩展槽上，可适应不同类型的显示器，使其显示出各种效果。显卡分为集成显卡和独立显卡两种。

集成显卡是将显示芯片、显存及其相关电路都做在主板上，与主板融为一体。一些主板集成的显卡也在主板上单独安装了显存，

图 3.19　显示卡

但其容量较小。集成显卡的显示效果与处理性能相对较弱，不能对显卡进行硬件升级，但可以通过 CMOS 调节频率或刷入新 BIOS 文件实现软件升级来挖掘显示芯片的潜能。其优点是功耗低、发热量小、部分集成显卡的性能已经可以媲美入门级的独立显卡，所以不用花费额外的资金购买显卡。

独立显卡是指将显示芯片、显存及其相关电路单独做在一块电路板上，自成一体而作为一块独立的板卡存在，它需占用主板的扩展插槽（ISA、PCI、AGP 或 PCI-E）。独立显卡单独安装有显存，一般不占用系统内存，在技术上也较集成显卡先进得多，比集成显卡能够得到更好的显示效果和性能，容易进行显卡的硬件升级，但系统功耗有所加大，发热量也较大，需额外花费购买显卡的资金，同时占用更多空间。

③ 打印机

打印机也是计算机系统中常用的输出设备。目前，常用的打印机有点阵打印机、喷墨打印机和激光打印机 3 种。

点阵打印机又称为针式打印机。点阵打印机有 9 针和 24 针两种。针数越多，针距越密，打印效果越好。针式打印机的主要优点是：价格便宜，维护费用低，可复写打印，适合于打印蜡纸；缺点是：打印速度慢、噪声大、打印质量稍差。目前，针式打印机主要应用于银行、税务、商店等的票据打印。

喷墨打印机通过喷墨管将墨水喷射到普通打印纸上而实现字符或图形的输出。喷墨打印机的主要优点是：打印精度较高、噪声低、价格便宜；缺点是：打印速度慢，由于墨水消耗量大，使日常维护费用高。

激光打印机是利用激光扫描主机送来的信息，将要输出的信息在磁鼓上形成静电潜像并转换成磁信号，使碳粉吸附在纸上，经显影后输出。激光打印机是近年来发展很快的一种输出设备，由于它具

有精度高、打印速度快、噪声低等优点，已成为办公自动化的主流产品。随着其普及性的提高，其价格也在大幅度下降。激光打印机的一个重要指标就是 dpi（每英寸点数），即分辨率，分辨率越高，打印机的输出质量就越好。

打印机与计算机的连接以前采用并行接口，现在通常采用 USB 接口。将打印机与计算机连接后，必须要安装相应的打印机驱动程序才可以使用打印机。打印机驱动程序通常随系统携带，可以在安装系统的同时预先安装多种型号打印机的驱动程序，需要时再根据打印机型号进行设置。

图 3.20 所示为常见的喷墨打印机和激光打印机。

图 3.20　喷墨打印机和激光打印机

3.3　微型计算机的选购与组装

▶▶ 3.3.1　微型计算机的选购

1. 品牌机

品牌机是指有一个明确品牌标识的微机，由专业的计算机公司批量生产，并经过兼容性测试，正式对外出售的整套计算机。品牌机由专家设计，流水生产线生产，经过严格的检验，有良好的质量保证和完整的售后服务。品牌商凭借其强大的售后和后续服务，得到广大消费者的认可。

目前，国产品牌主要有联想、华为、TCL、海尔等，进口或合资品牌有 HP（惠普）、Dell（戴尔）、东芝等。

根据不同的用户群体，生产商将计算机分为 4 种。

① 家用机：以游戏和多媒体应用为主的娱乐型计算机，在均衡计算机各方面性能的同时，突出其游戏和多媒体性能，而且注重追求个性化和外观与周围环境的和谐。

② 商用机：主要面对商业用户，注重实用性、稳定性，以商业办公为应用重点的计算机。商用机突出硬件的稳定性和安全性，外观和多媒体性能没有优势。

③ 笔记本：配备液晶显示器和可充电笔记本电池，体积小巧，是可以随身携带的个人计算机。笔记本电脑携带方便和具有很强的移动性，主要用于移动使用。

④ 服务器：专指能通过网络，对外提供服务的高性能计算机。服务器的稳定性、安全性和系统性能比普通计算机更高，其 CPU、芯片组、内存、磁盘系统和网络等硬件均采用服务器专用配置，可以全天候不间断工作。

2. 组装机

组装机是计算机用户根据需求，自己购买计算机硬件设备并组装到一起的计算机。组装机可以自己组装，也可以到计算机市场（电子市场）组装。

组装机的搭配随意性很强，用户可以根据自己的经济条件和应用需求，购买不同价位、品质和用途的硬件，随意搭配出具有鲜明个性特色的计算机。由于减少了各种销售环节并具有极高的自主性，所以组装机性价比较高。

3．品牌机和组装机比较

① 个性需求：组装机的各种硬件设备可以根据用户需求，随意购买和搭配，可以为某一用途选择专门的硬件，从而满足特殊需求。品牌机由于是批量生产的，要面向大多数用户，不能针对不同的用户进行专业的配置调整，硬件配置上没有特色。

② 硬件配置：计算机硬件发展和更新比较快，品牌机很难跟上更新速度，有些在电子市场已经淘汰的配件，还会出现在品牌机上。而组装机则可以使用最新的硬件设备，使用户享受到新技术带来的高效率和便利。

③ 外观：品牌机的外观比较整齐统一，而且用户能够根据自己的喜好选择颜色或款式。组装机用户的配件一般由多个品牌组成，外观不是很整齐统一，但用户可以选择有特色的配件，组装出富有个性的计算机。

④ 性价比：计算机散件市场流通环节少，所以组装机性价比相对较高。由于品牌机在生产、销售、广告方面避免不了要花费较多成本，缺乏价格优势。另外，品牌机为获得竞争优势，往往会降低主板和显示卡的成本，从而误导只注意硬盘容量和 CPU 频率，而忽略主板和显示卡性能的普通消费者。

⑤ 可靠性：品牌机都经过严格的兼容性和可靠性测试，并通过国家强制的 3C 认证，计算机用户可以放心使用。组装机则由于没有经过严格的测试，其可靠性和稳定性不高，不适合计算机新手使用。

⑥ 售后服务：一般的品牌机都会提供 24 小时响应的免费电话服务，并能在 48 小时内上门服务。组装机虽然也可以提供上门服务，但不同装机商售后服务会有不同，相对品牌机来说售后服务比较薄弱和烦琐。

4．选购微机的注意事项

随着微型计算机技术的发展，微机硬件更新换代的速度越来越快。因此，用户在选购微机时完全不必追求高档，而是根据微机的用途选择合适的配置。例如，如果只是用微机进行上网、文字处理等工作，目前的低档微机足以满足要求。但是，如果使用微机进行平面设计、制作动画或玩 3D 游戏、3D 设计等，则微机的性能越高越好。

如果用户自己选购微机硬件部件组装，还应注意以下几点。

① 收集市场信息。了解最近的硬件行情，制定装机计划和初步的硬件配置表。有关信息可通过 Internet 来了解当前市场行情。用户既可以通过这些网站了解各地配件的行情，也可以学习一些微机的相关知识。

② 各部件之间要匹配。由于微机的配件种类较多，而且每种配件又有不同的型号、规格和品牌，因此在组装微机时应注意各部件的匹配。例如，CPU 与芯片组的匹配问题、内存与主板的匹配问题、显卡与主板的匹配问题、电源与主板的匹配问题、CPU 风扇与 CPU 的匹配问题等，这些问题在组装计算机前需要提前考虑，以便制定出合理、实用的配置方案，同保证组装的微机的质量。

③ 选择配件宜集中。选购时，现在市场到处看看行情，按照自己原定的配置，询问各种配件的价格。然后，选择信誉好的大商家，将所有配件一次性在该处购买。这样做的好处是有利于取得合理的定价，而且售后服务也可以直接找商家解决。

▶▶ 3.3.2　微型计算机硬件组装

1. 微机组装的准备工作

微机组装就是将计算机的各配件合理的组装在一起。在动手组装微机前，应先做好以下准备工作。

① 学习微机的基本知识，包括硬件结构、日常使用的维护知识、常见故障处理、操作系统和常用软件安装等。

② 准备好装机所需要的工具，如十字螺丝刀、尖嘴钳等。

③ 在安装前，先消除身上的静电，比如用手摸一摸自来水管等接地设备。

③ 对各部件要轻拿轻放，不要碰撞，尤其是硬盘。

⑤ 安装主板一定要稳固，同时要防止主板变形，不然会对主板的电子线路造成损伤。

⑥ 检查好所需的配件：CPU、内存条、硬盘、主板、显卡、光驱、机箱、电源、鼠标、键盘、显示器、数据线等，如图 3.21 所示。

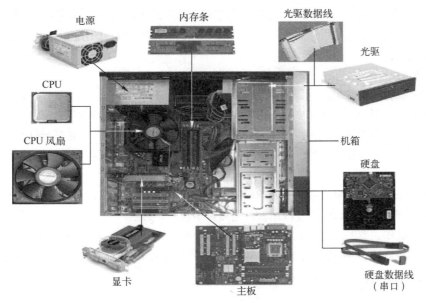

图 3.21　常用微机主要配件

2. 微机组装的基本步骤

① 安装电源：对机箱进行拆封，将电源安装在机箱预留的位置。

② 安装 CPU 和风扇：安装 CPU 时，先拉起主板上 CPU 插座的手柄，把 CPU 按正确方向放进插座，使每个接脚插到相应的孔里。注意要放到底，但不必用力给 CPU 施压。然后把手柄按下，CPU 就被牢牢地固定在主板上了。然后安装 CPU 风扇。风扇是用一个弹性铁架固定在插座上的，当取下 CPU 时，先取下风扇，然后要先把手柄拉起来，再取下 CPU。

③ 安装内存条：安装时把内存条对准插槽，均匀用力插到底就可以了。同时插槽两端的卡子会自动卡住内存条。取下时，只要用力按下插槽两端的卡子，内存就会被推出插槽。

④ 安装主板：将主板固定在机箱底板上。

⑤ 显卡的安装：如果显卡没有集成在主板上，根据显卡总线选择合适的插槽。

⑥ 安装驱动器：主要针对硬盘和光驱进行安装，并连接其数据线。

⑦ 连接电源线：可查看主板说明找准位置。

⑧ 连接机箱前置面板与主板间的连线：即各种指示灯、电源开关线。

⑨ 连接显示器、键盘和鼠标。

⑩ 再重新检查各个接线，准备进行测试。

⑪ 给机器加电，若显示器能够正常显示，表明初装已经正确，此时进入 BIOS 进行系统初始设置。

至此微机硬件的安装基本完成。注意，以上步骤不是一成不变的，可根据具体情况调整，以方便、可靠为安装顺序的准则。但要使微机运行起来，还需要安装软件。安装软件的过程包括硬盘分区和格式化、安装操作系统（如 Windows 7.0 或者 Windows XP 系统）、安装各种驱动程序（如显卡、声卡等驱动程序）、安装各种应用软件。

 ## 3.4　微型计算机软件系统

▶▶ 3.4.1　计算机软件概述

软件是各种程序及其文档的总称。软件使用户不用直接面对机器，也可以不必了解计算机本身的内部构造，即可方便有效地使用计算机。也可以说，软件是用户与机器的接口。软件一般分为系统软件和应用软件两类。

（1）系统软件

系统软件是指控制计算机的运行，管理计算机的各种资源，并为应用软件提供支持和服务的一类软件。其功能是方便用户，提高计算机使用效率，扩充系统的功能。系统软件具有两大特点：一是通用性，其算法和功能不依赖特定的用户，无论哪个应用领域都可以使用；二是基础性，其他软件都是在系统软件的支持下开发和运行的。系统软件是构成计算机系统必备的软件。

（2）应用软件

应用软件是指用户为了解决各种实际问题而开发和研制的软件，它在系统软件的支持下运行。由于计算机已渗透到了各个领域，因此应用软件是多种多样的。目前，常见的应用软件有：文字处理、电子表格、课件制作、图形及图像处理、网络通信等软件（如 Word、Excel、PowerPoint、Photoshop、E-mail 等），以及游戏软件和其他用户程序（如工资管理程序、人事管理程序、财务管理程序等）。

▶▶ 3.4.2　操作系统

1. 什么是操作系统

操作系统（OS，Operating System）是计算机系统中的一个系统软件，它管理和控制计算机系统中的硬件及软件资源，为用户提供一个功能强大、使用方便且可扩展的工作环境，它是配置在计算机硬件上的第一层软件，是对硬件功能的扩充。操作系统在整个计算机系统中具有极其重要的特殊地位，它不仅是硬件与其他软件系统的接口，也是用户与计算机之间进行"交流"的界面。

通常所说的计算机实际上是经过若干层软件改造的计算机，如图 3.22 所示，裸机在最里层，应用程序在最外层。紧挨着裸机的是操作系统，操作系统提供计算机系统资源的管理功能和方便用户操作计算机的各种服务功能，它向用户隐蔽了硬件及硬件工作的复杂细节，用户可以不直接与计算机的硬件打交道，使用户的操作更简单、更容易。安装了操作系统的计算机称为虚拟机。在操作系统的外边是计算机系统的其他系统软件，如文本编辑程序、各种语言的编译程序、连接程序、系统维护程序、图文处理程序和数据库管理系统等。可见，各种实用程序和应用程序都运行在操作系统之上，它们以操作系统作为支撑环境，同时又向用户提供所需的各种服务。

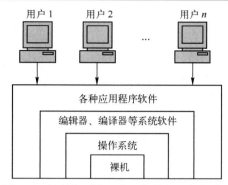

图 3.22　计算机系统硬件、软件和用户的关系

2. 操作系统的分类

根据操作系统在用户界面的使用环境和功能特征的不同，操作系统一般可分为批处理操作系统、分时操作系统、实时操作系统和通用操作系统。随着计算机体系结构的发展，又出现了许多种操作系统，如个人计算机操作系统、嵌入式操作系统、网络操作系统和分布式操作系统、智能化操作系统等。

（1）批处理操作系统

批处理操作系统是将用户作业按照一定的顺序排列，统一交给计算机系统，由计算机自动、顺序地完成作业的系统。批处理采用尽量避免人机交互的方式来提高 CPU 的运行效率。常用的系统有 MVX 等。

（2）分时操作系统

分时操作系统是指在一台主机上连接了多个带有显示器和键盘的终端，同时允许多个用户通过自己的终端，以交互方式使用计算机，共享主机中的资源。系统按分时原则为每个用户服务，提高了资源利用率。每个用户各占一个终端，彼此独立操作，互不干扰。分时操作系统侧重于及时性和交互性。比较典型的分时操作系统有 UNIX、XENIX、Linux 等。

（3）实时操作系统

实时操作系统是指系统能及时响应外部事件的请求，在规定的时间内完成对该事件的处理，并控制所有实时任务协调一致地运行，包括实时控制和实时信息处理系统。用于进行实时控制的系统称为实时操作系统，如火炮的自动控制系统、飞机的自动驾驶系统及导弹的制导系统等。用于对信息进行实时处理的系统称为实时信息处理系统。该系统由一台或多台主机通过通信线路连接到成百上千个远程终端上，计算机接收从远程终端上发来的服务请求，根据用户提出的请求，对信息进行检索和处理，并在很短的时间内为用户做出正确的回答。典型的实时信息处理系统有飞机或火车的订票系统、情报检索系统等，常用的系统有 RDOS、VRTX 等。

（4）通用操作系统

通用操作系统可以同时兼有多道批处理、分时、实时处理的功能，或其中两种以上的功能。例如，将实时处理和批处理相结合构成实时批处理系统。这样的系统首先保证优先处理任务，插空进行批作业处理。通常，把实时任务称为前台作业，批作业称为后台作业。将批处理和分时处理相结合可构成分时批处理系统，在保证分时用户的前提下，没有分时用户时可进行批量作业的处理。同样，分时用户和批处理作业可按前后台方式处理。

（5）个人计算机操作系统

个人计算机操作系统是一种单用户的操作系统。它的特点是计算机在某一时间为单个用户服务。现代个人计算机操作系统采用图形用户界面，提高了人机交互能力，使用户能够轻松地操作计算机。目前，在个人计算机上使用的操作系统以 Windows 系列和 Vista 为主。

（6）嵌入式操作系统

嵌入式操作系统是指运行在嵌入式系统环境中，对整个嵌入式系统及它所操纵、控制的各部件装置等资源进行统一协调、调度、指挥和控制的操作系统。嵌入式操作系统具有通用操作系统的基本特点，能够有效管理复杂的系统资源。与通用操作系统相比较，嵌入式操作系统在系统实时高效性、硬件的相关依赖性、软件固态化及应用的专用性等方面具有较突出的特点。一般情况下，嵌入式操作系统可以分为两类：一类是面向控制、通信等领域的实时操作系统，如 WindRiver 公司的 VxWorks、ISI 的 pSOS、QNX 系统软件公司的 QNX、ATI 的 Nucleus 等；另一类是面向消费电子产品的非实时操作系统，包括个人数字助理（PDA）、移动电话、机顶盒、电子书、WebPhone 等。

（7）网络操作系统

网络操作系统是一种基于计算机网络的操作系统，它的功能包括网络管理、通信、资源共享、系统安全和各种网络应用。在网络操作系统环境下，用户不受地理条件的限制，可以方便地使用远程计算机资源，实现网络环境下计算机之间的通信和资源共享。常用的网络操作系统有 Novell NetWare 和 Windows NT。

（8）分布式操作系统

分布式操作系统是将地理上分散的独立的计算机系统通过通信设备和线路互相连接起来，但各台计算机均分负荷，或每台计算机各提供一种特定功能，互相协作完成一个共同的任务。在分布式系统中，计算机无主次之分，各计算机之间可交换信息，共享系统资源。分布式操作系统是在物理上分散的计算机上实现的逻辑上集中的操作系统，它更强调分布式计算和处理，如 Amoeba 系统等。

（9）智能化操作系统

智能化操作系统目前还缺乏一个标准的定义。从发展的情况看，可以这样理解，智能化操作系统就是要让操作系统本身尽可能多地自动完成与底层硬件的通信和与上层中间件的交流，尽可能少地对整个系统进行人工干预，从而使用户对系统的管理更加便利、操作更加简单、人机交互界面更加人性化、系统的安全性更高等。

3．操作系统的基本特性

现代操作系统虽然有各自的特征，但它们都有相同的基本特性。

① 并发性：在多道程序环境下，并发性是指在一段时间内，计算机中有多个程序在同时运行。

② 共享性：多个并发执行的程序可以共享系统中的资源。

③ 虚拟性：通过虚拟技术把一个物理实体变为多个逻辑上的对应物。物理实体是实际存在的，而逻辑上的对应物是虚的，是用户感觉上的东西。通过虚拟技术，可以实现虚拟处理器、虚拟内存、虚拟外部设备等。

④ 异步性：在多道程序环境下，由于系统共享资源的限制（如只有一台打印机），并发程序的执行受到一定的制约和影响。因此，程序执行顺序、完成时间等都是不可预知的。

4．操作系统的基本功能

从资源管理的角度来看，操作系统是一组资源管理模块的集合，每个模块完成一种特定的功能。操作系统具有 5 个管理功能，如图 3.23 所示。

（1）处理器管理

处理器管理的目的是为了让 CPU 有条不紊地工作。由于系统内一般都有多道程序存在，这些程序都要享用 CPU 资源，而在同一时刻，CPU 只能执行其中一个程序，故需要把 CPU 的时间合理、动态地分配给各道程序，使 CPU 得到充分利用，同时使得各道程序的需求也能够得到满足。因为 CPU

是计算机系统中最重要的资源，所以操作系统的 CPU 管理也是操作系统中最重要的管理。

图 3.23　现代操作系统功能示意图

（2）存储器管理

存储器管理是指操作系统对计算机系统内存的管理，目的是使用户合理地使用内存，包括合理分配内存，及时回收内存，存储保护，扩充内存。

（3）设备管理

设备管理指对除 CPU 和内存外的所有外部设备的管理。设备管理的目标是保证用户方便地使用各种设备，采用先进的技术，如通道技术、虚拟设备技术、缓冲技术、中断技术等尽可能地实现设备并行工作的能力，合理地分配设备。

（4）文件管理

文件管理是对计算机系统中软件资源的管理，目的是为用户创造一个方便安全的信息使用环境。文件管理功能包括：文件的结构及存取方法、文件的目录机构及有关处理、文件存储空间的管理、文件的共享和保护、文件的操作和使用。

（5）用户接口

用户操作计算机的界面称为用户接口（或用户界面），通过用户接口，用户只需进行简单操作，就能实现复杂的应用处理。

用户接口有以下两种类型。

① 命令接口：用户通过交互命令方式直接或间接地对计算机进行操作。

② 程序接口：为用户程序在执行中访问系统资源而设置的，也称应用程序编程接口（API，Application Programming Interface）。用户通过 API 可以调用系统提供的例行程序，实现既定的操作。

5. 典型操作系统概述

（1）Windows 操作系统

Microsoft Windows，是美国微软公司研发的一套操作系统，它问世于 1985 年，起初仅仅是 Microsoft-DOS 模拟环境，后续的系统版本由于微软不断更新升级，不但易用，也慢慢成为家家户户人们最喜爱的操作系统。

Windows 采用了图形化模式 GUI，比起从前的 DOS 需要键入指令使用的方式更为人性化。随着计算机硬件和软件的不断升级，微软的 Windows 也在不断升级，从架构的 16 位、32 位再到 64 位，系统版本从最初的 Windows 1.0 到大家熟知的 Windows 95、Windows 98、Windows ME、Windows 2000、Windows 2003、Windows XP、Windows Vista、Windows 7、Windows 8、Windows 8.1、Windows 10 和 Windows Server 服务器企业级操作系统，不断持续更新，微软一直在致力于 Windows 操作系统的开发和完善。

Windows 之所以如此广泛的流行，受到广大用户的欢迎，是因为它有很多受到用户青睐的特点。

① 全新的图形用户界面。Windows 的信息表示以窗口为主体构造。窗口、控件用直观形象的图形形式在屏幕上表现，一目了然，操作便利。对计算机资源的管理和利用以窗口方式进行，为计算机

的多目的使用和切换提供了极其方便的手段。

② 多任务并行执行的能力。Windows 是一个单用户多任务操作系统，提供了多任务的并行能力，即同时可以执行一个或多个程序，可以在多个任务之间随意切换。例如，需要加入一幅插图，则可以进入"图画"任务绘制插图，绘好后即可将该插图"粘贴"到 Word 文本的指定位置。如果要修改这幅插图，可以直接在 Word 中自动调用"图画"任务进行修改，修改完成后退出"图画"任务，回到 Word 工作状态。

③ 灵活多样的操作方式。对同一种操作，Windows 提供了多种操作方式供用户选择，用户无须再记忆大量的命令编码。

④ 功能强大的应用程序携带。Windows 自带许多常用的应用程序，如写字板、笔记本、通讯簿、画图程序、电话拨号程序、Internet 网浏览器（IE）、计算器程序、多媒体演播程序、计算机游戏程序等。几乎所有应用软件都可以毫无困难地在 Windows 环境下运行。

⑤ 外部设备的即插即用。安装任何新购的硬件设备，如打印机、MODEM、CD 或 DVD 驱动器等，只要在系统上建立物理连接，执行"添加新硬件"程序之后就可以使用了，必要时需安装设备的驱动程序。

⑥ 系统配置的个性化。可以对 Windows 系统进行个性化设置，如设置桌面风格、桌面背景图案、屏幕保护图案和保护方式、屏幕的分辨率和色彩、窗口颜色和窗口内组件配置、放音音量大小、时区设置和日期时间表示格式、汉字输入法的选择和启动方式等。

⑦ 自由直观的文件命名。Windows 文件命名可以使用"长文件名"，可多达 255 个字符（或 127 个汉字），使文件标题一目了然。

⑧ 强大的多媒体表现能力。利用 Windows 多媒体功能可以播放动画和影视、处理图像、录制或播放语音，同时支持多种多媒体软件的执行。

⑨ 方便快捷的联网手段。只要提供适当的联网硬件（网卡、MODEM 等）就可以使计算机成为网络计算机，直接利用 Windows 提供的网络功能连接到国际互联网上工作，浏览网上信息。

⑩ 数据安全的得力措施。Windows 提供了许多支撑软件，保证系统的正确运行，保证数据的安全，提高系统效率。Windows 回收站是对已删除文件的一种保护，防止因操作失误引发的损失。磁盘扫描、磁盘碎片整理、磁盘清理程序能对磁盘空间进行优化，诊断磁盘错误并进行适当的修复。提供数据备份和恢复操作。

（2）UNIX 操作系统

UNIX 操作系统是一个多用户、多任务的分时操作系统。从 1969 年在美国的 AT&T 的 Bell 实验室问世以来，经过了一个长期的发展过程，它被广泛地应用在小型计算机、超级计算机、大型计算机甚至巨型计算机上。

自从 1980 年以来，UNIX 凭借其性能的完善和可移植性，在 PC 上也日益流行起来。1980 年 8 月，Microsoft 公司宣布它将为 16 位微型计算机提供 UNIX 的变种 XENIX。XENIX 以其精练、灵活、高效、功能强、软件丰富等优点吸引了众多用户。但由于 UNIX 最初毕竟是为小型机设计的，对硬件要求较高，而现阶段的 UNIX 系统各版本之间兼容性不好，用户界面虽然有了相当大的改善，但与 Windows 等操作系统相比还有不小的差距，这些都限制了 UNIX 的进一步流行。

UNIX 操作系统的主要特点表现在以下几个方面。

① 多用户的分时操作系统。UNIX 可支持多个甚至上百个不同的用户通过终端同时使用一台计算机，进行交互式的操作，就好像各自单独占用主机一样。

② 可移植性好。由于 UNIX 几乎全部是用可移植性很好的 C 语言编写的，其内核极小，模块结构化，各模块可以单独编译，所以，一旦硬件环境发生变化，只要对内核中有关的模块稍加修改，编

译后与其他模块装配在一起，即可构成一个新的内核，而内核上层完全可以不动。

③ 可靠性强。经过十几年的考验，UNIX 系统是一个成熟而且比较可靠的系统。在应用软件出错的情况下，虽然性能会有所下降，但工作仍可以可靠地进行。

④ 开放式系统。UNIX 具有统一的用户界面，使得 UNIX 用户的应用程序可在不同环境下运行。

⑤ 向用户提供了两种友好的用户界面。其一是程序级的界面，即系统调用，使用户能充分利用 UNIX 系统的功能，它是程序员的编程接口，编程人员可以直接使用这些标准的实用子程序。例如，对有关设备管理的系统调用 read、write，便可对指定设备进行读、写，而 open 和 close 就可打开和关闭指定的设备，对文件系统的调用除 read、write、close、open 外，还有创建（create），删除（unlink）、执行（execl）、控制（fncte）、加锁（flock）、文件状态获取（stat）和安装文件（mount）等。其二是操作级的界面，即命令，它直接面向普通的最终用户，为用户提供交互式功能。程序员可用编程的高级语言直接调用它们，大大降低了编程难度，减少了设计时间。可以说，UNIX 在这一方面，同时满足了两类用户的需求。

⑥ 具有可装卸的树型分层结构文件系统。该文件系统具有使用方便、检索简单等特点。

⑦ 设备独立性。系统将所有外部设备都当做文件处理，分别赋予它们对应的文件名，只要安装了这些设备的驱动程序就可进行操作。

（3）Linux 操作系统

简单地说，Linux 是一套免费使用和自由传播的类 UNIX 操作系统，它主要用于基于 Intel x86 系列 CPU 的计算机上。这个系统是由全世界各地的成千上万的程序员设计和实现的。其目的是建立不受任何商品化软件的版权制约的、全世界都能自由使用的 UNIX 兼容产品。

Linux 的出现，始于一位名叫 Linus Torvalds 的计算机业余爱好者，当时他是芬兰赫尔辛基大学的学生。他的目的是想设计一个代替 Minix（是由一位名叫 Andrew Tannebaum 的计算机教授编写的一个操作系统示教程序）的操作系统，这个操作系统可用于 80386、80486 或奔腾处理器的个人计算机上，并且具有 UNIX 操作系统的全部功能，因而开始了 Linux 雏形的设计。

Linux 以它的高效性和灵活性著称。它能够在 PC 上实现全部 UNIX 的特性，具有多任务、多用户的能力。Linux 是在 GNU 公共许可权限下免费获得的，是一个符合 POSIX 标准的操作系统。Linux 操作系统软件包不仅包括完整的 Linux 操作系统，而且还包括了文本编辑器、高级语言编译器等应用软件。它还包括带有多个窗口管理器的 X-Windows 图形用户界面，如同使用 Windows NT 一样，允许使用窗口、图标和菜单对系统进行操作。

Linux 之所以受到广大计算机爱好者的喜爱，主要原因有两个：一个是它属于自由软件，用户不用支付任何费用就可以获得它和它的源代码，并且可以根据自己的需要对它进行必要的修改，无偿使用，无约束地继续传播；另一个是，它具有 UNIX 的全部功能，任何使用 UNIX 操作系统或想要学习 UNIX 操作系统的人都可以从 Linux 中获益。

Linux 有很多发行版本，较流行的有 RedHat Linux、Debian Linux、RedFlag Linux 等。

RedHat Linux，支持 Intel、Alpha 和 SPARC 平台，具有丰富的软件包。RedHat Linux 是 Linux 世界中非常容易使用的版本，它操作简单，配置快捷，独有的 RPM 模块功能使得软件的安装非常方便。

Debian Linux 基于标准 Linux 内核，包含了数百软件包，如 GNU 软件、TeX、X Windows 系统等。每一个软件包均为独立的模块单元，不依赖于任何特定的系统版本，每个人都能创建自己的软件包。Debian Linux 是一套非商业化的由众多志愿者共同努力而成的 Linux。

RedFlag Linux（红旗 Linux）是 Linux 的一个发展产品，是由中科红旗软件技术有限公司开发研制的以 Intel 和 Alpha 芯片为 CPU 构成的服务器平台上第一个国产的操作系统版本。它标志着我国在发展国产操作系统的道路上迈出了坚实的一步。相对于 Windows 操作系统及 UNIX 操作系统来讲，

Linux 凭借其开放性及低成本，已经在服务器操作系统市场上获得了巨大发展。但由于其操作界面复杂，一时难以让普通 PC 用户接受。目前，红旗软件已在中国市场上奠定了坚实的基础，成为新一代的操作系统先锋。

（4）Mac 操作系统

Mac 操作系统是苹果机专用系统，是基于 UNIX 内核的图形化操作系统。正常情况下在普通 PC 上无法安装该操作系统。苹果公司不但生产 Mac 的大部分硬件，连 Mac 所用的操作系统都是其自行开发的。现行的最新的系统版本是 Mac OS X 10.7 Lion。Mac OS X 已经正式被苹果公司改名为 OS X。新系统非常可靠，它的许多特点和服务都体现了苹果公司的理念。

现在疯狂肆虐的计算机病毒几乎都是针对安装 Windows 系统的计算机的，由于 Mac 的架构与 Windows 不同，所以很少受到病毒的袭击。Mac OS X 操作系统界面非常独特，突出了形象的图标和人机对话。在 Mac 系统中，只在屏幕上方设置了一个菜单栏，用于当前处于激活状态的程序，如果程序切换了，菜单也会随之发生变化。

多年来，人们一直在计算机上做着同样的事情：点击、滚动、安装、保存。OS X Lion 推出了改变计算机使用方式的全新功能，向约定俗成发起挑战。

Multi-Touch 手势改变了用户与 Mac 之间的互动方式，令用户的一切操作更加直观而直接。OS X Lion 整个系统都支持绚丽的全屏应用软件，使它们可充分利用 Mac 显示屏的每一寸画面。用户可让多个全屏应用软件和多个标准尺寸的程序同时处于开启状态，还能轻松在全屏幕和桌面之间进行切换。

Mission Control 将全屏应用软件、Dashboard、Expose 和 Spaces 集合于一个新功能，让系统中的所有内容都能尽收眼底。只要轻扫一下触控板，桌面即可转换到 Mission Control。只要轻点一下，就能浏览所有内容并前往任何位置。

寻找 Mac 应用软件的最佳途径是用户 Mac 和 iPad 上的 App Store。Mac App Store 可让用户浏览并下载上千款的免费和付费应用软件，然后便可立即在所有经个人使用授权的 Mac 计算机上使用。新应用软件只需一步即可安装到 Launchpad。Mac App Store 还能监测用户的应用软件，并适时发布更新提醒。

Launchpad 可让用户迅速访问 Mac 上所有的应用软件。只要单击 Dock 中的 Launchpad 图标，用户打开的窗口便立即淡出，所有应用软件都将呈现在屏幕上。用户可随心所欲地整理应用软件，将它们归整到文件夹中，或将它们从 Mac 上轻松删除。从 Mac App Store 下载一款应用软件后，它就会自动出现在 Launchpad 上，随时待用。

▶▶ 3.4.3　语言处理程序

计算机只能直接识别和执行机器语言，因此要在计算机上运行高级语言程序就必须配备程序语言翻译程序，翻译程序本身是一组程序，不同的高级语言都有相应的翻译程序。专门用来将源程序中的每条指令翻译成一系列 CPU 能接受的基本指令（也称机器语言）使源程序转化成能在计算机上运行的程序。完成这种翻译的软件称为高级语言编译软件，通常把它们归入系统软件。

目前常用的高级语言有 C、VB、C++、Java 等，它们各有特点，分别适用于编写某一类型的程序，它们都有各自的编译软件。

程序设计语言处理系统主要包括正文编辑程序、宏加工程序、编译程序、汇编程序、解释程序等。

正文编辑程序用于创建和修改源程序正文文件。一个源程序正文可以编辑成一个文件，也可以分成多个模块编辑成若干个文件。用户可以使用各种编辑命令通过键盘、鼠标器等输入设备输入要编辑的元素或选择要编辑的文件，正文编辑程序根据用户的编辑命令来创建正文文件，或对文件进行各种删除、修改、移动、复制及打印等操作。

宏加工程序把源程序中的宏指令扩展成等价的预先定义的指令序列。对源程序进行编译之前应先对源程序进行宏加工。

编译程序把用高级语言书写的程序翻译成等价的机器语言程序，检查源程序的语法和语义的正确性，并将分析的结果综合成可高效运行的目标程序。

汇编程序把用汇编语言书写的程序翻译成等价的机器语言程序。

解释程序按源程序中语句的动态执行顺序，从头开始，翻译一句执行一句，再翻译一句再执行一句，直至程序执行终止。和编译方法根本不同的是，解释方法是边翻译边执行，翻译和执行是交叉在一起的，而编译方法却把翻译和执行截然分开，先把源程序翻译成等价的机器语言程序，这段时间称为编译时刻，然后再执行翻译成的目标程序，这段时间称为运行时刻。正因为解释程序是边翻译边执行，所以要把源程序及其所处理的数据一起交给解释程序进行处理。

编译方法和解释方法各有优缺点。编译方法的最大优点是执行效率高，缺点是运行时不能与用户进行交互，因此比较适用于一些规模较大或运行时间较长或要求运行效率较高的程序的语言，更适用于写机器或系统软件和支撑软件的语言。解释方法的优点是解释执行时能方便地实现与用户进行交互，缺点是执行效率低，因此比较适用于交互式语言。

一个程序，特别是中、大规模的程序难免没有错误。发现并排除源程序中的错误是语言处理系统的任务之一。通常源程序的语法错误和静态语义错误都是由编译程序或解释程序来发现的。排错能力的大小是评价编译程序和解释程序优劣的重要标志之一。

本章小结

通过学习本章，应掌握微型计算机的层次结构，同时掌握微型计算机的硬件系统组成，以及主要部件的性能和软件系统的分类，包括主要系统软件，特别是操作系统的定义和功能等。同时也应了解计算机软件和硬件的发展趋势，对计算机的软件和硬件组成有一个整体的认识。

习题 3

3-1 单项选择题

1. CPU 可直接读写（　　）中的内容。
 A. RAM B. ROM C. 硬盘 D. 光盘
2. 下列存储器中，存取速度最快的是（　　）。
 A. CD-ROM B. 内存储器 C. 高速缓冲存储器 D. 硬盘
3. 微型计算机存储器系统中的 Cache 是指（　　）。
 A. 只读存储器 B. 高速缓冲存储器
 C. 可编程只读存储器 D. 随机存取存储器
4. 若用户正在计算机上编辑某个文件，这时突然停电，则全部丢失的是（　　）。
 A. ROM 和 RAM 中的信息 B. RAM 中的信息
 C. ROM 中的信息 D. 硬盘中的文件
5. 有关微型计算机系统总线的描述正确的是（　　）。
 A. 地址总线是单向的，数据总线和控制总线是双向的
 B. 控制总线是单向的，数据总线和地址总线是双向的
 C. 控制总线和地址总线是单向的，数据总线是双向的

　　D．三者都是双向的

6．外存储器中的信息，必须首先调入（　　　），然后才能供 CPU 使用。

　　A．控制器　　　　　　B．ROM　　　　　　C．RAM　　　　　　D．运算器

7．所有计算机的字长都是（　　　）。

　　A．8 位　　　　　　　B．16 位　　　　　　C．32 位　　　　　　D．不一定相同

8．假设 CPU 有 n 根地址线，则其可以访问的物理地址为（　　　）。

　　A．n^2 字节　　　　　B．2^n 字节　　　　C．n 字节　　　　　D．lg（n）字节

9．微型计算机的核心部件是（　　　）。

　　A．微处理器　　　　　B．控制器　　　　　C．存储器　　　　　D．运算器

10．配置 Cache 是为了解决（　　　）的问题。

　　A．内存与辅存之间速度不匹配　　　　　B．CPU 与辅存之间速度不匹配

　　C．CPU 与内存之间速度不匹配　　　　　D．主机与外设之间速度不匹配

11．运算器的功能是（　　　）。

　　A．只能做逻辑运算　　　　　　　　　　B．做初等函数的计算

　　C．只能做算术运算　　　　　　　　　　D．可以做算术运算或逻辑运算

12．下面哪种设备是常用的输入设备（　　　）。

　　A．硬盘和绘图仪　　　　　　　　　　　B．磁盘和打印机

　　C．扫描仪和打印机　　　　　　　　　　D．键盘和扫描仪

13．微型计算机的辅存（外存）是指（　　　）。

　　A．RAM　　　　　　　B．ROM　　　　　　C．硬盘　　　　　　D．Cache

14．（　　　）是决定微处理器性能优劣的重要指标。

　　A．内存的大小　　　B．微处理器的型号　C．主频　　　　　　D．内存储器

15．（　　　）用于与 CPU、内存及 AGP 联系。

　　A．南桥芯片　　　　　B．北桥芯片　　　　C．中央处理器　　　D．BIOS

16．（　　　）保存着计算机系统中的基本输入/输出程序、系统信息设置、自检程序和系统启动自举程序。

　　A．BIOS　　　　　　　B．ROM　　　　　　C．CMOS　　　　　　D．Cache

17．用户可以利用（　　　）对微机的系统参数进行设置。

　　A．BIOS　　　　　　　B．ROM　　　　　　C．CMOS　　　　　　D．Cache

18．下面属于应用软件的是（　　　）。

　　A．编译程序　　　　　B．汇编程序　　　　C．Word　　　　　　D．操作系统

19．所谓"裸机"是指（　　　）。

　　A．单片机　　　　　　　　　　　　　　　B．只装备操作系统的计算机

　　C．单板机　　　　　　　　　　　　　　　D．不装备任何软件的计算机

20．操作系统是一个（　　　）。

　　A．应用软件　　　　B．硬件的扩充　　　C．用户软件　　　　D．系统软件

21．操作系统的主要功能是（　　　）。

　　A．处理器管理、存储器管理、文件管理、设备管理、用户管理

　　B．运算器管理、控制器管理、打印机管理、存储器管理、磁盘管理

　　C．硬盘管理、软盘管理、存储器管理、光盘管理、文件管理

　　D．程序管理、文件管理、系统文件管理、编译管理、存储设备管理

3-2 填空题

1. CPU 的主频指_____。
2. 微处理器包括_____、_____、_____和_____等。
3. 主机包括_____、_____、_____和_____。
4. 按照总线上传送信息类型的不同，可将总线分为_____、_____和_____。
5. 对计算机软件和硬件资源进行管理和控制的软件是_____。
6. USB 的英文全称是_____。
7. 计算机软件系统一般分为_____和_____。

3-3 思考题

1. 简述微型计算机系统的三个层次及其联系。
2. 微处理器的主要性能指标有哪些？
3. 简述微型计算机存储器的分类及各自的特点。
4. 常见的微型计算机外部设备有哪些？
5. 什么是操作系统？它的基本特性和功能有哪些？

第 4 章　计算机中的问题求解

计算机发展初期的目的就是处理数值计算问题。不同专业领域的数值计算问题千差万别，每一个专业领域的人不仅要掌握自己专业领域的知识，还应能够熟练地运用计算机对自己专业中的各种问题进行求解。

当我们使用计算机来解决一个具体问题时，一般需要经过下列几个步骤：首先从具体问题抽象出一个适当的数学模型，然后设计或选择一个解此数学模型的算法，最后编出程序进行调试、测试，直至得到最终的解答。在这个过程中数学模型和算法是灵魂，这一章中主要介绍程序设计的基本概念和要素，并结合实例给出了常用算法的思想和思路，在下一章中将讨论数学模型之一基本数据结构。通过算法训练不仅可以提高计算思维的能力，而且可以促进综合应用能力和专业素质的提高。

4.1　程序设计的基本概念

▶▶ 4.1.1　程序设计

用计算思维去思考会为你提供一种崭新的方式去理解并描述世界，而程序设计会让你更好地表达自我！

我们有很多方式表达自我，每种方式都有一些核心元素：

- 音乐家用音调、旋律、音色；
- 画家和设计师用色彩、形状、线条；
- 演员和舞者用动作、手势、时机。

计算思维是另一种表达方式，它有以下几种核心元素：

- 输入和输出将你的计算机和整个世界连接；
- 变量紧紧跟踪重要数据，比如气温、账户余额、按键频次；
- 条件语句（Conditional Statements）用来规定当一个变量变化到某种程度时该做出什么反应，比如"当我的账户余额低于 10 元时，发一封邮件给我"；
- 循环语句（Loops）用来反复检查系统中的输入，并更新它的输出；
- 函数（Functions）把多个语句整合在一起成为可复制的运算；

这些概念构成了我们所看到的每一个程序。

试想以下这些事：

- 当气温低于 18℃，打开暖气。
- 当鼓手独奏开始，把聚光灯打在鼓手身上。
- 当考试成绩低于 60 分时，通知学生进行补考。

这些陈述都包含了计算思维——这些都可以被写成程序。并不是只有程序员才有计算思维。

什么叫程序设计？对于初学者来说，往往把程序设计简单地理解为编写一个程序，这是不全面的。

程序设计（Programing）是指利用计算机解决问题的全过程，它包含多方面的内容，而编写程序只是其中的一部分。使用计算机解决实际问题，通常是先对问题进行分析并建立数学模型，然后考虑数据的组织方式和算法，并用某一种程序设计语言编写程序，最后调试程序，使之运行后能产生预期的结果，这个过程称为程序设计。程序设计的基本目标是实现算法并对初始数据进行处理，从而完成问题的求解。

当拿到一个实际问题之后，应先针对问题的性质与要求进行深入分析，从而确定求解问题的数学模型或方法，接下来进行算法设计，并画出流程图。有了算法流程图，再来编写程序就很容易了。有些初学者，在没有把所要解决的问题分析清楚之前就急于编写程序，结果编程思路紊乱，很难得到预想的结果。下面以计算圆的面积和周长为例，简述程序设计的一般步骤。

1. 分析问题

分析问题即分析问题要求。该问题有哪些已知数据？程序运行需要输入什么数据，输出什么结果数据，进行哪些处理？

例如，求圆的面积和周长需要知道圆的半径 r，根据圆的半径求出圆的面积 S 和周长 L，并输出结果。

2. 确定处理方案

如果是数学问题，就根据该问题的数学解法，考虑所用到的数学公式或相关函数；如果是工程问题，就要先建立该问题的数学模型，把工程问题转化成数学问题，以便用计算机解决。对同一个问题可以用不同的方案来处理，不同的方案决定了不同的处理步骤，效率也有所不同。

例如，求圆的面积，数学公式是：$S=\pi r^2$；求圆的周长，数学公式是：$L=2\pi r$。

3. 确定操作步骤

根据选定的处理方案，具体列出让计算机如何进行操作的步骤。这种规定的操作步骤称为算法，而这些操作之间的执行顺序就是控制结构。通常用流程图来描述处理步骤，把算法思想表达清楚，比较简单的问题可以直接进入编写程序。

例如，求圆的面积和周长的算法描述为：

① 置 PI=3.14159 为常量；
② 置 r 为初值；
③ 计算面积 s；
④ 计算周长 l；
⑤ 输出结果 s 和 l。

4. 根据操作步骤编写源程序

用计算机语言编写的操作步骤就是计算机程序。程序是计算机能接受和执行的指令集合，通知计算机如何一步一步地执行。换句话说，要使计算机完成所需的处理，必须编写出相应的计算机程序。

例如，根据求圆的面积和周长的算法编写的源程序如下（利用 C 语言编写）：

```
#define PI 3.14159
main()
{ float r=3, s, l;
  s=pi*r*r;
  l=2*PI*r;
  printf("s=%f, l=%f\n", s, l);
}
```

5. 运行调试程序

将计算机程序输入计算机并运行，如果程序是正确的，应该能得到预期的结果。如果得不到正确的结果，应检查程序是否有错误，改正后再试运行，直到得出正确的结果为止。

6. 整理输出结果，写出相关文档

综上所述，程序设计的一般步骤如图 4.1 所示。

图 4.1   程序设计的一般步骤

其中，前两个步骤类似于人们解决问题的一般过程，即分析问题，然后确定一种方案。后 4 步则是程序设计环节，其中最关键的是第 3 步确定操作步骤，或称算法设计。算法和数据结构是计算机程序的两个基本、重要的组成部分。算法是程序的核心，而数据结构是对要加工的数据的抽象和组织。程序要处理的各种数据按某种要求组成数据结构，使程序能有效地进行处理。

▶▶ 4.1.2   程序设计语言

程序设计语言是用于书写计算机程序的语言。语言的基础是一组记号和一组规则。根据规则由记号构成的记号串的总体就是语言。在程序设计语言中，这些记号串就是程序。

应该学习哪种程序设计语言，这其实是个伪问题，因为如果你一旦开始程序设计，就会学习好几种语言。挑一个能用计算机做的并且让你兴奋不已的事，然后查一下做这件事要用哪个程序设计语言来完成。每个新的应用都可能意味着你要学一种新的语言，随着你学得更多，你会慢慢变成一个更好的计算思维思考者。

说和写并不止是语言学家们才能做的事，同样的，程序设计也不应该只是计算机科学家才能做。所以，学习程序设计吧，但在此之前，学一点计算思维，就像任何其他技能，你在掌握它的同时，它也将拓宽你的视野，打开你的世界。

程序语言的种类千差万别。但是，一般说来，基本成分不外乎以下 4 种。

- 数据成分：用以描述程序中所涉及的数据。
- 运算成分：用以描述程序中所包含的运算。
- 控制成分：用以表达程序中的控制构造。
- 传输成分：用以表达程序中数据的传输。

自 20 世纪 60 年代以来，世界上公布的程序设计语言已有上千种之多，但是只有很小一部分得到了广泛的应用。从发展历程来看，程序设计语言可以分为 5 代。

① 机器语言：第 1 代语言，是一种面向机器的语言。机器语言用 0 和 1 的代码序列描述指令和数据，指令形式是二进制形式，是计算机唯一能够识别和执行的形式。使用机器语言编写程序是十分麻烦的，要求使用者熟悉计算机的所有细节，尤其是硬件，所以一般的工程技术人员很难掌握，给计算机的推广使用带来了极大的困难。

② 汇编语言：第 2 代语言，利用助记符来表示每一条机器指令（二进制指令形式）。助记符比较容易记忆，可读性也好。汇编语言比机器语言前进了一步，但是汇编语言也是面向机器的，对机器的依赖性特别强。

③ 高级语言：第 3 代语言，尽管汇编语言增强了程序的可读性，提高了编程效率，但由于汇编语言依赖于硬件体系，编程人员仍然需要了解程序所使用的硬件，并且对每条指令都必须单独编码。

为了使编程人员的注意力转移到以寻找最佳算法来解决问题的方面来，人们又发明了更加易用的程序语言，统称为高级语言。高级语言接近于人们日常熟悉的自然语言和数学语言，其特点是与计算机的指令系统无关。它从根本上摆脱了语言对机器的依赖，独立于机器，用户不必了解计算机的内部结构，只需要把解决问题的执行步骤通过程序设计语言告诉计算机就可以了。随着计算机的不断发展变化，高级语言也得到了迅速的发展，目前世界上有几百种计算机高级语言，有些程序语言因其功能简单，或因其能适应的计算机范围有限，渐渐地被人们淡忘，但有一些语言因其功能强大，能适应大部分的计算机，一直流传至今，有的还在不断的发展，以满足计算机发展的需要，目前世界上常用的程序设计语言大约有 50 多种。

④ 非过程语言：第 4 代语言，使用这种语言，不必关心问题的解法和处理过程的描述，只需要说明所要完成的工作目标和工作条件，就能得到所要的结果，而其他的工作都由系统来完成。因此，它比第 3 代语言具有更多的优越性。

如果说第 3 代语言要求人们告诉计算机怎么做，那么第 4 代语言只要求人们告诉计算机做什么。因此，人们称第 4 代语言是面向对象（目标）的语言，如 Visual C++、Java 等。

⑤ 智能化语言：第 5 代语言，它除了具有第 4 代语言的基本特征外，还具有一定的智能性。例如，PROLOG 语言是第 5 代语言的代表，主要应用于抽象问题求解、数据逻辑、自然语言理解、专家系统和人工智能等领域。

▶▶ 4.1.3　算法与程序

1．算法

算法是对具体问题求解步骤的一种描述。算法是指令的有限序列，其中每一条指令表示一个或多个操作。常用的算法有：递推法、枚举法、递归法、回溯法、贪心法、分治法等。

其实，说得通俗一点，算法就是一种方案。一个在 5 楼的人，和在 1 楼的你同时按下电梯按钮，面前的三座电梯怎么分配任务，这就是算法。在现实生活中解决任何一个实际问题，都不可避免地会涉及算法问题，都需要通过一定的算法，得到一个最优（或较优）的解决方案。

例如，求两个正整数 m 和 n（$m>n$）的最大公约数。在公元前 300 年左右，欧几里得就在其著作《几何原本》中阐述了求解该问题的步骤：

① 用 n 整除 m，所得余数为 r；

② 令 m 等于 n，n 等于 r；

③ 若 r 为 0，则得到问题的解为 m，否则继续步骤①。

又例如，在现有的利率情况下，怎样存钱最划算？这时，可根据各种存款利率情况，以及今后一段时间对现金的使用情况，分别计算出各种情况下利息的收益，最后可得出最合算的一种存钱方案，这就是一种算法。

2．计算机解决问题的灵魂：数据结构+算法

用计算机解决问题，可能大家首先想到的就是程序设计语言。其实，编程语言只是一个很初级的工具。熟练地掌握这些编程语言中的一门，就好像学会了写字。在现实生活中，会写字的人不见得会写出好文章，同样道理，学会了一门（或多门）编程语言的使用并不一定就能编写出好程序。那么，怎样才能编写出好的程序呢？这牵涉很多方面的问题，单从程序设计角度来看，可将程序理解为以下公式：

$$程序 = 数据结构 + 算法 + 程序设计语言$$

即首先需要根据程序要处理的数据（包括输入和输出的数据）设计数据结构，再设计相应的算法来实现程序要达到的功能，最后才是使用某一门程序设计语言来进行编码。其中，设计数据结构和算法都是独立于程序设计语言的，程序设计语言只完成最后的编码工作。

由此可以看出，程序设计中数据结构和算法是最重要的，是编程的灵魂。

3．算法的特性

算法是解决"做什么"和"怎么做"的问题，解决一个问题可能有不同的方法，但是算法分析最为核心的是算法的速度。因此解决问题的步骤需要是在有限时间内能够完成的，并且操作步骤中不可以有可能导致步骤无法继续进行下去的歧义性语句。通过对算法概念的分析，可以总结出一个算法必须满足如下五个特性。

（1）有穷性

一个算法在执行有限步骤后在有限时间内能够实现的，就称该算法具有有穷性。有的算法在理论上满足有穷性，在有限的步骤后能够完成，但是实际上计算机可能会执行一年、十年等，那么这个算法也就没有意义了，因为这样就忽视了一个概念，即算法的核心是速度。总而言之，有穷性没有特定的限度，取决于实际需要。

（2）确定性

一个算法中的每一个步骤的表述都应该是确定的、没有歧义的语句。在人们的日常生活中，遇到歧义性语句，可以根据常识、语境等理解，然而还有可能理解错误。例如，"x 加 100 开方"，要如何解释这个描述呢？是先将 100 开方，然后加上 x，还是 x 加上 100 后再开方呢？计算机不比人脑，不会根据算法的意义来揣测每个步骤的意思，所以算法的每一步都要有确定的含义。

（3）有零个或多个输入

一个程序中的算法和数据是相互联系的，算法中需要输入的是数据的量值。输入可以是多个也可以是零个，零个输入并不是这个算法没有输入，而是这个输入没有直观地显现出来，隐藏在算法本身当中，在算法中直接进行了赋值。

（4）有一个或多个输出

输出就是算法实现所得到的结果，是算法经过数据加工处理后得到的结果。没有输出的算法是没有意义的。有的算法输出的是数值，有的是图形，有的输出并不是显而易见的。

（5）可行性

算法的可行性就是指每一个步骤都能够有效地执行，并且得到确定的结果，同时能够用来方便地解决一类问题。

4．算法的描述

使用计算机解决实际问题，首先要对问题进行分析和研究，清楚问题处理的对象及对象之间的关系，然后就要针对问题设计解决该问题的算法。设计算法就是要把解决问题的步骤，用清晰的语言表示出来。有多种方法可以表示算法。

（1）用自然语言表示算法

用自然语言表示算法就是把算法的各个步骤，用人们所熟悉的自然语言依次表示出来。例如，求两个正整数 m 和 n（$m>n$）的最大公约数的算法，就是用自然语言表示的。用自然语言表示算法比较容易理解，但书写较烦琐，而且在某些场合，由于自然语言含义的不确切性，容易引起歧义，造成误解。另外，对比较复杂的问题，用自然语言又难以表达准确。因此，很少采用自然语言表示复杂算法。

（2）用流程图表示算法

用流程图表示算法就是用一些大家共识的专用图形符号和带有箭头的流程线来表示算法。用图形符号表示算法必须要有一组统一规定、含义确定的专用符号。表 4.1 所示为传统流程图所用的基本符号。图 4.2 所示为求两个正整数 m 和 n（$m>n$）的最大公约数算法的流程图，可见用流程图表示算法非常直观、形象。

表 4.1　传统流程图所用的基本符号表

图形符号	符号名称	说　　明
	起始、终止框	表示算法的开始或结束
	输入、输出框	框中标明输入、输出的内容
	处理框	框中标明进行什么处理
	判断框	框中标明判定条件并在框外标明判定后的两种结果的流向
	流程线	表示从某一框到另一框的流向
	连接点	表示算法流向出口或入口连接点

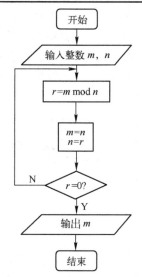

图 4.2　求两个正整数 m 和 $n(m>n)$的最大公约数算法流程图

（3）用程序设计语言表示算法

用自然语言和用图形符号所表示的算法有一个共同的缺点就是计算机都不能识别和执行。只有用计算机能理解和执行的程序设计语言把算法表示出来，然后把程序输入计算机并执行，计算机才能按照预定的算法去解决问题。

 ## 4.2　程序设计的构成要素

为了更好地理解算法的求解框架，首先介绍传统程序及其构成要素，我们并不针对某一特定的语言进行介绍，而是试图通过描述程序构成的一些共性，使大家对程序设计语言的基本特性有一个初步的了解，用一种更广阔的视角去认识程序设计语言的结构。传统程序的基本构成要素有：常量与变量、运算符与表达式、语句与函数。

▶▶ 4.2.1　常量与变量

程序是用来处理数据的，程序运行时，所用的数据首先要被放在内存。

数据放在内存之后，可以分为变量与常量。

1．常量

在程序执行过程中，其值不发生改变的量称为常量。它是可以立即拿来用，无需任何说明的量，例如：

整型常量：12、0、−3；

实型常量：4.6、−1.23；

字符常量：'a'、'b'。

2．变量

在程序运行过程中，其值可以改变的量称为变量。一个变量应该有一个名字，变量的名字由用户定义。

变量用于存储程序执行过程的中间结果，要占据一定数量的内存空间，相当于一个容器。

变量是通过其名字来访问的。变量的访问主要有"读"和"写"两种操作。

读：将变量中的数据取出来，存储在变量中的值不会改变。

写：将某数据存储到变量中，变量中存储的原值将被新值所覆盖。

比如，a=b+10;含义就是将 b 变量的值加上 10 之后存到 a 变量中。

▶▶ 4.2.2　运算符与表达式

运算符用于告知计算机对数据进行操作的类型、方式和功能，它一般用于一个或一个以上的操作数，操作数可以是常量、变量或函数的返回值。运算符主要包括算术、关系、逻辑、赋值等类别的运算符。

表达式由一系列操作数和运算符组合构成，表达式的结果为一个具体的值。通常操作数是由变量或表达式的结果来表示的。

1．算术运算

算术运算符号就是用来处理四则运算的符号，这是最简单，也最常用的符号，尤其是数字的处理，几乎都会使用到算术运算符号。表 4.2 列出了三种常用语言的算术运算符。

表 4.2　三种常用语言运算符

算术运算符 语言	加	减	乘	除（商）	模（整除取余）
C	+	-	*	/（若整数相除，取整）	%
Fortran	+	-	*	/	无
Visual Basic	+	-	*	/（两数相除） \（整数相除取整）	MOD

2．关系运算

关系运算符有 6 种关系，分别为小于、小于等于、大于、大于等于、等于、不等于。用于比较两个数据的大小，关系运算符的结果只有两个：真（True）和假（False）。表 4.3 列出了三种常用语言的关系运算符。

表4.3　三种常用语言的关系运算符

语言 ＼ 关系运算符	小于	小于等于	大于	大于等于	等于	不等于
C	<	<=	>	>=	==	!=
Fortran	.LT.	.LE.	.GT.	.GE.	.EQ.	.NE.
Visual Basic	<	<=或=<	>	>=或=>	=	<>或><

【例4.1】　判断变量 a 是否可以整除 3。

```
a%3==0 （C语言表达式） a MOD3=0 （Visual Basic语言表达式）
```

3. 逻辑运算

逻辑运算符的结果仍为逻辑值：真（True）和假（False）。表4.4列出了三种常用语言的逻辑运算符。

表4.4　三种常用语言的逻辑运算符

语言 ＼ 逻辑运算符	非	与	或
C	!	&&	‖
Fortran	.NOT.	.AND.	.OR.
Visual Basic	NOT	AND	OR

【例4.2】　判断变量 x 是否是英文字母。

```
x>='a'&&x<='b'||x>='A'&&x<='Z' （C语言表达式）
(x>="a" and x<="z")or(x>="A" and x<="Z") （Visual Basic语言表达式）
```

4. 赋值运算

赋值表达式，其形式为：

$$变量名=表达式$$

"="符号称为赋值运算符，赋值号左边是变量名，右边是合法的表达式。赋值时自右向左读。赋值的含义是将右边表达式的值赋给左边的变量。

例如，a=10，读作把常量 10 赋给变量 a；b=a，读作把变量 a 的值赋给变量 b。

赋值运算符不同于数学中的"等于号"，没有相等的含义，而是进行"赋予"操作。

【例4.1】　执行图 4.3 的赋值语句后，写出 a、b、c、d 的结果。

按照流程图的顺序，执行语句后的结果是 a 的值为 5，b 的值为 3，c 的值为 5，d 的值为 5。

分析该流程图，可以了解，变量可以被反复使用，变量也可以被多次赋值，变量所得到的值是其最后一次所赋的值。

关系表达式和逻辑表达式主要用于比较和判断，赋值表达式主要用于将变量或表达式的结果赋给另一个变量。

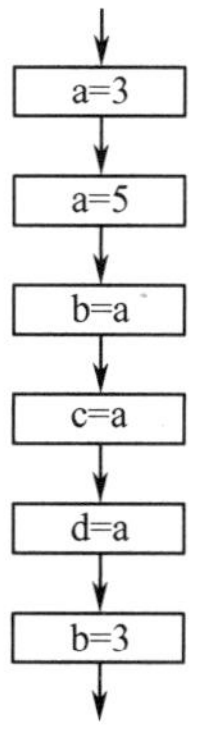

图 4.3　赋值语句示例

▶▶ 4.2.3　语句

一个程序的主体是由语句组成的，语句决定了如何对数据进行运算，也决定了程序的走向，根据运算结果确定程序下一步要执行的语句。

　　程序语句通常可以分为三类：表达式语句、输入输出语句和控制语句。上面我们看到的用表达式构成的语句就属于表达式语句。输入输出语句用于程序获取外界的数据或者将程序结果输出到外界。控制语句是程序的核心，它决定了程序执行的路径，即程序的结构，在程序语言中，控制语句主要有三类，分别是顺序语句、选择语句和循环语句，分别对应三种控制结构：顺序结构、选择结构和循环结构。

　　已经证明，任何复杂的算法都可以由顺序、选择、循环3种基本控制结构组合而成。图4.4所示为这3种基本控制结构的流程图。

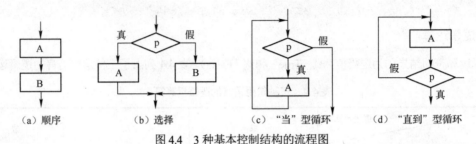

（a）顺序　　　　（b）选择　　　　（c）"当"型循环　　　　（d）"直到"型循环

图4.4　3种基本控制结构的流程图

　　① 顺序结构

　　顺序结构是先执行模块A的操作，再执行模块B的操作，两者是顺序执行的关系，如图4.4(a)所示。

　　② 选择结构

　　选择结构又称为分支结构，p代表一个条件，当条件p成立（或称为"真"）时，执行模块A，否则执行模块B，如图4.4(b)所示。注意，只能执行A或B之一，两条路径汇合在一起结束该分支结构。

　　③ 循环结构

　　循环结构又称为重复结构，有两种循环形式：一是"当"型循环结构，当p条件成立（为"真"）时，反复执行模块A的操作，直到p为"假"时才停止循环，如图4.4(c)所示；二是"直到"型循环结构，先执行模块A的操作，再判断p是否为"假"，若p为"假"，再执行A，如此反复，直到p为"真"为止，如图4.4(d)所示。

▶▶ 4.2.4　函数

　　函数是由多条语句组成的能够实现特定功能的程序段，是对程序进行模块化的一种组织方式，一个较大的程序一般应分为若干个程序块，每一个模块用来实现一个特定的功能。对于函数要明确两个问题，一是函数的定义；二是函数的调用。函数的定义的一般形式为：

　　　　返回类型　函数名（形式参数表列）{函数体语句}

　　函数调用的一般形式为：

　　　　函数名（实际参数表列）；

　　下面就是一个C语言函数的实例，在定义函数时，函数名和函数体是必不可少的，函数的返回类型和参数列表根据需要设定。

1	// 函数 max 的功能是返回 x，y 中的较大数 int max(int x,int y)
2	//定义函数 max，其返回值类型为整型（int），传递两个整型参数 x，y
3	{

4	return (x>y?x:y);//函数返回 x 和 y 中大的那个值
	}

函数调用的过程同数学上的函数调用有些类似。

例如，max(5,8)的功能是调用 max 函数，传递两个整型参数 5 和 8 给 max 函数，函数的返回值是 5 和 8 中大的那个值 8。

4.3　结构化程序设计

随着计算机软件技术研究的不断深入，程序设计的方法也日臻完善。程序设计方法是指以什么观点来研究问题并进行求解，以及如何进行系统设计的软件方法学。程序设计方法主要经过了结构化程序设计和面向对象的程序设计两个阶段。

▶▶ 4.3.1　结构化程序设计的原则

在计算机程序设计的发展过程中，最初的程序设计是手工式的设计方法，到了 20 世纪 60 年代，伴随着计算机软、硬件技术的迅速发展，传统的手工式程序设计方法受到了挑战。1960 年有计算机学者发表了重要论文，指出任何程序的逻辑结构都可以用 3 种最基本的结构（即顺序结构、选择结构和循环结构）来表示。后来，又有学者发表了"GOTO 语句是有害的"和"带有 GOTO 语句的结构化程序设计"等论文，使人们开始重视良好的程序结构。结构化程序设计（SP，Structured Programing）是荷兰学者 E.W.Dijkstra 等在 1969 年提出的一种程序设计方法，这种方法要求程序设计者不能随心所欲地编写程序，而是要按照一定的结构形式来设计和编写程序，它的一个重要目的就是使程序的结构清晰，易于设计，易于理解，易于调试、修改和维护。

结构化程序设计是指，为使程序具有一个合理的结构，以保证程序正确性而规定的一套如何进行程序设计的原则。

结构化程序设计原则为：采用自顶向下、逐步求精的方法，程序结构模块化中的每个模块只有一个入口和一个出口，使用 3 种基本控制结构描述程序流程。

自顶向下是指对所设计的系统要有一个全面的理解，从问题的全局入手，使用先全局后局部，先整体后细节的方法，把要解决的复杂问题分解成若干个相互独立的子问题，然后对每个子问题再做进一步的分解，如此重复，直到每个问题都能容易的解决为止。

逐步求精是指程序设计的过程是一个渐进的过程，即先抽象（是认识复杂事物过程中使用的思维工具，即抽象出事物本质的共同特性而暂不考虑其他因素）、后具体的逐步求精的过程。先把一个子问题用一个程序模块来描述，再把每个模块的功能逐步分解细化为一系列的具体步骤，直到可以用某种程序设计语言的基本控制语句来实现。逐步求精和自顶向下总是结合使用的，一般把逐步求精看作自顶向下设计的具体体现。

模块化是结构化程序设计的重要原则。所谓模块化就是把一个大型的程序按照功能分解为若干相对独立、较小的子程序（即模块），并把这些模块按层次关系进行组织。分解和模块独立性是实现模块化设计的重要指导思想。模块分解时应遵循以下的准则：

① 模块的大小适中，模块的调用深度不宜过大。

② 尽量使得模块的内聚性高，模块间的耦合性低。内聚性和耦合性是衡量模块的独立程度的两个度量标准。若一个模块内部各元素联系得越紧密，它的内聚性就越高。模块与模块之间联系越紧密，其耦合性就越强，模块的独立性就越差。

③ 模块的作用域应在控制域内。模块的作用域是指受该模块内一个判定影响的所有模块的集合，模块的控制域是指该模块本身及该模块直接或间接调用的所有模块的集合。

④ 模块的扇入数和扇出数。模块的扇入数是指有多少模块直接控制一个给定的模块，模块的扇出数指由一个模块直接控制的其他模块数，扇出数不宜过大。

人们解决任何复杂问题普遍采用自顶向下、逐步求精和模块化的方法，在这种设计方法的指导下开发出来的程序具有清晰的层次结构，容易阅读和维护，软件开发的成功率和生产率可以极大地提高。因此，使用结构化方法设计出的程序等于数据结构加算法。

▶▶ 4.3.2　结构化程序设计的基本结构与优缺点

结构化程序要求每一基本控制结构具有单入口和单出口的性质，这是为了便于保证和验证程序的正确性。设计程序时一个结构一个结构地顺序写下来，整个程序结构如同砌墙一样顺序清楚，层次分明。在需要修改程序时，可以将某个基本控制结构单独取出来进行修改，由于单入口、单出口的性质，修改不会影响到其他的基本控制结构。可以把每个基本控制结构看作是一个算法单位，整个算法由若干个算法单位组合而成。这样的算法容易理解和阅读，称为结构化算法。

结构化程序设计的优点是，程序结构良好，各模块间的关系清晰简单，每一个模块内都由基本控制结构组成。这样设计出的程序清晰易读，可理解性好，容易设计，容易验证其正确性，也容易维护。同时，由于采用了"自顶向下、逐步细化"的实施方法，能有效地组织人们的智力，有利于软件的工程化开发，提高编程工作的效率，降低软件开发的成本。

结构化程序设计的缺点如下。

① 数据与对数据的操作（函数）相分离。这使得对函数的维护变得很难。因为，一旦修改数据结构，则必须改动相应的函数。在计算机中，数据和操作是密切相关、密不可分的，把数据和操作人为地分离开，无疑会增加程序开发的难度。因此，用结构化的程序设计方法编写大规模的程序时，不但难以编写，而且难以调试和修改。

② 可重用性差。作为软件开发人员都希望设计的程序具有可重用性，即建立一些具有已知特性的部件，应用程序通过部件的组装即可得到一个新的系统。随着程序设计的复杂性增加，结构化程序设计方法会不够用，不够用的根本原因是需要"代码重用"时的不方便，由此面向对象的程序设计方法便应运而生。面向对象的程序设计方法通过继承来实现比较完善的代码重用功能。

★4.4　面向对象程序设计

面向对象技术提供了一种新的认知和表示世界的思想和方法，它对计算机工业的影响是深远的。面向对象技术是目前软件工业的主流，绝大多数的系统、应用程序都是采用面向对象技术开发出来的。

▶▶ 4.4.1　面向对象的基本概念

1. 对象与类

对象（Object）与类（Class）是面向对象程序设计中最重要的概念，也是一个难点，若要掌握面向对象的程序设计技术，首先就要很好地理解这两个概念。究竟什么是对象，什么是类呢？对象的概念来源于生活，在现实生活中，所有东西都是对象。例如，某一辆车就是一个对象，指具体的一辆车；某个人也是一个对象，指具体的一个人。对象既可以很简单，也可以很复杂，复杂的对象可以由若干简单的对象构成。

任何对象都有以下两个共同的特点。

① 对象的属性（Attribute）：用来描述对象的状态。对象的状态又称为对象的静态属性，包括对

象内部所包含的信息，每个对象都具有自己专有的内部信息，这些信息说明了对象所处的状态。例如，一个球对象有自己的质地、颜色、大小等。当给对象实施了某种操作后，其状态就会发生变化，这一变化体现在信息的改变上。例如，改变球的颜色，其颜色属性就会改变。

② 对象的操作（Operation）：又称为对象的行为，主要表述对象的动态属性。操作的作用是设置或改变对象的状态。例如，对一个球可以进行滚动、停止或旋转等行为或操作。

在面向对象的程序设计中，对象的概念就是将现实世界中的对象模型化。它是由一组表述其属性的数据和定义在这组属性上的专用操作组成的封装体，对象将数据（属性）和功能（操作）封装在一起。对象是构成系统的一个基本单位。一个对象通常由对象名、属性和操作组成。在计算机内部，对象的状态用变量表示，而对象的操作用方法表示，对象的行为或操作就定义在方法的内部。

当某个行为作用在对象时，就称为对象执行了一个方法（Method）。方法定义了一系列的计算步骤（相当于函数）。

封装（Encapsulation）就是把对象的属性和操作结合成一个不可分割的整体，在这个整体中一些属性（操作）是被保护的，以防外界的干扰和误操作，另一些属性（操作）是公共的，它们作为接口供外界使用。封装的结果就是使一个对象形成接口和实现两部分。对用户来说，接口是可见的，实现是不可见的。例如，我们看到的是整个台灯、台灯与外部发生联系的开关按钮和亮度旋钮（接口），而一些导线、连接灯泡的线路、实现开关、亮度功能的线路等是不可见的（实现）。封装是面向对象方法的重要的机制，其目的是有效地实现信息隐藏的原则。

接口是对象接收外部消息时所要进行操作的集合。类是一组具有相同属性和相同操作的对象的集合。一个对象是类的一个实例（Instance）。例如，人就是一个类（不是指具体的某个人），而具体的一个人就是人类的一个实例（对象）。为了处理问题的需要，在面向对象方法中，人们抽取同种对象的公共属性和特点，以类的概念来表示。当一个类建立以后，才可以使用这个类创建任意多的对象。例如，定义了一个名为"球"的类，那么足球、排球、篮球就是"球"类的一个个实例。在类中的每个对象都是确定的。

2．事件

事件（Event）是对象的动作，而这个动作可能会改变对象内部的状态或向外界提供某种功能。事件就是为了完成某一任务，向一个对象提供并体现其功能的操作。属于同一类的所有对象共享相同的事件。例如，"球"类的撞击事件，撞击可以使球滚动。

3．继承

继承（Inheritance）是从一种类引申到另一种类的主要方法，它是表达类之间相似性的一种机制，即在已有类的基础之上增加构造新的类，前者称为父类（或超类），后者称为子类。这样，子类除了拥有父类的全部属性和操作外，还可以拥有自己特有的属性和操作。如果子类只从一个父类继承，则称为单一继承；如果子类从一个以上父类继承，则称为多重继承。继承在本质上和人们认识事物的过程相似，人们认识事物总是从事物的一般性出发，找出事物的共性和事物自己的特点。例如，定义一个"汽车"类，属性有（变量）发动机、方向盘、车轮、灯、油箱、颜色、几何尺寸及各种零件等，方法有（函数）开、停、倒退等。但在现实中有这样一类车和上面所定义的"汽车"类非常相似，差别很小，只是车轮小，油箱小，限乘坐 5 人。于是，可在"汽车"类的基础之上派生一个新的类型——"小型汽车类"，它是在"汽车类"的基础上加上了一些新的特性。

继承是面向对象程序设计方法有别于其他设计方法最主要的特点之一。

继承的优点是，能清晰地体现相关类之间的层次结构关系，可以减少代码和数据的冗余，增加了程序的复用能力。

4. 消息

消息（Message）是向对象发出的服务请求，是对象与对象之间进行通信的手段。一个对象通过向另一个对象发送消息来请求服务，接收到消息的对象经过解释，然后给予响应，这种通信机制叫做消息传递。发送消息的对象不需要知道接收消息的对象如何对请求予以响应。消息要素通常包括：发送对象、接收对象、操作和适当的参数。

5. 多态性

对象在收到消息时要予以响应，不同的对象收到同一消息可产生完全不同的结果，这一现象称为多态性（Polymorphism）。在使用多态性的时候，用户可以发送一个通用的消息，而实现的细节则由接收的对象自行决定，这样，同一消息就可以调用不同的方法。多态性允许每个对象以适合自身的方式去响应共同的消息。多态性增强了软件的灵活性和重用性。

多态性与继承性相结合使软件具有更广的重用性和可扩充性。

▶▶ 4.4.2　面向对象程序设计的基本思想

结构化程序设计是面向过程的程序设计方法，它把数据和对数据的操作人为地分为两部分，以功能为中心来分析和设计程序。而面向对象程序设计（OOP，Object_Oriented Programing）则是以数据为中心，将数据和对数据的操作结合在一起的一种方法。这样，程序模块之间的关系更简单，程序模块的独立性、数据的安全性有了良好的保障。面向对象程序设计的思想接近于人们的思维方式，开发程序的方法和过程与人们解决实际问题的方法和过程比较接近，容易被人们接受和理解。

面向对象程序设计的基本思想是，将人们在日常生活中习惯的思维方式和表达方式应用在程序设计中，以客观世界中的对象为中心，以类和继承为构造机制进行软件开发活动。面向对象程序设计方法具有继承性、封装性和多态性 3 个特性。采用面向对象程序设计方法设计的程序等于对象加消息。

采用面向对象的方法进行程序设计时，在分析问题阶段，通常需要建立 3 种形式的模型，即对象模型、动态模型和功能模型。

对象模型用于描述系统所涉及的全部类与对象。它主要关心系统中对象的结构、属性和操作。

动态模型用于描述系统的控制结构。它从对象的事件和状态的角度出发，表现了对象的相互行为，即系统的控制和操作的执行顺序。该模型描述的系统属性是触发事件、事件序列、状态、事件与状态的组织。它涉及事件、状态、操作等概念。

功能模型用于描述系统的所有计算。它表明了一个计算如何从输入值得到输出值，而不考虑计算的次序。

对象模型是 3 个模型的核心，也是其他两个模型的框架。在建立对象模型时，确定了类、关联、结构和属性，但没有确定操作，只有建立了动态模型和功能模型之后，才可能最后确定类的操作。功能模型指出发生了什么，动态模型确定什么时候发生，而对象模型确定发生的客体。

面向对象程序设计的基本步骤如下：

① 分析问题，建立模型；

② 标识类、对象及它们的属性；

③ 标识每个对象所要求的操作和提供的操作；

④ 建立对象之间的联系；

⑤ 建立每个对象的接口；

⑥ 实现每个对象。

面向对象程序设计的方法优点是，它强调把问题领域的概念直接映射到对象及对象之间的接口，这样做符合人们通常解决问题的思维方式。它把属性和操作封装在"对象"中，当外部功能发生变化时，保持了对象结构的相对稳定，使改动局限于一个对象的内部，从而减少了改动所引起的系统波动效应。因此，按照面向对象方法开发出来的软件具有易于扩充、修改和维护的特性。

4.5　常用算法

▶▶ 4.5.1　基本算法

在算法设计中，有一些算法比较经典，经常被使用到，如求极值、求和、累乘等。

1. 极值问题

极值问题常用的算法是"打擂台算法"。打擂台算法的基本思想是，先从所有参加"打擂"的人中选第一个人站在台上，第二个人与之比较，胜者留在台上，败者下台。再上去第 3 个人，与台上的现任擂主比较，胜者留在台上，败者下台，循环往复，后面的每个人都与台上的人比较，直到所有人都比过为止，最后留在台上的就是冠军。

【例 4.3】　使用流程图描述从 10 个数中找出最大数。

算法分析：

分别输入 10 个数，设置 n 为计数器，每输入一个数，n 加 1。

假设第一个数为大数，放在变量 max 中，之后每输入一个数，都与 max 进行比较，大数存放到 max 变量中。只要 n 小于 10，就一直比较下去。图 4.5 所示为其具体的算法流程图。

思考：如果是求最小值，流程图应如何修改？

2. 求和

在解决实际问题时经常遇到求和问题，如：

求 $s=2+4+6+\cdots+2n$ 的值，其中 n 为自然数，由键盘输入。

求和算法的一般步骤是：

● 设置一个放置和的变量，其初值设为 0；

● 设置或输入初始加数；

● 利用循环操作，将每个加数依次加入放置和的变量中，每次循环后设置或输入新的加数；

● 循环结束后，和的变量里的值即为最终结果。

图 4.6 所示为求 $s=2+4+6+\cdots+2n$ 的值的算法流程图。

思考：如果是求累乘，算法应如何修改？

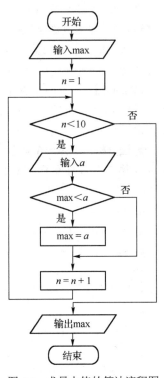

图 4.5　求最大值的算法流程图

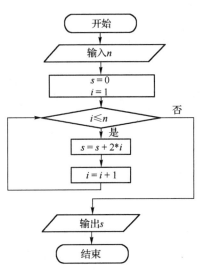

图 4.6　求和的算法流程图

▶▶ 4.5.2　迭代算法

迭代算法是用计算机解决问题的一种基本方法。它利用计算机运算速度快、适合做重复性操作的特点，让计算机对一组指令（或一定步骤）进行重复执行，在每次执行这组指令（或这些步骤）时，都从变量的原值推出它的一个新值。

利用迭代算法解决问题，需要做好以下 3 个方面的工作。

① 确定迭代变量。在可以用迭代算法解决的问题中，至少存在一个直接或间接不断由旧值递推出新值的变量，这个变量就是迭代变量。

② 建立迭代关系式。所谓迭代关系式，指如何从变量的前一个值推出其下一个值的公式（或关系）。迭代关系式的建立是解决迭代问题的关键，通常可以使用递推或倒推的方法来完成。

③ 对迭代过程进行控制。在什么时候结束迭代过程？这是编写迭代程序必须考虑的问题。不能让迭代过程无休止地重复执行下去。迭代过程的控制通常可分为两种情况：一种是所需的迭代次数是确定的值，可以计算出来；另一种是所需的迭代次数无法确定。对于前一种情况，可以构建一个固定次数的循环来实现对迭代过程的控制；对于后一种情况，需要进一步分析出用来结束迭代过程的条件。

【例 4.4】 一个饲养场引进一只刚出生的新品种兔子，这种兔子从出生的下一个月开始，每月新生一只兔子，新生的兔子也如此繁殖。如果所有的兔子都不死去，问到第 12 个月时，该饲养场共有兔子多少只？

算法分析：这是一个典型的迭代问题。假设第 1 个月时兔子的只数为 u_1，第 2 个月时兔子的只数为 u_2，第 3 个月时兔子的只数为 u_3……根据题意，"这种兔子从出生的下一个月开始，每月新生一只兔子"，则有：

$u_1 = 1$；

$u_2 = u_1 + u_1 \times 1 = 2 \times u_1 = 2$；

$u_3 = u_2 + u_2 \times 1 = 2 \times u_2 = 4$；

……

根据这个规律，可以归纳出下面的迭代公式：

$u_n = u_{n-1} \times 2，n \geq 2$

定义迭代变量 x，可将上面的公式转换成如下迭代关系：

$x=x*2$

让计算机对这个迭代关系重复执行 11 次，就可以算出第 12 个月时的兔子数。图 4.7 所示为其具体的算法流程图。

【例 4.5】 验证谷角猜想。日本数学家谷角静夫在研究自然数时发现了一个奇怪现象：对于任意一个自然数 n，若 n 为偶数，则将其除以 2；若 n 为奇数，则将其乘以 3，然后再加 1。如此经过有限次运算后，总可以得到自然数 1。人们把谷角静夫的这一发现称为"谷角猜想"。

要求：编写一个程序，由键盘输入一个自然数 n，把 n 经过有限次运算后，最终变成自然数 1 的全过程打印出来。

算法分析：定义迭代变量为 n，按照谷角猜想的内容，可以得到两种情况下的迭代关系式：当 n 为偶数时，$n=n/2$；当 n 为奇数时，$n=n*3+1$。

这就是需要计算机重复执行的迭代过程。这个迭代过程需要重复执行多少次，才能使迭代变量 n 最终变成自然数 1，这是我们无法计算出来的。因此，还需进一步确定用来结束迭代过程的条件。仔细分析题目要求，不难看出，对任意给定的一个自然数 n，只要经过有限次运算后，能够得到自然数 1 就完成了验证工作。因此，用来结束迭代过程的条件可以定义为：n 等于 1。图 4.8 所示为其具体的算法流程图。

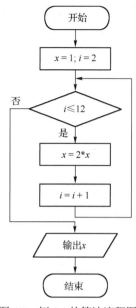
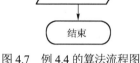

图 4.7　例 4.4 的算法流程图

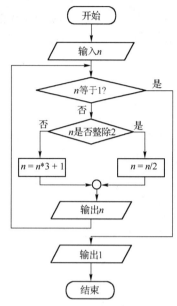

图 4.8　例 4.5 的算法流程图

【例 4.6】 用牛顿迭代法求方程的根。

牛顿迭代法是牛顿 17 世纪提出的用于求方程或方程组近似根的一种常用算法。多数方程不存在求根公式，从而求精确根非常困难，甚至不可能，因此寻找方程的近似根就显得特别重要。

算法分析： 设方程为 $f(x)=0$，用数学方法导出等价的形式 $x=g(x)$，然后按以下步骤执行：

① 选一个方程的近似根，赋给变量 x_0。

② 将 x_0 的值保存于变量 x，然后计算 $g(x_0)$，并将结果存于变量 x_0。

③ 当 x_0 与 x 的差的绝对值大于指定的精度要求时，重复步骤 2 的计算。

若方程有根，并且用上述方法计算出来的近似根序列收敛，则按上述方法求得的 x_0 就认为是方程的根，图 4.9 所示为其具体的算法流程图。

迭代算法是数值计算中一类典型方法，应用于方程求根，方程组求解，矩阵求特征值等方面。其基本思想是逐次逼近，先取一个粗糙的近似值，然后用同一个迭代公式，反复校正此初值，直至达到预定精度要求为止。计算机在计算迭代算法时具有非常明显的优势，具体在计算机中使用时应注意以下两种可能发生的情况：

① 如果方程无解，算法求出的近似根序列就不会收敛，迭代过程会变成死循环，因此在使用迭代算法前应先考察方程是否有解，并在程序中对迭代的次数给予限制；

② 方程虽然有解，但迭代公式选择不当，或迭代的初始近似根选择不合理，也会导致迭代失败。

▶▶ 4.5.3　枚举算法

枚举算法也称为穷举法，是编程中常用算法之一，就是按问题本身的性质，一一列举出该问题所有可能的解，并在逐一列举的过程中，检验每个可能解是否是问题的真正解，若是，采纳这个解，否则抛弃它。在列举的过程中，既不能遗漏也不能重复。

【例 4.7】 求 1～1000 中，能被 3 整除的数。

算法分析：

1. 用变量 i 表示要列举的自然数。

① 列举范围：利用循环结构，i 的值从 1～1000 一一列举。

② 检验条件：利用选择结构，判断 i 能否被3整除，如果可以输出 i，否则继续循环，判断下一个。

2．分析出以上两个核心问题后，再将其合成，具体确定循环控制方式和列举方式，图4.10所示为其具体的算法流程图。

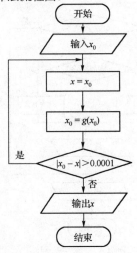

图4.9　例4.6的算法流程图

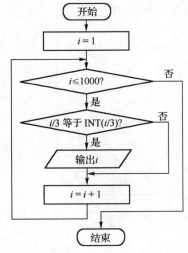

图4.10　例4.7的算法流程图

在枚举算法中往往把问题分解成如下两部分。

① 一一列举：确定列举范围，通常需要用循环来完成。要考虑的问题是如何设置循环变量及循环变量的初值、终值和递增值。同时考虑循环变量是否参与检验。

② 检验：检验通常用分支结构完成。要考虑的问题是检验的对象是谁？逻辑判后的两个结果该如何处理？

枚举方法也是一种搜索算法，即对问题的所有可能解的状态集合进行一次扫描或遍历，具体通过循环和条件判断语句来实现。

枚举法常用于解决"是否存在"或"有多少种可能"等类型的问题。例如，求解不定方程的问题就可以采用枚举法。

【例4.8】 求水仙花数（若三位数 $i=100a+10b+c$，满足 $a^3+b^3+c^3$ 等于 i，则 i 为水仙花数）。

算法分析：

① 设 i 的初值为100，终值为999，利用循环枚举所有的3位数。

② 求出 i 的百位数字，十位数字和个位数字，分别保存在 a、b、c 中。其中，百位数字是 i 整除100后得到的商，例：217/100的商是2；十位数字是 i 整除100后得到的余数，再整除10，Mod表示求余的运算，例：217Mod100的值是17，17再整除10的值是1；个位数字是 i 整除10的余数，例如，217Mod10的值是7。

③ 用选择结构验证水仙花条件即 $a^3+b^3+c^3$ 是否等于 i 的值，如果相等，则 i 为水仙花数，输出 i 的值。

④ i 的值加1后，重复步骤2，继续验证下一个。

图4.11所示为其具体的算法流程图。

【例4.9】 百鸡百钱问题。公鸡5元，母鸡3元，1元3只小鸡　花100元钱，买100只鸡，怎么买？

这是我国古代数学家张丘建在《算经》一书中提出的数学问题：鸡翁一值钱五，鸡母一值钱三，鸡雏三值钱一。百钱买百鸡，问鸡翁、鸡母、鸡雏各几何？

　　算法分析：设公鸡 x 只，母鸡 y 只，小鸡（$100-x-y$）只，题目应满足 $5x+3y+(100-x-y)/3=100$，且 x、y 为整数。利用枚举算法 x 的可能取值空间是 $0\sim20$（因为一只公鸡 5 元钱，公鸡最多 20 只），y 的可能取值空间是 0 到 $100-x$，z 的值必须可以整除 3，（注：z MOD $3=0$ 用来判断 z 是否可以整除 3。）图 4.12 所示为其具体的算法流程图。

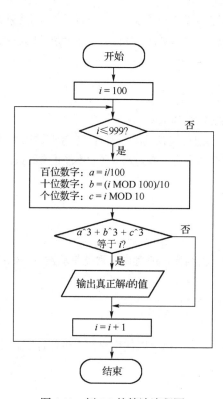

图 4.11　例 4.8 的算法流程图

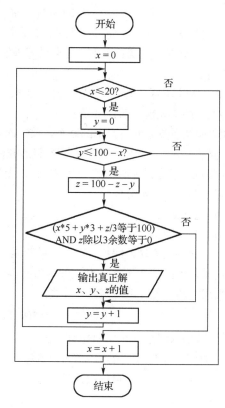

图 4.12　例 4.9 的算法流程图

▶▶ ★4.5.4　递归算法

　　递归作为一种算法在程序设计语言中广泛应用，是计算机科学的一个重要概念。

　　递归是一个过程或函数在其定义或说明中有直接或间接调用自身的一种方法，其实质是把一个大型复杂的问题层层转化为一个与原问题相似的规模较小的问题来求解，递归策略只需少量的程序就可描述出解题过程所需要的多次重复计算，大大地减少了程序的代码量。递归的能力在于用有限的语句来定义对象的无限集合。一般来说，递归需要有边界条件、递归前进段和递归返回段。当边界条件不满足时，递归前进；当边界条件满足时，递归返回。

　　构成递归需具备的条件：

　　① 子问题须与原始问题为同样的事，且更为简单。

　　② 不能无限制地调用本身，须有个出口，化简为非递归状况处理。

　　在数学和计算机科学中，递归指由一种（或多种）简单的基本情况定义的一类对象或方法，并规定其他所有情况都能被还原为其基本情况。

　　例如，下列为某人祖先的递归定义：

　　某人的双亲是他的祖先（基本情况）。某人祖先的双亲同样是某人的祖先（递归步骤）。斐波那契数列（Fibonacci Sequence），又称黄金分割数列，指的是这样一个数列：1,1,2,3,5,8,13,21…

斐波那契数列是典型的递归案例。递归关系就是实体自己和自己建立关系。

$$Fib(0) = 1 \text{ [基本情况]}$$
$$Fib(1) = 1 \text{ [基本情况]}$$

对所有 $n > 1$ 的整数：$Fib(n) = (Fib(n-1) + Fib(n-2))$ [递归定义]。

在做递归算法的时候，一定要把握住出口，也就是做递归算法必须要有一个明确的递归结束条件。这一点是非常重要的。其实这个出口是非常好理解的，就是一个条件，当满足了这个条件的时候我们就不再递归了。

递归算法所体现的"重复"一般有三个要求：

① 每次调用在规模上都有所缩小。

② 相邻两次重复之间有紧密的联系，前一次要为后一次做准备。

③ 在问题的规模达到极小时，必须直接给出解答而不再进行递归调用，因而每次递归调用都是有条件的（以问题的规模是否达到直接解答为条件），无条件递归调用将会成为死循环而不能正常结束。

递归算法的设计通常分成两步：

① 确定递归公式。

② 确定递归的终止条件。

例如，用递归的方法，编写程序求 n 的阶乘（$n!$）。

所谓阶乘，就是从 1 到指定数之间的所有自然数相乘的结果，或者说阶乘就是从数 $n \sim 1$ 之间的所有自然数相乘的结果，可写为以下算式：

$$n! = n*(n-1)*(n-2)*\cdots*2*1$$

例如，6 的阶乘为：6 *5*4*3*2*1=720。

由阶乘的算式可看出，阶乘运算可以直接使用循环来完成，也可以使用递归来进行计算。使用递归进行计算，可以将 n 的阶乘分解为以下算式：

$$n! = n*(n-1)!$$

同样，又可将 $n-1$ 的阶乘分解为 $n-1$ 乘以 $n-2$ 的阶乘，算式如下：

$$(n-1)! = (n-1)*(n-2)!$$

则

$$n! = n*(n-1)*(n-2)!$$

这样，当将变量 n 逐步减小，到 1 时，就完成了递归操作，也就有了结束递归的条件。因此，可以使用递归算法来编写求阶乘的代码：

```
fact=n*fact(n-1)；当n>1时
fact=1；当n=1时
```

分析函数 fact 的运行过程。当输入 n=6 时，其计算过程如下。

初始调用函数 fact（6），引起第 1 次函数调用。进入函数 fact 后，实参 n=6，应执行计算 6*fact（5）。

为了计算 fact（5）的值，引起对 fact 函数的第 2 次调用（进入递归调用），重新进入函数 fact。这时，实参 $n=5$，应执行计算 5*fact（4）。

就这样逐步重复上一步，一直计算到 n=1，计算 fact（1），这时，实参 $n=1$，根据算法当 $n=1$ 时，函数 fact（1）=1，这时，将返回第 5 次调用层。

在第 5 次调用层中计算执行 2*fact（1），因为 fact（1）在上一次中返回的结果为 1，所以，这里的算式应该是 2*1，即 fact（2）=2，然后返回第 4 次调用层。

在第 4 次调用层中计算执行 3*fact（2），因为 fact（2）在上一次中返回的结果为 2，所以这里的算式应该是 3*2，即 fact（3）=6，然后返回第 3 次调用层。

就这样逐步向上层调用返回，最后返回到第 1 次调用层中，计算执行 6*fact（5），因为 fact（5）在上一次中返回的结果为 120，所以，这里的算式应该是 6*120，即 fact（6）=720。到达第 1 层时，递归调用已全部完成，这时，函数将返回其主调用函数中，输出其计算结果。

以上文字描述看起来很复杂，可参考图 4.13，更详细地了解递归的过程。

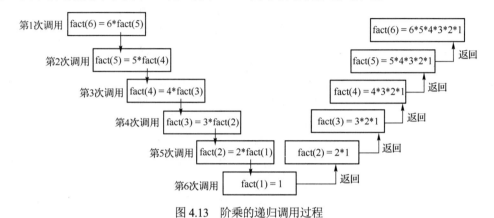

图 4.13　阶乘的递归调用过程

 ## ★4.6　算法性能分析与度量

算法是解决问题的方法，但是解决一个问题的方法不止一个，方法多了，自然而然地就有了优劣之分。例如，当一个人在扫地的时候，人们不会发现这个人扫得好与坏。然而，若有两三个人同时做这个工作的时候，人们有了比较，就可以根据不同的评定标准评价出好坏，有人认为 A 好，因为他扫得快，有人认为 B 好，因为他扫得干净，等等。那么，对于算法的优劣该如何来评定呢？

▶▶ 4.6.1　算法的性能指标

评定一个算法的优劣，主要有以下几个指标。

① 正确性：一个算法必须正确才有存在的意义，这是最重要的指标，要求编程人员应用正确的计算机语言实现算法的功能。

② 友好性：算法实现的功能是给用户使用的，自然要具有良好的使用性，即用户友好性。

③ 可读性：算法的实现可能需要多次修改，也可能被移植到其他的功能中，因此算法应当是可读的、可以理解的，方便程序人员对其分析、修改移植到自己的程序中，实现某些功能。

④ 健壮性：在一个算法中，经常会出现不合理的数据或非法的操作，所以一个算法必须具有健壮性，能够对这些问题进行检查、纠正。算法具有健壮性是一个升华，当用户刚开始学习写算法时可以忽略它的存在，在逐渐的学习中要努力让算法更加完美。

⑤ 效率：算法的效率主要是指执行算法时计算机资源的消耗，包括计算机内存的消耗和计算机运行时间的消耗。这两个消耗可以统称为时空效率。一个算法只有正确性而无效率是没有意义的，通常，效率也可以评定一个算法是否正确。如果一个算法需要执行几年甚至几百年，那么无疑这个算法会被评为是错误的。

▶▶ **4.6.2　算法效率的度量**

度量算法效率的方法有两种：

第一种是事后计算的方法，先实现算法，然后运行程序，测算其时间和空间的消耗。这种度量方法有很多弊端，由于算法的运行与计算机的软硬件等环境因素有关，不容易发现算法本身的优劣。同样的算法用不同的编译器编译出的目标代码数量不同，完成算法所需的时间也不同；若计算机的存储空间较小，算法运行时间也就会延长。

第二种是事前分析估算的方法，这种度量方法是通过比较算法的复杂性来评价算法的优劣，算法的复杂性与计算机软硬件无关，仅与计算时间和存储需求有关。算法复杂性的度量可以分为时间复杂度度量和空间复杂度度量。

1. 算法的时间复杂度

算法的时间复杂度是指该算法的运行时间与问题规模的对应关系。一个算法是由控制结构和原操作构成的，其执行的时间取决于二者的综合效果。为了便于比较同一问题的不同算法，通常把算法中基本操作重复执行的次数（频度）作为算法的时间复杂度。算法中的基本操作一般是指算法中最深层循环内的语句，因此，算法中基本操作语句的频度是问题规模 n 的某个函数 $f(n)$，记作：$T(n)=O(f(n))$。其中，"O" 表示随问题规模 n 的增大，算法执行时间的增长率和 $f(n)$ 的增长率相同，或者说，用 "O" 符号表示数量级的概念。

如果一个算法没有循环语句，则算法中基本操作的执行频度与问题规模 n 无关，记作 $O(1)$，也称为常数阶。如果算法只有一个一重循环，则算法的基本操作的执行频度与问题规模 n 呈线性增大关系，记作 $O(n)$，也称为线性阶。常用的还有平方阶 $O(n^2)$、立方阶 $O(n^3)$、对数阶 $O(\log_2 n)$ 等。

2. 算法的空间复杂度

一个程序的空间复杂度是指运行完一个程序所需内存的大小。利用程序的空间复杂度，可以对程序运行所需要的内存多少有个预先估计。一个程序执行时除了需要存储空间和存储本身所使用的指令、常数、变量和输入数据外，还需要一些对数据进行操作的工作单元和存储一些为实现计算所需信息的辅助空间。程序执行时所需存储空间包括以下两部分。

① 固定部分，这部分空间的大小与输入/输出的数据的个数多少、数值无关，主要包括指令空间（即代码空间）、数据空间（常量、简单变量）等所占的空间，属于静态空间。

② 可变空间，这部分空间主要包括动态分配的空间，以及递归栈所需的空间等。这部分的空间大小与算法有关。

算法的空间复杂度类似于算法的时间复杂度，是对一个算法在运行过程中临时占用存储空间大小的量度，记作：$S(n)=O(f(n))$。

算法的空间复杂度一般也以数量级的形式给出。如当一个算法的空间复杂度为一个常量，即不随被处理数据量 n 的大小而改变时，可表示为 $O(1)$；当一个算法的空间复杂度与以 2 为底的 n 的对数成正比时，可表示为 $O(\log 2n)$；当一个算法的空间复杂度与 n 成线性比例关系时，可表示为 $O(n)$。

4.7　学习算法的原因

除了前面我们介绍的常用算法，计算机领域中还有很多其他的算法，比如分而治之、贪吃算法、试探算法等，讲述了这么多关于算法的基础知识，究竟为什么要学习算法呢？

首先，算法无处不在。算法不仅出现在数学和计算机程序中，更普遍地出现在我们的生活中，在生活中做什么事情都要有一定的顺序，然而不同的顺序带来的效率和成果可能都会不同，只有学好了算法，才能让生活更有趣、更有效率。

其次，算法是程序的灵魂。学习计算机编程，必须要掌握好其灵魂，否则写出来的程序就像是没有灵魂的躯体。

再次，算法是一种思想。掌握了这种思想，能够拓展思维，使思维变得清晰、更具逻辑性，在生活以及编程上的很多问题，也就更易解决。

最后，算法的乐趣。学习算法不仅仅是为了让它帮助人们更有效地解决各种问题，算法本身的趣味性很强，当通过烦琐的方法解决了一个问题后会感觉到有些疲惫，但是面对同一个问题，如若学会使用算法，更简单有效地解决了这个问题，会发现很有成就感，算法的速度、思想会让人觉得很奇妙。每一个奇妙的算法都是智慧的结晶。

学习算法的理由成千上万，不同的人可能出于不同的目的去学习算法，希望读者能够通过对本章的研读对算法有进一步的理解。

本章小结

通过学习本章内容，应了解算法的基本概念和特点并熟练掌握常用的求和、求最大值最小值等基本算法，以及迭代法、枚举法等算法，在今后的工作和学习中可以应用相应的算法去解决实际的问题，并通过对算法的掌握进一步领会和培养计算思维的能力。

习题 4

4-1　单项选择题

1. 关于算法，下列叙述正确的是（　　　）。

　　A．算法可以用自然语言、流程图和伪代码来描述

　　B．算法只能用流程图来描述

　　C．算法不能用伪代码来描述

　　D．算法不可以用自然语言来描述

2. "如果下雨在体育馆上体育课，不下雨则在操场上体育课"。用流程图来描述这一问题时，判断"是否下雨"的流程图符号是（　　　）。

　　A．矩形　　　　　　　B．菱形　　　　　　　C．平行四边形　　　　　D．圆圈

*3. 一只蓝色的酒杯被摔碎了，则漂亮，酒杯，摔，碎了是（　　　）。

　　A．对象，属性，事件，方法　　　　　　　　B．对象，属性，方法，事件

　　C．属性，对象，方法，事件　　　　　　　　D．属性，对象，事件，方法

*4. 在面向对象程序设计中，用来描述对象特征信息的是（　　　）。

　　A．事件　　　　　　　B．方法　　　　　　　C．代码　　　　　　　　D．属性

*5. 下述概念中，不属于面向对象基本机制的是（　　　）。

　　A．消息　　　　　　　B．方法　　　　　　　C．继承　　　　　　　　D．模块调用

*6. 在面向对象方法中，一个对象请求另一个对象为其服务的方式是通过发送（　　　）。

　　A．调用语句　　　　　B．命令　　　　　　　C．指令　　　　　　　　D．消息

7. 卫星沿某星球圆轨道运行，轨道半径是 r 千米，周期是 t 秒，根据这些数据估算该星球的质量 m 的步骤有：

① 输出星球质量 m ② pi=3.14159 ③ 计算星球质量 m=4*pi^2*r^3/(g*t^2) ④ 输入轨道半径 r 和周期 t ⑤ g=6.67*10^−11 其正确的顺序是（   ）。

    A．⑤①②③④   B．①②③④⑤   C．④⑤②③①   D．③④②⑤①

8．某化工厂通过从海水中提取镁的方法生产金属镁，已知海水中镁的含量为 1.1g/L，若该工厂每天生产 x 千克镁，则每天至少需要多少升海水。计算海水体积 v 的步骤有：① 输出海水体积 v ② p=1.1 ③ 计算体积 $v=x*1000/p$ ④ 输入工厂每天产量数据 x，其正确的顺序是（   ）。

    A．③④①②   B．①②③④   C．④③②①   D．④②③①

9．用计算机无法解决"打印所有素数"的问题，其原因是解决该问题的算法违背了算法特征中的（   ）。

    A．唯一性   B．有穷性   C．有 0 个或多个输入   D．有输出

10．依照中华人民共和国《机动车驾驶员驾车时血液中酒精含量规定》，血液中酒精含量大于或等于 0.3mg/ml 驾驶机动车的属"酒后"驾车；大于或等于 1.0mg/ml 驾驶机动车的属"醉酒"驾车。如果要根据血液中的酒精含量确定属于"酒后"驾车还是"醉酒"驾车，用算法描述这一过程，合适的算法结构是（   ）。

    A．顺序结构   B．选择结构   C．循环结构   D．树型结构

11．如下图所示的流程图为计算正方体体积 V 的算法。根据算法，流程图中①处的内容是（   ）。

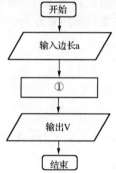

    A．V = 4 * a   B．a * a * a=V   C．V = a * a * a   D．V = a

12．如下图所示的流程图为计算 1 到 10 累积的算法。根据算法，流程图中①处的内容是（   ）。

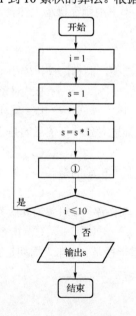

    A. i＝i＋1   B. i＝10   C. i＝1   D. 输出 i

13. 程序的三种基本结构是（ ）。

    ① 顺序结构 ② 选择结构 ③ 循环结构 ④ 树形结构

    A. ①②③   B. ①②④   C. ②③④   D. ①③④

14. 穷举法的适用范围是（ ）。

    A. 一切问题   B. 解的个数极多的问题

    C. 解的个数有限且可一一列举   D. 不适合设计算法

*15. 下列描述正确的是（ ）。

    A. 程序中调用了过程一定是采用递归算法

    B. 程序中有函数自己调用自己，一定是采用递归算法

    C. 程序中含有多重循环语句，一定是采用递归算法

    D. 程序的功能只把一个数据放入一串有序的序列中，一定是采用枚举算法

16. 在直角三角形中，三条边 a、b、c 的长度都为整数，且一条直角边 a 的长度已确定，斜边 c 的长度不能超过某数 l，求满足条件的所有直角三角形。采用下列哪种方法最合理（ ）。

    A. 递归法   B. 插入排序法   C. 枚举法   D. 迭代法

17. 计算机算法指的是（ ）。

    A. 计算方法   B. 调度方法

    C. 排序方法   D. 解决某一问题的有限运算序列

*18. 在一个算法中所包含简单操作的执行次数，称为算法的（ ）。

    A. 可实现性   B. 时间复杂度   C. 困难度   D. 计算有效性

*19. 算法执行过程中要占用的计算机存储器的存储空间大小称为（ ）。

    A. 可行性   B. 高效性   C. 可实现性   D. 空间复杂度

20. 在下列选项中，哪个不是一个算法一般应该具有的基本特征（ ）。

    A. 确定性   B. 可行性

    C. 无穷性   D. 有零个或多个输入

21. 算法：   第一步，$m＝a$；

            第二步，$b<m$，则 $m＝b$；

            第三步，若 $c<m$，则 $m＝c$；

            第四步，输出 m。

    此算法的功能是（ ）。

    A. 输出 a、b、c 中的最大值   B. 输出 a、b、c 中的最小值

    C. 将 a、b、c 由小到大排序   D. 将 a、b、c 由大到小排序

4-2 填空题

1. 算法的五个特征是：＿＿＿＿＿、＿＿＿＿＿、＿＿＿＿＿、＿＿＿＿＿、＿＿＿＿＿。

2. 流程图中的判断框，有 1 个入口和＿＿＿＿＿个出口。

3. 采用盲目的搜索方法，在搜索结果的过程中，把各种可能的情况都考虑到，并对所得的结果逐一进行判断，过滤掉那些不合要求的，保留那些合乎要求的结果，这种方法叫做＿＿＿＿＿。

4. 给出以下问题：

    ① 求面积为 1 的正三角形的周长；

    ② 求键盘所输入的三个数的算术平均数；

    ③ 求键盘所输入的两个数的最小数。

其中不需要用条件语句来描述算法的问题有_____。

4-3　思考题

1. 设有三个整数 a、b、c，问如何找出它们三者中的中间一个值？试设计其算法。

2. 现有面值为 1 元、2 元和 5 元的钞票（假设每种钞票的数量都足够多），从这些钞票中取 30 张使其总面值为 100 元，问有多少种取法？输出每种取法中各种面额钞票的张数，试设计其算法。

3. 晨晨有一个 E-mail 邮箱的密码是一个 5 位数。但因为有一段比较长的日子没有打开这个邮箱了，晨晨把密码忘了。不过晨晨自己是 8 月 1 日出生，而他妈妈的生日是 9 月 1 日。他特别喜欢把同时是 81 和 91 的倍数用作密码。晨晨还记得这个密码中间一位（百位数）是 1。请设计一个算法帮他找回这个密码。

第 5 章　计算机中的数据结构

　　随着计算机在各行各业中的普及和发展，计算机的应用不再局限于科学计算，而更多地被用于数据处理。数据处理是计算机应用的一个十分重要的领域，数据处理的对象往往是具有一定关联、关系的大批量非数值类数据对象，如图书管理系统、交通咨询系统、学生档案管理系统等。计算机之所以具备这些功能，是因为执行了程序员所赋予的程序。为了编写一个"好"的程序，程序员必须认真地分析程序待处理的各个数据对象的特性及各个数据对象之间的关联、关系，寻找求解具体问题的有效的方法和步骤，这就是计算机中的数据结构。

　　本章从数据结构的基本概念出发，首先分析了基本数据结构的逻辑结构和物理结构特征，然后讨论了建立在基本数据结构之上的查找、排序算法的基本思想。

5.1　数据结构的基本概念

　　数据（Data）是对客观事物的符号表示。在计算机科学中是指能输入到计算机中，并被计算机存储、加工的符号总称。计算机加工处理的数据已从早期的数值、布尔值等扩展到字符串、表格、语音、图片和图像等多媒体数据。

　　数据元素（Data Element）是数据的基本单位，在程序中通常作为一个整体加以考虑和处理。数据元素一般具有完整、确定的实际意义，有时也称为元素、结点、顶点或记录。一个数据元素由若干个数据项（Data Item）组成。数据项是数据不可分割的最小单位。

　　数据结构（Data Structure）是相互之间存在一种或多种特定关系的相同性质的数据元素的集合。实际上数据结构是一门专门研究利用计算机求解非数值问题的学科，作为一门学科，数据结构研究 3 方面的内容，即数据的逻辑结构、数据的存储结构和对数据的运算。

1. 数据的逻辑结构

　　数据元素之间逻辑上的关系称为数据的逻辑结构，它是数据的组织形式，反映的是客观事物及客观事物之间的联系。根据数据元素之间关系的不同特性，通常分为以下 4 类基本逻辑结构。

　　① 集合：集合中的任何两个数据元素之间除了"同属于一个集合"的关系，别无其他关系。

　　② 线性结构：线性结构中数据元素之间存在一对一的关系。

　　③ 树型结构：树型结构具有分支、层次特性，其形态就像自然界中的树，数据元素之间存在一对多的关系。

　　④ 图状结构：图状结构是一种比树形结构更复杂的非线性结构。在图中，任意两个结点之间都可能相关，结构中数据元素之间存在多对多的关系。

　　图 5.1 所示为上述 4 种基本结构的图形示意。图中的每个结点代表一个数据元素，两个结点之间的连线代表数据元素之间的关系。不难看出，树型结构是图状结构的特殊情况，线性结构是树型结构

的特殊情况。为了区别于线性结构，有时把树型结构和图状结构统称为非线性结构。

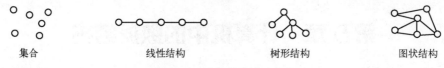

集合　　　　　　　　　线性结构　　　　　　　　　树形结构　　　　　　　　　图状结构

图 5.1　4 种基本结构示意图

2. 数据的存储结构

数据的逻辑结构在计算机存储器中的存储方式称为数据的存储结构，又称为数据的物理结构。一般，一个存储结构包括以下两个主要部分。

（1）数据元素的存储

用 1 个存储单元（1 个或多个字节）存储 1 个数据元素，通常称该存储单元为结点（Node）或元素（Element）。

（2）逻辑结构的存储

逻辑结构的存储有以下 4 种基本存储方式。

① 顺序存储方式：把逻辑上相邻的元素存储在物理上相邻的存储单元里，数据元素之间的关系由存储结点的位置关系来体现。

② 链式存储方式：每个存储结点的位置不一定相邻，也不一定连续，为了反映数据元素之间的关系，每个数据元素所占的存储单元不仅存储了数据元素本身，同时还存储了与该数据元素有逻辑关系的另一个数据元素所对应的存储单元的地址（指针），靠指针来维系数据元素之间的关系。

③ 索引存储方式：所有数据元素相继存放在一个连续的存储区里。此外增设一个索引表，索引表中的索引项指示各存储结点的存储位置或位置区间端点。

④ 散列存储方式：所有数据元素均匀分布在连续的存储区里，用散列函数指示各结点的存储位置。

数据的逻辑结构是从逻辑关系上观察数据，它与数据的存储无关，即独立于计算机。而存储结构是依赖于计算机的。一种数据结构可以根据应用的需要表示成任何一种或几种存储结构。

3. 对数据的运算

在数据处理中常用的操作不再是一些数学运算，而是定义在数据逻辑结构上的一系列操作算法，如插入、删除、修改、查找和排序等。

数据结构不仅要研究解决问题的算法，还要求算法的时空效率高、算法结构合理、可读性好、容易验证等。任何算法的设计取决于选定的逻辑结构，而算法的实现依赖于采用的存储结构。

 ## 5.2　基本数据结构

▶▶ ### 5.2.1　线性表

1. 线性表的定义及其逻辑结构特征

线性表（Linear List）是由 n（$n \geq 0$）个数据元素 a_1，a_2，…，a_n 组成的有限序列。其中，数据元素的个数 n 称为线性表的长度。当 $n=0$ 时称为空表，将非空的线性表（$n>0$）记作：

$$(a_1, a_2, \cdots, a_n)$$

这里的数据元素 a_i（$1 \le i \le n$）只是一个抽象的符号，其具体含义在不同的情况下可以不同。

【例 5.1】　26 个英文字母组成的字母表记作：

$$(A，B，C，\cdots，Z)$$

【例 5.2】　学生考试成绩，如表 5.1 所示。

表 5.1　学生考试成绩表

学　　号	姓　　名	高等数学	大学英语	大学计算机
200310100	张志新	80	78	90
200310101	汪锋	87	67	76
……	……	……	……	……

线性表的逻辑特征描述如下：

① 存在唯一的一个被称为"第 1 个"的数据元素和唯一的一个被称为"最后一个"的数据元素；

② 除第 1 个数据元素外，其他数据元素有且仅有一个直接前趋元素；

③ 除最后一个数据元素外，其他数据元素有且仅有一个直接后继元素。

线性表中的元素在位置上是有序的，即 a_i 在 a_{i-1} 的后面、a_{i+1} 的前面。这种位置上的有序性就是一种典型的线性结构。在线性结构中，元素之间的邻接关系是一对一的。

2．基于数组的实现——顺序表

线性表的存储方式有顺序、链式、索引和散列等多种存储方式，其中顺序存储方式是最简单、最常见的一种。

线性表的顺序存储结构称为顺序表。顺序表由一组地址连续的存储单元依次存储线性表的各个数据元素，每个存储单元只存储一个数据元素，如图 5.2 所示。

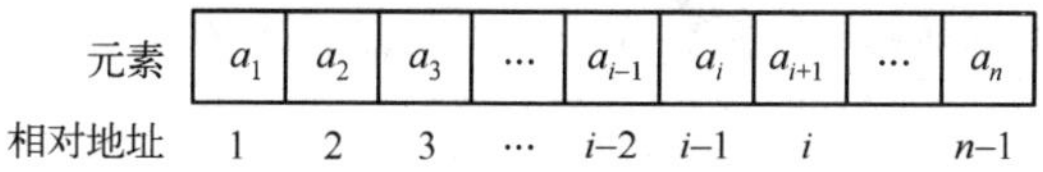

元素	a_1	a_2	a_3	…	a_{i-1}	a_i	a_{i+1}	…	a_n
相对地址	1	2	3	…	$i-2$	$i-1$	i		$n-1$

图 5.2　顺序表示意图

顺序表的特点是逻辑结构中相邻的元素在存储结构中其存储位置仍相邻。

数组是有固定大小的、相同数据类型的元素的顺序集合，通过每个元素在集合中的位置可以单独访问它。数组常用来实现顺序存储的线性表。

3．基于链表的实现——线性链表

线性表的链式存储结构称为线性链表，或称单链表。线性链表用一组任意的存储单元来存放线性表的各个数据元素。每个元素单独存储，为了反映每个数据元素与其直接后继数据元素之间的逻辑关系，每个存储结点不仅要存储数据元素本身，而且要存储数据元素之间逻辑关系的信息。

单链表的结点（每个存储单元）由数据域（data）和指针域（next）两部分组成。数据域用于存储线性表中的一个数据元素；指针域用于存放其直接后继结点的指针（地址），即该指针指向其直接后继结点。这样，所有结点就通过指针链接起来，如图 5.3 所示，其中 head 为头指针，指向第 1 个结点。头指针具有标识单链表的作用，对单链表的访问只能从头指针开始。头指针指向第 1 个结点，第 1 个结点指针域的指针指向第 2 个结点，依次类推，最后一个结点，由于没有直接后继结点，所以其指针域的指针为空，表示不指向任何结点。

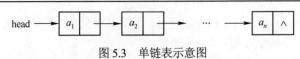

图 5.3　单链表示意图

可见，单链表用一组任意的存储单元来存放线性表的各个数据元素，用指针表示结点间的逻辑关系。因此，链表中结点的逻辑次序与物理次序不一定相同。

对于单链表，可以从头指针开始，沿着各结点的指针顺序扫描到链表中的每一个结点，从而访问到每个结点中的数据元素。由于单链表中的每个结点只有一个指针域，而且该指针域存放的是其直接后继结点的指针，所以，对每个结点可以非常方便地找到它的直接后继结点，而无法找到它的直接前趋结点。若要找其前趋结点，必须重新从头指针出发，顺序扫描单链表。这对于某些问题的处理会带来一些不方便，所以实际应用中还会用到循环链表、双向链表和双向循环链表等链式存储结构。

4．基于数组的插入和删除运算

根据数组的存储特点，在数组上实现插入和删除运算必须通过移动元素才能反映出元素间逻辑关系的变化。

（1）插入

在数组 a 的第 i（$0<i\le n$）个位置上，插入一个新结点 x，使原来有序的数组仍然有序。

算法的基本步骤为：

① 将元素 $a[n],\cdots,a[i]$ 依次后移一个位置 $a[n+1]=a[n],\cdots,a[i+1]=a[i]$ 以便空出 $a[i]$ 的位置。

② 将新元素 x 置入第 i 个存储位置中，$a[i]=x$。

（2）删除

将数组 a 的第 i（$0<i\le n-1$）个结点删除。

算法的基本步骤为：

结点 $a_{i+1},\cdots,a_n$ 依次前移一个存储位置（从而覆盖掉被删结点 a_i）
$a[i]=a[i+1],\cdots,a[n-1]=a[n]$

▶▶ 5.2.2　栈和队列

栈和队列都是操作受限的线性表。

1．栈的定义

图 5.4　栈的示意图

栈的逻辑结构与线性表相同。栈（Stack）是仅限制在表的一端进行插入和删除运算的线性表。允许进行插入和删除的这一端称为栈顶，另一端称为栈底，处于栈顶位置的数据元素称为栈顶元素，不含任何数据元素的栈称为空栈。栈的示意图如图 5.4 所示。

栈结构的特征可以形象地看成是一只封底的盘子架，每次只能从架子的顶部取出或放回盘子，最后放进去的盘子，被第 1 个取出来，而第 1 个放进去的盘子却只能被最后取出来，因此，栈又称为后进先出（LIFO，Last In First Out）线性表或先进后出（FILO，First In Last Out）线性表。在栈顶进行插入运算称为进栈（或入栈），在栈顶进行删除运算称为退栈（或出栈）。

栈的基本运算包括：进栈、退栈和取栈顶元素等。

2．顺序栈

栈的顺序存储结构称为顺序栈。顺序栈利用一组地址连续的存储单元依次存储自栈底到栈顶的各个数据元素，同时附设一个变量 top 记录当前栈顶的下一个位置（习惯做法）。若 top 等于 0，表明是空栈。

顺序栈的进栈和退栈运算的基本步骤如下。

（1）进栈

① 将入栈元素放入到变量 top 所指的位置上。

② 栈顶变量 top 加 1。

（2）退栈

① 将栈顶变量 top 减 1。

② 取出栈顶元素。

图 5.5 所示为顺序栈的运算状态示意图。

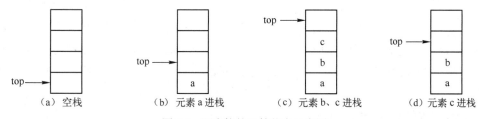

图 5.5　顺序栈的运算状态示意图

3．队列的定义

队列，简称队（Queue），逻辑结构与线性表相同。在这种线性表上，插入限定在表的某一端进行，删除限定在表的另一端进行。允许插入的一端称为队尾，允许删除的一端称为队头。新插入的结点只能添加到队尾，被删除的只能是排在队头的结点。因此，队列又称为先进先出（FIFO, First In First Out）线性表或后进后出（LILO, Last In Last Out）线性表。队列与现实当中的许多现象相似，如为买车票排的队。队列的示意图如图 5.6 所示。

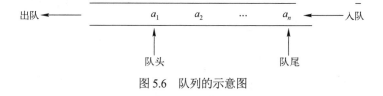

图 5.6　队列的示意图

4．顺序队和循环队列

队列的顺序存储结构称为顺序队，利用一组地址连续的存储单元依次存储队列中的各个数据元素，同时附设两个变量 front 和 rear，这两个变量分别称为队头指针和队尾指针。front 用于记录当前队列队头元素的下一个位置（习惯做法），rear 用于记录当前队列队尾元素的当前位置。当 front 等于 rear 时为空队。图 5.7 所示为顺序队列的运算状态示意图。如果当前队尾指针等于存储空间的上界，即使队列不满，再做入队操作也会导致溢出，这种现象称为"假溢出"，参见图 5.7(e)。产生该现象的原因是，被删元素的空间在该元素删除以后就永远使用不到了。

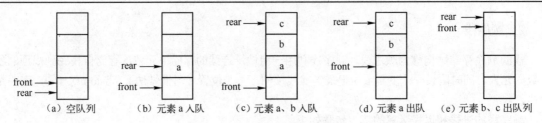

（a）空队列　　（b）元素 a 入队　　（c）元素 a、b 入队　　（d）元素 a 出队　　（e）元素 b、c 出队列

图 5.7　顺序队列的运算状态示意图

为了克服顺序队列的"假溢出"现象，在实际应用中，队列的顺序存储结构一般采用循环队列的形式。所谓循环队列，就是将队列的存储空间看成一个环，如图 5.8 所示，假定存储空间的长度为 n，则队头指针和队尾指针的取值范围被限定在 0～n–1 范围内，有效地利用了每一个存储空间。

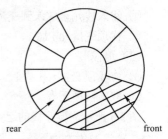

图 5.8　循环队列示意图

▶▶ 5.2.3　树

前面介绍的线性表、栈和队列等线性结构，描述了元素之间的一对一的关系，即先后次序。而树型结构是一种非线性结构，特点是一个结点可以有多个直接后继结点。利用树型结构可以描述现实中出现的一些错综复杂的问题，如一个家族的家族谱、一个单位的行政机构设置等。

1．树型结构的基本概念和术语

（1）树的定义

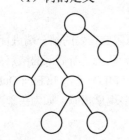

图 5.9　树型结构示意图

树是 n（$n \geq 0$）个结点的有限集合。在任意一棵非空树中：① 有且仅有一个特定的称为根的结点；② 当 $n>1$ 时，其余结点分为 m（$m>0$）个互不相交的非空集合 T_1，T_2，…，T_m，其中每一个集合本身又是一棵树，称为根的子树。

树型结构示意图如图 5.9 所示。

可以看出，树型结构是一种分支层次结构。所谓分支是指树中的任一结点的后继结点可以按它们所在的子树的不同而划分成不同的分支。所谓层次是指树上的所有结点可以按它们的层数划分成不同的层次。

（2）树型结构的有关术语及其含义

树上任一结点所拥有的子树的数目（直接后继结点的个数）称为该结点的度。度为 0 的结点称为叶子结点或终端结点，度大于 0 的结点称为非终端结点或分支结点。一棵树中所有结点度的最大值称为该树的度。若树中结点 A 是结点 B 的直接前趋，则称 A 为 B 的双亲或父结点，称 B 为 A 的孩子或子结点。父结点相同的结点互称为兄弟。一棵树上的任何结点（不包括根本身）称为根的子孙。反之，若 B 是 A 的子孙，则称 A 是 B 的祖先。结点的层数（或深度）从根开始算起，根的层数为 1，其余结点的层数为其双亲的层数加 1。一棵树中所有结点层数的最大值称为该树的高度或深度。

因为树在其保存和操作上的灵活性，实际处理时我们采用的是二叉树，是增加了限定条件的树，而树与二叉树之间有一个自然的对应关系，它们之间可以进行相互转换，即任何一棵树都可以唯一对应一棵二叉树，而任一棵二叉树也能唯一对应一个森林或一棵树。

2．二叉树

（1）二叉树的定义

二叉树是结点的有穷集合，它或者是空集，或者同时满足以下两个条件：

① 有且仅有一个称为根的结点；

② 其余结点分为两个互不相交的集合 T_1、T_2。T_1 与 T_2 都是二叉树，并且 T_1 与 T_2 有顺序关系（T_1 在 T_2 之前），它们分别称为根的左子树和右子树。

二叉树的特点是每个结点至多只有两棵子树，并且这两棵子树之间有次序关系，它们的位置不能交换。二叉树上任一结点左、右子树的根分别称为该结点的左孩子和右孩子。

二叉树有 5 种基本形态，如图 5.10 所示。

图 5.10　二叉树的 5 种基本形态

（2）二叉树的基本性质

① 二叉树第 i（$i \geq 1$）层上至多有 2^{i-1} 个结点。

② 深度为 k（$k \geq 1$）的二叉树至多有 $2^k - 1$ 个结点。

③ 对任何一棵二叉树，如果其终端结点数为 n_0，度为 2 的结点数为 n_2，则有关系式 $n_0 = n_2 + 1$ 存在。

一棵深度为 k（$k \geq 1$）且有 $2^k - 1$ 个结点的二叉树称为满二叉树，如图 5.11 所示。这种树的特点是每一层上的结点数都是最大结点数，也就是说，满二叉树中没有度为 1 的结点。

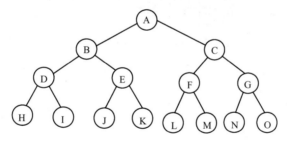

图 5.11　满二叉树

深度为 k（$k \geq 1$）有 n 个结点的二叉树，当且仅当其每一个结点都与深度为 k 的满二叉树中编号 $1 \sim n$ 的结点一一对应时，称为完全二叉树，如图 5.12 所示。

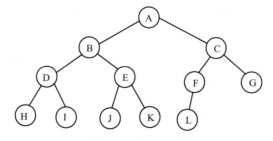

图 5.12　完全二叉树

④ 具有 n 个结点的完全二叉树的深度为 $\lfloor \log_2 n \rfloor + 1$。

⑤ 如果将一棵有 n 个结点的完全二叉树按层编号，则对任一编号为 i（$1 \leq i \leq n$）的结点 x 有：

- 若 $i = 1$，则结点 x 是根，无双亲，若 $i > 1$，则 x 的双亲结点的编号为 $\lfloor i/2 \rfloor$。
- 若 $2i > n$，则结点 x 无左孩子（且无右孩子），否则，x 的左孩子的编号为 $2i$。
- 若 $2i + 1 > n$，则结点 x 无右孩子，否则，x 的右孩子的编号为 $2i+1$。

3．二叉树的存储结构

（1）二叉树的顺序存储

首先将二叉树中的所有结点按照自上而下，每层自左而右的顺序依次编号。由二叉树的性质⑤可知，若对任意一个完全二叉树上的所有结点编号，则结点编号之间的数值关系可以准确地反映结点之间的逻辑关系。因此，对于任何完全二叉树，可以采用"以编号为地址"的策略将结点存入一组地址连续的存储单元中，也就是将编号为 i 的结点存入第 i 个存储单元。若需要顺序存储的二叉树不是完全二叉树，则通过在非完全二叉树的"残缺"位置上增设"虚结点"将其转化为完全二叉树。完全二叉树和非完全二叉树的顺序存储结构如图 5.13 和图 5.14 所示。

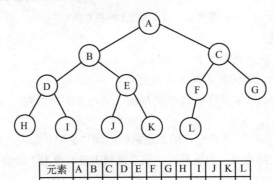

元素	A	B	C	D	E	F	G	H	I	J	K	L
地址	1	2	3	4	5	6	7	8	9	10	11	12

图 5.13　完全二叉树的顺序存储结构

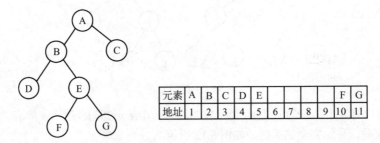

元素	A	B	C	D	E					F	G
地址	1	2	3	4	5	6	7	8	9	10	11

图 5.14　非完全二叉树的顺序存储结构

（2）二叉树的链式存储结构

二叉树也可以采用链式存储结构，由于二叉树的每个结点至多有两个直接后继结点，所以二叉树的结点结构包括以下 3 个域。

① 数据域：用于存储二叉树结点中的数据元素。

② 左孩子指针域：用于存放指向左孩子结点的指针（简称左指针）。

③ 右孩子指针域：用于存放指向右孩子结点的指针（简称右指针）。

用这种结点结构所得的二叉树的存储结构称为二叉链表。二叉链表中的所有存储结点通过它们左、右指针的链接而形成一个整体。此外，每个二叉链表还必须有一个指向根结点的指针，该指针称为根指针。

根指针具有标识二叉链表的作用，对二叉链表的访问只能从根指针开始。二叉链表中每个存储结点的每个指针域必须有一个值，这个值要么是指向该结点的一个孩子结点，要么是空指针 NULL。图 5.14 所示的二叉树的链式存储结构如图 5.15 所示。

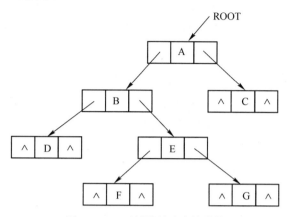

图 5.15　二叉树的链式存储结构

4．二叉树的遍历

遍历二叉树的含义就是按某种次序"访问"二叉树上的所有结点，使得每个结点均被访问一次，而且仅被访问一次。"访问"的含义很广，可以是对结点做各种处理，如输出结点的信息等。

根据二叉树的定义可知，二叉树由 3 个基本单元组成，即根结点、左子树和右子树。因此，若能依次遍历这 3 部分，便是遍历了整个二叉树。假设以 L、D、R 分别表示遍历左子树、访问根结点和遍历右子树，则可有 DLR、DRL、LDR、LRD、RDL、RLD6 种遍历二叉树方案。若限定先左后右，则只有 DLR、LDR、LRD3 种情况，分别称为先根（序）遍历、中根（序）遍历和后根（序）遍历。

（1）先根遍历

若需遍历的二叉树为空，执行空操作，否则，依次执行下列操作：

① 访问根结点；

② 先根遍历左子树；

③ 先根遍历右子树。

图 5.12 的先根遍历序列为：A、B、D、H、I、E、J、K、C、F、L、G。

（2）中根遍历

若需遍历的二叉树为空，执行空操作，否则，依次执行下列操作：

① 中根遍历左子树；

② 访问根结点；

③ 中根遍历右子树。

图 5.12 的中根遍历序列为：H、D、I、B、J、E、K、A、L、F、C、G。

（3）后根遍历

若需遍历的二叉树为空，执行空操作，否则，依次执行下列操作：

① 后根遍历左子树；

② 后根遍历右子树；

③ 访问根结点。

图 5.12 的后根遍历序列为：H、I、D、J、K、E、B、L、F、G、C、A。

5.3　查找算法与排序算法

计算机的主要应用领域之一是信息处理，而信息处理的特点是需要处理庞大的且具有一定关系的非数值型数据，而非数学计算。在计算机数据处理中，查找和排序是两类主要的操作。

▶▶ 5.3.1　查找

查找是在一个指定的数据结构中，根据给定的条件查找满足条件的记录。不同的数据结构采用不同的查找方法。查找的效率直接影响数据处理的效率。

查找过程中的主要操作是将给定值和数据结构中各个元素的关键字进行比较，所以为查找满足条件的记录，比较操作的次数的期望值被作为评价查找算法的效率指标，称为查找算法的平均查找长度。

1. 顺序查找

顺序查找（或称线性查找）的查找过程为：对一个给定值，从线性表的一端开始，逐个进行记录的关键字和给定值的比较，若某个记录的关键字和给定值相等，则找到所查记录，查找成功，反之，若直至线性表的另一端，其关键字和给定值的比较都不等，则表明表中没有所查记录，查找失败。

长度为 n 的顺序表，在等概率情况下查找成功的平均查找长度为 $(n+1)/2$。若考虑到查找不成功的情形，则平均查找长度为 $3(n+1)/4$。

顺序查找的优点是算法简单，无须排序，采用顺序和链式存储结构均可，缺点是平均查找长度较大。

2. 二分查找

对于任何一个顺序表，若其中的所有结点按关键字的某种次序排列，则称为有序表。

二分查找（折半查找）只能在有序表上进行，其基本思想是：每次将处于查找区间中间位置上的记录的关键字与给定值比较，若不等则缩小查找区间（若给定值比中间值大，则舍弃左半部分；若给定值比中间值小，则舍弃右半部分），并在新的区间内重复上述过程，直到查找成功或查找区间长度为0（即查找不成功）为止。

当数据量很大适宜采用该方法。具体实现时，设查找的数组区间为 array[low, high]。① 确定该区间的中间位置 mid；② 将查找的值 key 与 array[mid]比较。若相等，查找成功返回此位置；否则确定新的查找区域，继续二分查找。区域确定如下：如果 array[mid]>key 由数组的有序性可知 array[mid, mid+1,…,high]>key;故新的区间为 array[low,…, mid−1]，否则 array[mid]<key 类似上面查找区间为 array[mid+1,…, high]。每一次查找与中间值比较，可以确定是否查找成功，不成功当前查找区间缩小一半。

例如，在有序表（10,16,20,36,46,68,80,98）中运用二分查找法查找元素 20 的过程，如图 5.16 所示。经过 3 次查找比较找到元素 20。图 5.17 所示为二分查找的具体算法流程图。

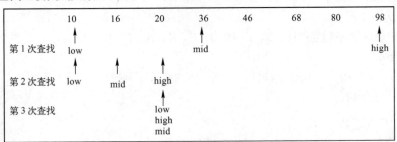

图 5.16　二分查找法查找元素 20 的过程示例

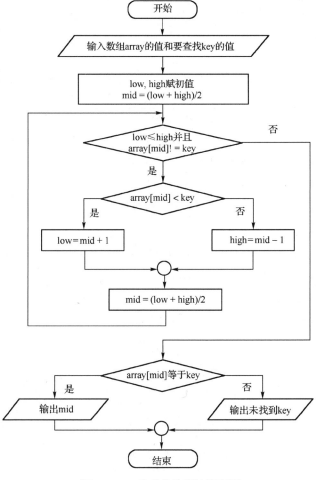

图 5.17　二分查找的算法流程图

▶▶ 5.3.2 排序

排序是计算机程序设计中的一种重要操作，它的功能是将一个数据元素（或记录）的任意序列，重新排列成一个按关键字有序的序列。

排序过程包括两个步骤，首先比较两个关键字的大小，然后将记录从一个位置移动到另一个位置。所以度量排序算法时间复杂性通常需考虑与关键字的比较次数和记录的移动次数。

1.直接插入排序

直接插入排序是一种最简单的排序方法，它类似玩牌时整理手中纸牌的过程。插入排序的基本方法是：每步将一个待排序的记录按其关键字的大小插到前面已经排序的序列中的适当位置，直到全部记录插入完毕为止。图 5.18 所示为直接插入排序示意图。

直接插入排序是由两层嵌套循环组成的。外层循环标识并决定待比较的数值。内层循环为待比较数值确定其最终位置。直接插入排序是将待比较的数值与它的前一个数值进行比较，所以外层循环是从第二个数值开始的。当前一数值比待比较数值大的情况下继续循环比较，直到找到比待比较数值小的并将待比较数值置入其后一位置，结束该次循环。图 5.19 为其算法流程图。

若初始状态各记录已排好序，关键字比较次数为 $n-1$（最小值），记录的移动次数为 0（最小值），则这种情况下的时间复杂度是 $o(n)$。

初始状态：	[9]	4	6	5	8	2
第 1 趟：	[4	9]	6	5	8	2
第 2 趟：	[4	6	9]	5	8	2
第 3 趟：	[4	5	6	9]	8	2
第 4 趟：	[4	5	6	8	9]	2
第 5 趟：	[2	4	5	6	8	9]

注：[ ] 中的内容为有序表，[ ] 外的内容为无序表。

图 5.18　直接插入排序示意图

若初始状态各记录恰好是逆序排序时，关键字比较次数为$(n+2)(n-1)/2$，记录的移动次数为$(n-1)(n+4)/2$，则这种情况下的时间复杂度为$o(n^2)$。

直接插入排序是稳定的排序，其平均时间复杂度为$o(n^2)$；空间复杂度为$o(1)$。

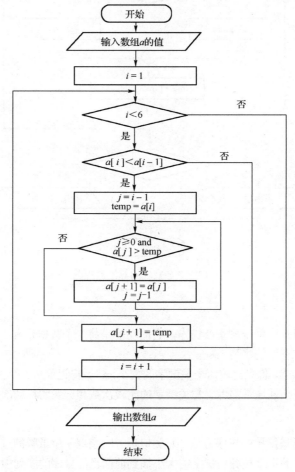

图 5.19　直接插入法排序的算法流程图

2．冒泡排序

冒泡排序的过程为：首先将第 1 个记录的关键字和第 2 个记录的关键字进行比较，若为逆序，则将两个记录交换，然后比较第 2 个记录和第 3 个记录的关键字，依次类推，直至第 $n-1$ 个记录和第 n 个记录的关键字进行过比较为止。上述过程称作第 1 趟冒泡排序，其结果使关键字最大的记录被安置到最后一个记录的位置上，然后进行第 2 趟冒泡排序……直至排序结束。图 5.20 所示为冒泡排序示意图。图 5.21 为冒泡排序的算法流程图。

若初始状态各记录已排好序，关键字比较次数为 $n-1$（最小值），记录的移动次数为 0（最小值），这是对 n 个记录进行冒泡排序所需的最少的关键字比较次数和记录移动次数，其时间复杂度是 $o(n)$。

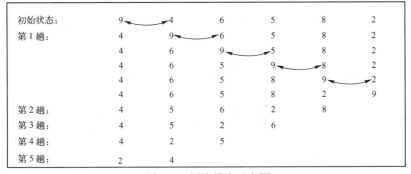

图 5.20　冒泡排序示意图

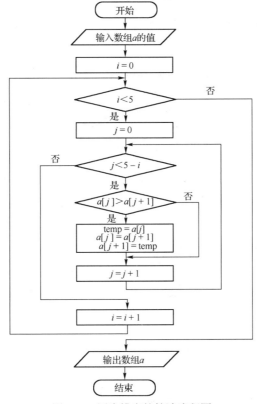

图 5.21　冒泡排序的算法流程图

若初始状态各记录恰好是逆序排序时，关键字比较次数为 $(n+2)(n-1)/2$（最大值），记录的移动次数为 $3n(n-1)/2$（最大值），这是对 n 个记录进行冒泡排序所需的最多的关键字比较次数和记录移动次数，此时的时间复杂度为 $o(n^2)$。

冒泡排序是稳定的排序，其时间复杂度为 $o(n)$，空间复杂度是 $o(1)$。

3. 直接选择排序

直接选择排序的基本思想是：首先在所有的记录中选出关键值最小的记录，把它与第 1 个记录交换，然后在其余的记录中再选出键值最小的记录与第 2 个记录交换，依次类推，直至所有记录排序完成。图 5.22 所示为直接选择排序示意图。

初始状态：	9	4	6	5	8	2
第 1 趟：	2	4	6	5	8	9
第 2 趟：	2	4	6	5	8	9
第 3 趟：	2	4	5	6	8	9
第 4 趟：	2	4	5	6	8	9
第 5 趟：	2	4	5	6	8	9

图 5.22　直接选择排序示意图

根据选择法排序的步骤，图 5.23 所示为其算法流程图。

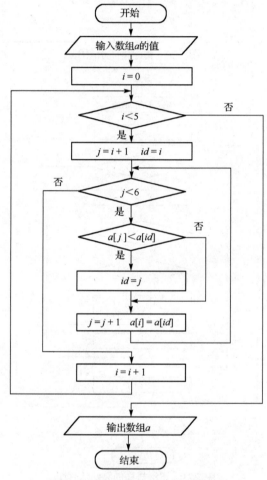

图 5.23　直接选择排序的算法流程图

排序无论待排序的记录初始序列如何，直接选择排序都要执行 $n(n-1)/2$ 次关键字比较。如果待排序的记录初始序列就是已排好序的正序，则不做记录移动，即移动记录 0 次；如果待排序的记录初始序列恰好是逆序，则要做 $3(n-1)$ 次记录移动，即 $(n-1)$ 次记录交换。

直接选择排序是不稳定的排序，其时间复杂度是 $o(n^2)$，空间复杂度为 $o(1)$。

 本章小结

在计算机科学的各个领域中，尤其是在软件的设计、开发和实现中都要用到各种数据结构。数据结构研究的主要内容是数据的逻辑结构、数据的物理结构和对数据的基本运算，而算法是建立在数据结构基础之上对问题求解方法的形式的描述。算法与数据结构有着密切的关系，学习算法与数据结构既为进一步学习其他软件课程提供必要的准备知识，又有助于提高软件设计开发的能力和程序编制的水平。

 # 习题 5

5-1　单项选择题

1. 数据的（　　）包括集合、线性结构、树型结构和图状结构 4 种基本类型。

    A．算法描述　　　　　B．基本运算　　　　　C．逻辑结构　　　　　D．存储结构

2. 以下数据结构中不属于线性数据结构的是（　　）。

    A．队列　　　　　　　B．线性表　　　　　　C．二叉树　　　　　　D．栈

3. 数据的存储结构包括顺序、（　　）、索引和散列 4 种基本类型。

    A．向量　　　　　　　B．数组　　　　　　　C．集合　　　　　　　D．链式

4. 数据结构中，与所使用的计算机无关的是数据的（　　）。

    A．存储结构　　　　　B．物理结构　　　　　C．逻辑结构　　　　　D．物理和存储结构

5. 在一个长度为 n 的顺序表中，向第 i 个元素（$1 \leqslant i \leqslant n+1$）位置插入一个新元素时，需要从后向前依次后移（　　）个元素。

    A．$n-i$　　　　　　　B．i　　　　　　　　C．$n-i-1$　　　　　　D．$n-i+1$

6. 从一个长度为 n 的顺序表中，删除第 i 个元素（$1 \leqslant i \leqslant n$）时，需要从前向后依次前移（　　）个元素。

    A．i　　　　　　　　B．$n-i$　　　　　　　C．$n-i-1$　　　　　　D．$n-i+1$

7. 单链表要求每个结点对应存储单元的地址（　　）。

    A．必须是连续的　　　　　　　　　　　B．一定是不连续的

    C．部分地址必须是连续的　　　　　　　D．可以是连续的，也可以是不连续的

8. 在单链表中，头指针的作用是（　　）。

    A．方便运算　　　　　　　　　　　　　B．用于标识单链表

    C．使单链表中至少有一个结点　　　　　D．用于标识首结点位置

9. 栈的插入和删除操作在（　　）进行。

    A．栈底　　　　　　　B．栈顶　　　　　　　C．指定位置　　　　　D．任意位置

10. 一个栈的入栈顺序是 1，2，3，4，则栈的不可能出栈顺序是（　　）。

    A．1，2，3，4　　B．4，3，2，1　　　C．3，2，4，1　　　D．4，3，1，2

11. 栈底至栈顶依次存放元素 A、B、C、D，在第 5 个元素 E 入栈前，栈中元素可以出栈，则出栈序列可能是（　　）。

    A．ABCED　　　　　B．DBCEA　　　　　C．CDABE　　　　　D．DCBEA

12. 一个队列的入队顺序是 1，2，3，4，则队列的出队顺序是（　　）。

    A．1，2，3，4　　B．4，3，2，1　　　C．1，3，2，4　　　D．4，2，3，1

13. 由 3 个结点可构成（　　）种不同形态的二叉树。

    A．3　　　　　　　　B．4　　　　　　　　C．5　　　　　　　　D．6

14. 深度为 5 的完全二叉树，至多有（　　）个结点。

    A．16　　　　　　　B．32　　　　　　　C．31　　　　　　　D．10

15. 设一棵完全二叉树共有 699 个结点，则在该二叉树中的叶子结点数为（   ）。

    A. 349   B. 350   C. 255   D. 351

16. 已知某二叉树的先序遍历序列为 CEDBA，中序遍历序列为 DEBAC，则它的后序遍历序列为（   ）。

    A. DABEC   B. ACBED   C. DEABC   D. DECAB

17. 线性表进行二分查找法查找，其前提条件是（   ）。

    A. 线性表以顺序方式存储

    B. 线性表以链式方式存储

    C. 线性表以顺序方式存储，并且按关键字的检索频率排好序

    D. 线性表以链式方式存储，并且按关键字的检索频率排好序

18. 图书管理系统对图书管理是按图书的序号从小到大进行管理的，若要查找一本已知序号的书，则能快速查找的算法是（   ）。

    A. 枚举算法   B. 解析算法   C. 二分查找   D. 冒泡排序

19. 某食品连锁店 5 位顾客贵宾消费卡的积分依次为 900、512、613、700、810，若采用选择排序算法对其进行从小到大排序，第二趟的排序结果是（   ）。

    A. 512 613 700 900 810   B. 512 810 613 900 700

    C. 512 900 613 700 810   D. 512 613 900 700 810

20. 在对 n 个元素进行冒泡排序的过程中，第 1 趟排序至多需要进行（   ）对相邻元素之间的交换。

    A. $n/2$ B. $n-1$ C. n D. $n+1$

5-2　填空题

1. 研究数据结构就是研究数据的逻辑结构、_____及其对数据的运算。

2. 数据结构的逻辑结构包括_____、_____、_____和_____ 4 种。

3. 顺序存储方法是把逻辑上相邻的结点存储在物理位置_____的存储单元中。

4. 栈是一种限定在_____的线性表。

5. 栈的基本运算有 3 种：入栈、退栈和_____。

6. 深度为 k 的完全二叉树至少有_____个结点，至多有_____个结点。

7. 一般地，二叉树可以有_____种基本形态。

8. 对于一棵具有 35 个结点的完全二叉树，该树的深度为_____。

9. 在先左后右的原则下，根据访问根结点的次序，二叉树的遍历可以分为 3 种：前序遍历、_____遍历和后序遍历。

10. 已知序列（12，18，60，40，7，23，85），则使用冒泡排序算法对该序列进行升序排序时第 1 趟的排序结果为_____，若使用直接选择排序，则第 1 趟的排序结果为_____。

5-3　思考题

1. 解释术语：数据、数据结构、数据的逻辑结构、数据的物理结构、算法、时间复杂度、空间复杂度、头指针、栈、队列、树、二叉树、完全二叉树、满二叉树。

2. 简述二叉树的基本性质。

第 6 章　计算机中的数据管理

数据库是数据管理的最新技术，是计算机科学的重要分支。在计算机的 3 大主要应用领域（科学计算、数据处理与过程控制）中，数据处理的比重约占 70%左右。计算机作为信息处理的工具，为适应数据处理需求的迅速提高，满足各类信息系统对数据管理的要求，在文件系统的基础上发展了数据库系统。

在进行数据管理时，如何有效地提取数据、描述数据，如何保存数据和数据之间的联系，如何保证数据的有效性、正确性和相容性，本章将介绍数据库系统的特点、关系数据库系统、数据库设计过程及数据库新技术。

6.1　数据库系统概述

▶▶ 6.1.1　数据管理技术的发展

数据管理是指对大量的、各种类型的数据的组织、分类、存储、检索和维护。随着计算机软件、硬件技术和计算机应用的不断发展，数据管理技术经历了人工管理、文件系统管理和数据库系统管理 3 个阶段。

1. 人工管理阶段

在 20 世纪 50 年代以前，计算机出现的初期，软、硬件技术很薄弱，没有磁盘，没有操作系统，没有管理数据的软件，而且计算机主要应用于科学计算，需要处理的数据量小，一般无须计算机存储数据，用户直接管理数据，数据和程序之间完全是相互依赖的关系，因此数据没有共享性，缺乏独立性。图 6.1 所示为数据的人工管理示意图。

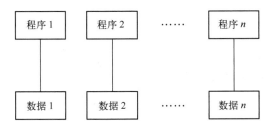

图 6.1　数据的人工管理示意图

2. 文件系统管理阶段

20 世纪 50 年代后期至 60 年代中期，计算机的软、硬件技术得到了惊人的发展，出现了磁盘、磁鼓等直接存取存储设备，有了操作系统。操作系统的文件管理功能可以有效地进行数据管理。在这个阶段，人们把程序需要的数据以记录的格式组织起来，单独存储为数据文件，独立面对程序，这样数据得以长期保存，并可以实现对文件的增、删、改、查询等操作。数据与程序之间有了一定的独立性。

虽然文件系统实现了记录内的结构性，但整体无结构。数据文件和程序的依赖关系还是比较强的，因此数据的冗余度大，浪费存储空间、独立性弱。图 6.2 所示为数据的文件系统管理示意图。

3．数据库系统管理阶段

20 世纪 60 年代后期以来，计算机的软、硬件技术飞速发展，计算机的运算速度和存储容量大大提高，计算机应用规模和应用范围越来越大，需要处理的数据量急剧增长。在实际应用中需要多用户、多应用程序共享数据，尽量减小数据的冗余，不仅节省了存储空间，更重要的是减少了数据的不一致性，使数据的修改和维护变得方便和容易，因此数据库技术应运而生。数据不再直接面向应用程序，数据由数据库管理系统软件统一管理和控制，数据库可以合理地组织数据，使数据具有整体的结构性、较强的独立性、较高的共享性和较小的冗余度。图 6.3 所示为数据的数据库系统管理示意图。

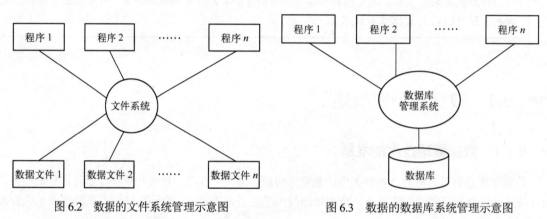

图 6.2　数据的文件系统管理示意图　　　图 6.3　数据的数据库系统管理示意图

▶▶ 6.1.2　数据库、数据库管理系统和数据库系统

1．数据库

数据库（DB，DataBase）是长期存储在计算机内的、有组织的、可共享的数据集合。数据库中的数据按一定的数据模型组织、描述和储存，具有较小的冗余度、较高的数据独立性和易扩展性，并可为多个用户共享。

2．数据库管理系统

数据库管理系统（DBMS，DataBase Management System）位于应用程序和操作系统之间，是为建立、使用和维护数据库而配置的一层数据管理软件，负责对数据库中的数据进行统一的管理和控制。

3．数据库系统

数据库系统（DBS，DataBase System）是指带有数据库的计算机系统，包括数据库、数据库管理系统、应用程序、数据库管理员和用户等部分。图 6.4 所示为数据库系统的示意图。

4．数据库系统的特点

与人工管理和文件系统管理比较，数据库系统的特点如下。

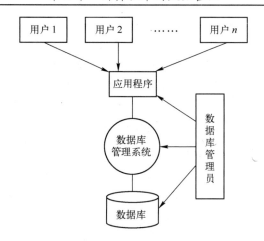

图 6.4 数据库系统的示意图

（1）数据的整体结构化

在数据库系统中，不仅要描述数据本身，还要描述数据之间的关联关系，而且数据不再局限于局部。数据库系统实现了整体数据的结构化，这是数据库的主要特征之一，也是数据库系统与文件系统的本质区别。

（2）数据的共享性高、冗余度低

数据库系统从整个系统的角度看待和描述每个数据，考虑了不同用户、多个应用的需求，所以共享性高。数据的共享性可以大大减少数据的冗余，节约存储空间，而且还能够避免数据之间的不一致性。

所谓数据的不一致性是指同一数据在不同的存储位置值不一样。在人工管理和文件系统管理阶段，同一数据可能出现在不同的数据文件中，被重复存储。当不同的应用程序使用和修改不同的数据文件时很容易造成数据的不一致。

（3）数据的独立性高

数据的独立性是指数据不依赖于具体的程序而独立存在，换句话说，即使应用程序更改了，甚至没有了，也不会影响到数据库中的数据。当然，数据库中的数据的任何改变同样不会影响到应用程序。数据的独立性包括数据的物理独立性和逻辑独立性。

物理独立性是指应用程序和数据的物理存储结构相互独立。当数据库中数据的物理存储结构改变时，应用程序也无须改变。

逻辑独立性是指应用程序与数据的逻辑结构相互独立。当数据的逻辑结构改变时，应用程序也可以不变。

（4）数据的统一管理和控制

数据库中的数据从逻辑结构到物理结构及存取方式均由数据库管理系统统一管理，同时为了保证数据的并发性共享要求，数据库管理系统还对数据进行统一控制，以保证数据的安全性、完整性和并发性。

▶▶ 6.1.3 数据模型

模型是现实世界特征的模拟和抽象。

计算机不可能直接处理现实世界中的具体事物，所以首先必须把具体事物转换成计算机能够处理的数据和信息。在数据库中使用数据模型这个工具来抽象、表示和处理现实世界中的数据和信息。一般需要经历两个阶段：从现实世界到信息世界，再由信息世界过渡到计算机世界。

现实世界是客观存在的事务及事物之间的联系；信息世界是现实世界在人们头脑中的一个反映、一种抽象；计算机世界是在信息世界抽象的基础之上，实现在计算机中的表示。

数据模型应满足 3 个方面的要求：一是能比较真实地模拟现实世界，二是容易为人所理解，三是便于在计算机上实现。

根据数据模型的应用目的的不同，将数据模型分为两类。第 1 类是概念模型，也称信息模型，它是按用户的观点对数据进行描述，是在第 1 个阶段形成的。第 2 类是逻辑数据模型，简称数据模型，它是按计算机系统的观点对数据进行描述，是在第 2 个阶段形成的。

1. 数据模型的组成要素

数据是现实世界符号的抽象，而数据模型是数据特征的抽象。数据模型通常由数据结构、数据操作和数据完整性约束 3 个要素组成。

① 数据结构：所研究的对象类型的集合。这些对象是数据库的组成成分，它们包括两类：一类是与数据类型、内容、性质有关的对象，如关系模型中的属性、关系等；另一类是与数据之间联系有关的对象。数据结构是数据模型的基础。

② 数据操作：指对相应数据结构允许执行的操作的集合，包括操作及有关的操作规则。数据库中数据操作主要有检索和更新（包括插入、删除、修改）两大类操作。

③ 数据的完整性约束：一组完整性规则的集合。完整性规则是给定的数据模型中数据及其联系所具有的制约和依存规则，以保证数据的正确、有效和相容。

2. 实体-联系数据模型

概念模型是现实世界到信息世界的第 1 层抽象，是数据库设计人员进行数据库设计的有力工具，也是数据库设计人员和用户之间进行交流的语言，它与具体的数据库管理系统无关，与具体的计算机平台无关。因此，概念模型一方面应该具有较强的语义表达能力，能够方便、直接地表达实际应用中的各种语义知识；另一方面还应该简单、清晰、易于用户理解。

实体-联系（E-R，Entity-Relationship）数据模型，即 E-R 数据模型，是一种概念模型，它将现实世界的事物分解转化为实体、属性和联系等几个基本概念，并用 E-R 图形的方法表示，非常清晰、直观，被广泛使用。E-R 数据模型涉及的基本概念如下。

（1）实体

客观存在并可相互区别的事物称为实体（Entity）。实体可以是具体的人、事、物，也可以是抽象的概念或联系。例如，一个职员、一名学生、一个车间、学生选修课程、车间领料等都可以是实体。

（2）属性

实体的特性称为实体的属性（Attribute）。一个实体可以由若干个属性来刻画。例如，学生可以由学号、姓名、专业、班级等属性刻画。

（3）联系

在现实世界中，事物内部及事物之间是有联系的，这些联系在信息世界中反映为实体集内部的联系和实体集之间的联系。

两个实体集之间的联系（Relationship）可以分为以下 3 类。

① 一对一联系（1∶1）

如果对于实体集 A 中的每一个实体，实体集 B 中至多有一个实体与之联系，反之亦然，则称实体集 A 与 B 具有一对一的联系，记为 1：1。

例如，一个班级只有一个班长，而一个班长也只在一个班中任职，则班级实体和班长实体是一对一的联系。

② 一对多联系（1：n）

如果对于实体集 A 中的每一个实体，实体集 B 中有 n 个实体（$n \geq 0$）与之联系，反之，对于实体集 B 中的每一个实体，实体集 A 中至多只有一个实体与之联系，则称实体集 A 与 B 具有一对多的联系，记为 1：n。

例如，一个班级中可以有若干名学生，而每个学生只在一个班级中学习，则班级实体和学生实体是一对多的联系。

③ 多对多联系（m：n）

如果对于实体集 A 中的每一个实体，实体集 B 中有 n 个实体（$n \geq 0$）与之联系，反之，对于实体集 B 中的每一个实体，实体集 A 中也有 m 个实体（$m \geq 0$）与之联系，则称实体集 A 与 B 具有多对多的联系，记为 m：n。

例如，一门课程同时有若干个学生选修，而一个学生可以同时选修多门课程，则课程实体和学生实体是多对多的联系。

（4）E-R 图

E-R 图使用 3 种基本图形符号表示实体型、属性和联系。

① 实体型：用矩形表示，矩形框内写明实体名。

② 属性：用椭圆形表示，椭圆形内写明属性名，并用无向边将其与相应的实体连接起来。

③ 联系：用菱形表示，菱形框内写明联系名，并用无向边分别与有关实体或联系连接起来，同时在无向边旁标上联系的类型。

下面以学校教务管理系统中，学生选课子系统为例说明 E-R 数据模型及 E-R 图。在学生选课子系统中涉及的实体及实体的属性如下。

① 学生实体：学号、姓名、班级。

② 课程实体：编号、名称、性质、学分。

有关的语义如下：

① 每个学生可以选修多门课程；

② 每门课程可以被多个学生选修；

③ 每个学生选修的每门课程都有一个成绩。

可见学生实体和课程实体之间是多对多的联系，而且联系也有属性，其属性为成绩。图 6.6 所示为学生选课子系统的 E-R 图。

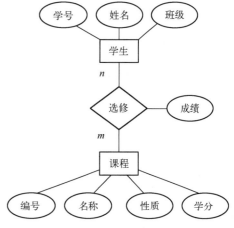

图 6.6　学生选课子系统的 E-R 图

3. 逻辑数据模型

概念模型强调以人为本，注重清晰、简单、易于理解；逻辑数据模型以计算机为本，站在计算机的角度去看待各个数据及数据之间的联系。目前，数据库领域中最常用的数据模型有 4 种：层次模型、网状模型、关系模型和面向对象模型。其中，层次模型和网状模型统称为非关系模型。非关系模型的数据库系统在 20 世纪 70 年代至 80 年代初非常流行，在数据库系统产品中占据了主导地位，现在已逐渐被关系模型的数据库取代。所以在 6.2 节中着重介绍关系数据模型的数据库。

6.2　关系数据库

▶▶ 6.2.1　关系模型的基本概念

关系模型是目前最重要的一种数据模型。1970 年美国 IBM 公司的 San Jose 研究室的研究员 E.F.Codd 首次提出了数据库系统的关系模型。关系数据库系统采用关系模型作为数据库的组织方式。20 世纪 80 年代以来，计算机厂商新推出的数据库管理系统几乎都支持关系模型，数据库领域的研究工作也都是以关系方法为基础的，因此数据库中的重点是关系数据库。

1．关系数据结构

在关系模型中，对应于现实世界的实体及实体间的各种联系均用关系描述。关系模型的数据结构在用户看来是一张二维表格。例如，在学生选择子系统中两个实体和一个联系所对应的 3 个关系，如表 6.1、表 6.2 和表 6.3 所示。

表 6.1　学生表

学　号	姓　名	班　级
200306100	张倩倩	计算机 031
200305101	王祥林	英语 032
200302111	李亚红	对外贸易 031

表 6.2　课程表

编　号	名　　称	性　质	学　分
021201	哲学	必修	4
071501	英语	必修	6
011201	电子商务	选修	2

表 6.3　选修表

学　号	编　号	成　绩
200306100	021201	89
20306100	071501	67
200306100	011201	96
200305101	011201	90
200305101	071501	78
200302111	021201	88
200302111	011201	79

关系模型与以往的模型不同，它是建立在严格的数学概念的基础之上的。在关系模型中涉及的基本术语如下。

① 关系（Relation）：一个关系对应一张二维表。关系的名称一般取为表格的名称或按表格名称的意思取名，如表 6.1 对应关系的名称为学生。

② 元组（Tuple）：表中的一行即为一个元组。

③ 属性（Attribute）：表中的一列即为一个属性，每一列的第 1 行是属性名，其余行是属性值。例如，学生表共有 3 列，对应 3 个属性，各属性名为学号、姓名、班级。

④ 候选码（Key）：表中的某个属性或属性组合，它可以唯一地标识一个元组。例如，学生表中的学号可以唯一地标识一个学生，因此学号是学生表的候选码。

⑤ 域（Domain）：属性的取值范围。例如，学号的域是 9 位数字字符序列，性别的域是（男，女）。

⑥ 主码：在多个候选码中选择一个作为主码。

⑦ 关系模式：对关系的描述，一般表示为

关系名（属性名 1，属性名 2，……，属性名 n）

例如，表 6.1 的关系可描述为：学生（学号，姓名，班级）。在关系模型中，实体及实体间的联系都是用关系来表示的。

关系应满足如下性质。

① 关系必须是规范化的，即要求关系必须满足一定的规范条件，其中最基本的一条就是，关系的每一列不可再分。

② 关系中必须有主码，使得元组唯一。例如，学生关系中，学号属性是主码；课程关系中，编号是主码；选修关系中，学号和编号一起作为主码。

③ 元组的个数是有限的，且元组的顺序可以任意交换。

④ 属性名是唯一的且属性列的顺序可以任意交换。

在一个给定应用领域中，所有实体及实体之间的联系对应的关系集合构成一个关系数据库。比如，学生选课子系统涉及 3 个基本关系：学生关系、课程关系和选课关系，由这 3 个关系可组成学生选课关系数据库。

2．关系完整性规则

关系模型的完整性规则是对关系的某种约束条件。关系模型中有 3 类完整性规则：实体完整性、参照完整性和用户定义完整性。其中，实体完整性和参照完整性是关系模型必须满足的完整性约束条件。

（1）实体完整性规则

在关系模型中，主码的属性值不能为空值。因为如果出现空值，那么主码就无法保证元组的唯一性了。

（2）参照完整性规则

在关系模型中，实体及实体之间的联系是用关系来描述的，所以自然存在着关系与关系之间的联系，而关系之间的联系是靠公共属性实现的，如果这个公共属性是一个关系 R_1 的主码，那么在另一个与它有联系的关系 R_2 中称为外码。参照完整性规则告诉我们，外码的取值只有两种可能，要么是空值，要么等于 R_1 中某个元组的主码值。

例如，学号是学生表的主码，是选课表的外码，那么，在选课表中出现的学号，必须是学生表中已有的学号，而不能是其他（在这里它不能是空值，因为学号同时是选课关系主码的一部分，按照实体完整性规则，它不能为空值）。

（3）用户定义完整性

用户定义完整性是用户针对具体的应用环境定义的完整性约束条件，它反映某一具体应用所涉及的数据必须满足的语义要求。例如，学号属性值要求是 9 位数字字符序列，成绩属性值不能为负数等。

3．关系操作

关系数据库是关系的集合，每一个关系对应一张二维表格。关系操作就是针对每一张或多张二维表格的操作，关系操作的对象是关系，结果也是关系。所有的关系操作必须满足关系的完整性约束。常用的关系操作包括：查询、插入、删除和修改。

① 查询：在一个关系或多个关系中查找满足条件的列或行，得到一个新的关系。

② 插入：在指定的关系中插入一个或多个元组。

③ 删除：将指定关系中的一个或多个满足条件的元组删除。

④ 修改：针对指定关系中满足条件的一个或多个元组修改其数据项的值。

在关系操作中，查询操作是最基本的操作，是其他操作的基础。比如修改操作，首先通过查询找到需要修改的元组，然后才能进行修改操作。

下面介绍 3 个关系代数中的专用的关系运算，分别是投影、选择和自然连接，它们是关系运算的数学基础。

① 投影

投影（Projection）的功能是选择关系中的某些属性，生成一个新的关系。

例如，在课程关系中查询课程名称和学分，就可以使用投影操作，仅选择课程关系中名称和学分属性列，得到对课程关系进行投影操作后的结果关系，如表 6.4 所示。

② 选择

选择（Selection）是在一个关系中，选取符合给定条件的所有元组，生成新的关系。

例如，在学生关系中查询计算机系的学生，就可对学生关系使用选择操作，得到对学生关系进行选择操作后的结果关系，如表 6.5 所示。

表 6.4   投影操作后的结果关系

名　　称	学　　分
哲学	4
英语	6
电子商务	2

表 6.5   选择操作后的结果关系

学　　号	姓　　名	班　　级
200306100	张倩倩	计算机 1

③ 自然连接

自然连接（Join）是将两个具有公共属性的关系，按照公共属性值相等的条件连接成为一个新的关系。

例如，将课程关系和选修关系，按照它们的公共属性"编号"相等的条件，自然连接后形成表 6.6 所示的结果关系。

表 6.6   课程关系和选修关系自然连接后的结果关系

学　　号	编　　号	成　　绩	名　　称	性　　质	学　　分
200306100	021201	89	哲学	必修	4
200306100	071501	67	英语	必修	6
200306100	011201	96	电子商务	选修	2
200305101	011201	90	电子商务	选修	2
200305101	071501	78	英语	必修	6
200302111	021201	88	哲学	必修	4
200302111	011201	79	电子商务	选修	2

▶▶ 6.2.2　Access 简介

Microsoft Access 是 Office 系列软件中专门用来管理数据库的应用软件。目前，Access 已成为世界上最流行、功能强大的关系型数据库管理系统之一。Access 与许多优秀的关系数据库一样，可以帮助用户轻松连接相关的信息，并与其他的数据库系统互为补充。Access 可以操作其他来源的资料，包括许多流行的 PC 数据库程序（如 dBase、Paradox、Microsoft FoxPro）和服务器、小型计算机、大型计算机上的许多 SQL 数据库。此外，Access 还完全支持 Microsoft 的 OLE 技术。

Microsoft Access 可运行于各种 Microsoft Windows 系统环境中，由于它继承了 Windows 的特性，不仅易于使用，而且界面友好，如今在世界各地广泛流行。

一个 Access 数据库中可以包含表、查询、窗体、报表、宏、模块及数据访问页。

① 表：存储数据的容器，是关系数据库系统的基础。表以行列格式存储数据项。表中的一列为一个字段，每一列的第 1 行为字段名；表中的一行为一条记录，记录是字段的集合。用户可以从其他

的应用系统（如 SQL Server）及电子表格（如 Excel 工作表）中导入表。

② 查询：显示从多个表或查询中选取的数据。通过使用查询，用户可以选择构成查询的表、指定查询条件等来选择想要的数据。查询作为数据库的一个对象保存后，就可以作为窗体、报表甚至另一个查询的数据源。

③ 窗体：窗体是数据库和用户的一个联系界面，可以向用户提供一个可以交互的图形界面，用于进行数据的输入、输出、显示及应用程序的执行控制。窗体中的大部分信息来自于表或查询。

④ 报表：用友好和实用的形式显示或打印表和查询结果数据。

⑤ 宏：宏是一个或多个操作指令的集合，用来完成一些特定的功能。

⑥ 模块：模块的功能与宏类似，使用户使用 VBA（Visual Basic for Application）语言编写的函数或子程序，在需要时调用这些函数或子程序。模块通常与窗体、报表结合起来，以建立完整的应用程序。

⑦ 数据访问页：是特殊的 Web 页，设计用于查看和操作来自于 Internet 或 Intranet 的数据，这些数据保存在 Access 数据库或 Excel 电子表格中。

总之，在一个 Access 数据库中，表用来保存原始数据，查询用来查找数据，用户通过窗体、报表、页用不同的方式获取数据，而宏与模块则用来实现数据的自动操作。

 # 6.3　数据库设计

数据库设计是利用现有的数据库管理系统，针对具体的应用对象，构造合适的数据库模型，建立基于数据库的应用系统或信息系统，使之能够有效地存储数据，满足各种用户的应用需求。

考虑数据库及其应用系统开发全过程，一般将数据库设计分为 6 个阶段：需求分析阶段、概念结构设计阶段、逻辑结构设计阶段、物理结构设计阶段、数据库实施阶段和数据库运行与维护阶段。

▶▶ 6.3.1　需求分析

需求分析是整个数据库设计的基础，其目的是准确了解与分析用户的各种需求。需求分析是否做得充分与准确，是否能反映用户的实际要求，将直接影响到后边各个阶段的设计，并影响到整个系统开发的速度与质量。需求分析通常分两个步骤进行。

（1）需求调查

需求调查主要是了解用户的实际要求，如果用户有现行系统需要进行改进，那么现行系统的运行概况、存在的问题及对新系统的各种要求都需要调查。通常需要调查 3 个方面的内容，即信息要求、处理要求和系统要求。

（2）需求总结

经过认真、仔细地调查并了解用户的基本需求后，还需要进一步分析和表达用户的需求，采用有效的方法（如结构化分析方法（SA 方法）），分析需求调查所得到的资料，明确计算机应当处理和能够处理的范围，确定新系统应具备的功能，综合各种信息所包含的数据、各种数据之间的关系，数据的类型、取值范围和流向，最后将需求调查文档化。文档既要为用户所理解，又要方便数据库的概念结构设计。

需求分析的结果，是用数据词典描述的基础数据和用数据流图描述的数据与处理的关系。

需求分析的过程是一个十分重要而又很艰难的过程，整个过程必须有用户的参与，及时与用户进行交流，通常要经过很多次的反复修改，才能最终完成需求分析。

▶▶ 6.3.2　概念结构设计

在概念结构设计阶段，设计人员站在用户的角度，通过对需求分析的结果进行综合、归纳与抽象，形成一个反映用户观点的概念模型。概念模型与具体的数据库管理系统无关。概念结构是对现实世界的一种抽象，同时又是各种数据模型的共同基础，所以概念结构设计是整个数据库设计的关键。

对于概念结构，一方面应能真实、充分地反映现实世界，是现实世界中具体应用的一个真实模型；另一方面还应考虑易于向数据逻辑模型转换。

描述概念模型的有力工具是 E-R 图，概念结构设计的过程如下。

（1）数据抽象

数据抽象就是对需求分析阶段收集到的数据进行分类、组织，形成实体及实体的属性，并标识实体的主码，确定实体之间的联系类型（$1:1$，$1:n$，$m:n$）。

（2）选择局部应用，设计局部视图

根据实际系统的具体情况，在多层的数据流图中选择一个适当的层次，作为概念结构设计的入口，设计各个分 E-R 图即局部视图。

（3）视图的集成

各个局部视图即分 E-R 图建立好后，还需要对它们进行合并，集成为一个整体的数据概念结构，即总 E-R 图。

考虑到各分 E-R 图可能是由不同的设计人员针对不同功能的设计，必然存在一定的冲突。因此合并分 E-R 图的主要工作与关键所在是合理消除各分 E-R 图的冲突。

（4）消除冗余数据和冗余联系

在初步的 E-R 图中，可能存在一些冗余的数据和实体间的冗余联系。所谓冗余数据是指可以由基本数据导出的数据，冗余联系是指可以由其他联系导出的联系。冗余数据和冗余联系容易破坏数据库的完整性，增加维护的困难，因此应消除不必要的冗余。

需要强调的是，在这个阶段，设计人员仍需与用户经常交流，对所形成的概念模型进行反复推敲和修改，最后达成共识。

▶▶ 6.3.3　逻辑结构设计

概念结构是各种数据模型的共同基础，为了能够用某一个 DBMS（数据库管理系统）实现用户需求，还必须将概念结构进一步转化为相应的数据模型，这正是数据库逻辑结构设计所要完成的任务。

概念设计中得到的 E-R 图由实体、实体的属性和实体之间的联系 3 个要素组成，而关系模型的逻辑结构是一组关系模式的集合。逻辑设计的主要任务就是将 E-R 图转换为关系模型，将实体、实体的属性和实体之间的联系转化为关系模式。这种转换要遵循的转换原则如下。

（1）一个实体型转换为一个关系模式

关系的属性为实体型的属性，关系的码为实体型的码。例如，学生实体可以转换为如下关系模式：

学生（学号，姓名，班级）

（2）一个 $m:n$ 联系转换为一个关系模式

关系的属性为与该联系相连的各实体的码及联系本身的属性，关系的码为各实体码的组合。例如，选修联系是一个 $m:n$ 联系，可以将它转换为如下关系模式，其中学号与课程号为关系的组合码：

选修（学号，课程号，成绩）

（3）一个 $1:n$ 联系可以转换为一个独立的关系模式，也可以与 n 端对应的关系模式合并转换为一个独立的关系模式，关系的属性为与该联系相连的各实体的码及联系本身的属性，关系的码为 n 端实体的码。

与 n 端对应的关系模式合并，合并后关系的属性为在 n 端关系中加入 1 端关系的码和联系本身的属性。合并后关系的码不变。

例如，班级实体和学生实体是一对多的联系。使其成为一个独立的关系模式：

> 组成（学号，班级号）

将其与学生关系模式合并：

> 学生（学号，姓名，性别，年龄，班级号）

（4）一个 1∶1 联系可以转换为一个独立的关系模式，也可以与任意一端对应的关系模式合并

① 转换为一个独立的关系模式

关系的属性为与该联系相连的各实体的码及联系本身的属性，每个实体的码均是该关系的候选码。

② 与某一端对应的关系模式合并

合并后关系的属性为加入对应关系的码和联系本身的属性。合并后关系的码不变。

例如，班级实体和班长实体是一对一的联系。使其转换为一个独立的关系模式：

> 管理（学号，班级号）或管理（班级号，学号）

将其与班级关系模式合并：

> 班级（班级号，学生人数，学号）

或与班长关系模式合并：

> 班长（学号，姓名，性别，年龄，班级号，是否为优秀班长）

数据库在物理设备上的存储结构和存取方式称为数据库的物理结构。在关系数据库系统中，存储记录结构和存储记录布局主要由 RDBMS（关系型数据库管理系统）自动完成。在数据库实施阶段，设计人员根据逻辑结构设计和物理结构设计的结果建立数据库，编制与调试应用程序，并进行试运行和评价。数据库系统经过实施，试运行合格后即可交付使用，投入正式运行。正式运行标志着数据库维护工作的开始。在数据库系统运行过程中，必须不断地对其进行评价、调整与修改。

★6.4　数据库技术的新发展

▶▶ 6.4.1　新一代数据库技术的研究和特点

数据库技术从 20 世纪 60 年代中期产生到今天仅仅几十年的历史，其发展速度之快，使用范围之广是其他技术远远不及的。数据库系统已从第 1 代的非关系数据库系统，第 2 代的关系数据库系统，发展到第 3 代，以面向对象模型为主要特征的数据库系统。

数据库技术与网络通信技术、人工智能技术、面向对象技术、并行计算机技术等互相渗透，互相结合，成为当前数据库技术发展的主要特征。

1. 新应用领域的需求

从 20 世纪 80 年代以来，数据库技术在商业领域的巨大成功刺激了其他领域对数据库技术的需求迅速增长。这些新的领域为数据库应用开辟了新天地。另一方面，在应用中提出的一些新的数据库管理的需求也直接推动了数据库技术的研究与发展。

新的数据库应用领域，如办公信息系统、地理信息系统、知识库系统等，其所需的数据库管理功能有相当一部分是传统的数据库所不能支持的。例如，它们通常需要数据库系统支持以下功能：

① 存储和处理内部结构和相互之间联系复杂的对象；

② 例如，抽象的数据类型、无结构的超长数据等复杂的数据类型；

③ 实现数据库语言和程序设计语言的无缝集成；

④ 长事务和嵌套事务的处理。

新的领域对数据库系统提出了新的需求，当试图将传统数据库应用到新的领域时，就暴露出了传统数据库的局限。

2．新一代数据库技术的特点

由于传统数据库在新应用中存在的种种缺陷，数据库工作者为了建立合适的数据库系统，从多方面发展了现行的数据库系统技术。新一代数据库技术的特点如下。

（1）面向对象的方法和技术在数据库系统中的应用

20 世纪 80 年代出现的面向对象的方法和技术对计算机各个领域，如程序设计、软件工程等都产生了深远的影响，数据库研究人员借鉴和吸收面向对象的方法和技术，提出了面向对象数据模型，该模型为新一代数据库的探索带来了希望，促进了数据库技术在一个新技术基础上的继续发展。

（2）与多学科技术有机的结合

数据库技术与多学科技术有机的结合是当前数据库技术发展的重要特点。传统数据库技术和其他计算机技术的互相结合，互相渗透，使数据库中新的技术内容层出不穷，建立和实现了一些新型数据库系统，如分布式数据库系统、并行数据库系统、知识库数据库系统、多媒体数据库系统等。

（3）面向应用领域的数据库技术

为了适应数据库应用多元化的要求，在传统数据库的基础上，结合各个领域的特点，研究了适合该应用领域的数据库技术，如数据仓库、工程数据库、统计数据库、空间数据库等。这是当前数据库技术发展的又一重要特点。

▶▶ 6.4.2　数据库新技术

当今数据库新技术层出不穷，应用领域日益广泛。

1．数据库技术与其他技术的结合

数据库技术与其他学科的内容相结合，是新一代数据库技术的一个显著特点，涌现出各种新型的数据库系统，包括：

● 数据库技术与分布处理技术相结合，出现了分布式数据库系统；

● 数据库技术与并行处理技术相结合，出现了并行式数据库系统；

● 数据库技术与人工智能处理技术相结合，出现了知识数据库系统和主动数据库系统；

● 数据库技术与多媒体技术相结合，出现了多媒体数据库系统；

● 数据库技术与模糊技术相结合，出现了模糊数据库系统等；

● 形成了数据库领域的众多分支和研究课题。

2．面向应用领域的数据库新技术

① 数据仓库：是信息领域中近年来迅速发展起来的数据库技术。数据仓库的建立能充分利用已有的数据资源，把数据转换为信息，从中挖掘出知识，提炼成智慧，最终创造出效益。

有关数据仓库的详细讨论，可参阅相关数据库丛书。

②　工程数据库：一种能存储和管理各种工程设计图形和工程设计文档，并能为工程设计提供各种服务的数据库。它在传统的数据模型基础之上，运用了当前数据库系统研究中的一些新的模型技术，如扩展的关系模型、语义模型、面向对象的数据模型等。

③　统计数据库：一种用来对统计数据进行存储、统计、分析的数据库系统。在国民经济、科学技术、文化教育、国防军事、日常生活等方面的大量调查数据，对于现实社会中人类的社会活动是重要的信息资源，采用数据库技术实现对统计数据的管理，对于充分发挥统计信息的作用具有重大的意义。

④　空间数据库：用于表示空间物体的位置、形状、大小和分布特征等方面信息的数据，适用于描述二维、三维和多维分布的关于区域的现象。空间数据库系统是描述、存储和处理空间数据及其属性数据的数据库系统。目前，以空间数据库为核心的地理信息系统的应用已经从解决道路、输电线路等基础设施的规划和管理，发展到应用于环境和资源管理、土地利用、城市规划、森林保护、人口调查、交通、商业网络等各个方面的管理。

 # 本章小结

数据库是数据管理的最新技术，是计算机学科的重要分支。通过学习本章，应该了解数据管理技术的发展阶段，掌握数据库、数据库管理系统和数据库系统的基本概念，熟悉关系数据结构、关系操作和关系完整性约束，了解数据库设计的过程及数据库系统新技术。

 # 习题 6

6-1　单项选择题

1．在数据管理技术的发展过程中，经历了人工管理阶段、文件系统阶段和数据库管理阶段。其中，数据独立性最高的阶段是（　　　）。

    A．数据库系统　　　　　　B．文件系统　　　　　C．人工管理　　　　　D．数据项管理

2．下列叙述中正确的是（　　　）。

    A．数据库系统是一个独立的系统，不需要操作系统的支持

    B．数据库技术的根本目标是要解决数据的共享问题

    C．数据库管理系统就是数据库系统

    D．以上三种说法都不对

3．DBMS 目前采用的数据模型中最常用的是（　　　）模型。

    A．面向对象　　　　　　　B．层次　　　　　　　C．关系　　　　　　　D．网状

4．下列说法中，不属于数据模型所描述的内容的是（　　　）。

    A．数据结构　　　　　　　B．数据操作　　　　　C．数据查询　　　　　D．数据约束

5．在概念设计阶段可用 E-R 图，其中矩形框表示实体，（　　　）表示实体间的联系。

    A．圆形框　　　　　　　　B．菱形框　　　　　　C．椭圆形框　　　　　D．箭头

6．一个学生选多门课，一门课可被多个学生选，学生实体与课程实体之间是（　　　）的联系。

    A．一对一　　　　　　　　B．一对多　　　　　　C．多对多　　　　　　D．多对一

7．在关系数据库系统中，一个关系相当于（　　　）。

    A．一张二维表　　　　　　　　　　　　B．一条记录

    C．一个关系数据库　　　　　　　　　　D．一个关系代数运算

8. 关系表中的每一行称为一个（　　）。

    A. 元组   B. 字段   C. 属性   D. 码

9. 关系数据库中的码是指（　　）。

    A. 能唯一决定关系的字段   B. 不可改动的专用保留字

    C. 关键的很重要的字段   D. 能唯一标识一条记录的属性

10. 关系数据库管理系统能实现的专门关系运算包括（　　）。

    A. 排序、索引、统计   B. 选择、投影、连接

    C. 关联、更新、排序   D. 显示、打印、制表

11. 将 E-R 图转换到关系模式时，实体与联系都可以表示成（　　）。

    A. 属性   B. 关系   C. 键   D. 域

12. 如果对一个关系实施了一种关系运算后得到了一个新的关系，而且新的关系中元组个数少于原来关系中元组的个数，这说明所实施的运算关系是（　　）。

    A. 选择   B. 投影   C. 连接   D. 并

13. 关系数据库中的投影操作是指从关系中（　　）。

    A. 抽出特定的记录   B. 抽出特定的字段

    C. 建立相应的影像   D. 建立相应的图形

14. 数据库设计包括两个方面的设计内容，它们是（　　）。

    A. 概念设计和逻辑设计   B. 模式设计和内模式设计

    C. 内模式设计和物理设计   D. 结构特性设计和行为特性设计

6-2　填空题

1. 关系模式必须遵循_____约束规则、_____约束规则和用户定义的完整性约束规则。

2. 数据管理技术的发展经历了 3 个阶段：人工管理阶段、文件系统阶段和_____系统阶段。

3. 数据库管理系统（DBMS）提供数据库操纵语言（DML），实现对数据库数据的操作，包括数据插入、删除、更新和_____。

4. 在关系模型中，若属性 A 是关系 R 的主码，则在 R 的任何元组中，属性 A 的取值都不允许为空，这种约束称为_____规则。

5. 数据库设计分为以下 6 个设计阶段：需求分析阶段、_____、数据库逻辑设计阶段、_____、数据库实施阶段、数据库运行和维护阶段。

6. 如果一个工人可管理多个设施，而一个设施只被一个工人管理，则实体"工人"与实体"设备"之间存在_____联系。

6-3　思考题

1. 什么是数据库？数据库系统由哪几部分组成？

2. 试述数据库的设计步骤。

3. 分别举出实体之间一对一、一对多、多对多的例子。

第 7 章　计算机网络初步

计算机网络的迅速普及和飞速发展给人类社会带来了深刻的变革，它颠覆了传统的学习工作和生活方式，成为社会活动不可或缺的基础设施。通过计算机网络，人们获取信息、发布信息、相互交流，开展网上教学、网上医疗，实现电子理财、移动支付、网上购物。网络已无处不在，无时不用。

本章介绍计算机网络基础知识，包括网络组成及拓扑结构、网络体系结构与协议等。

7.1　计算机网络概述

▶▶ 7.1.1　计算机网络的形成和发展

自从有了计算机，就有了计算机技术和通信技术的结合。1951 年，美国麻省理工学院林肯实验室为美国空军设计了一个 SAGE 的地面防空系统。该系统分为 17 个防区，每个防区的指挥中心装有两台计算机，通过通信线路连接防区内各雷达观测站、机场、防空导弹和高射炮阵地，形成联机的计算机系统。这个系统于 1963 年建成，被认为是计算机技术和通信技术结合的先驱。

现代意义上的计算机网络是以 1969 年美国国防部高级研究计划局（DARPA）建成的 ARPAnet 网开始的。该网络当时有 4 个结点，以电话线路作为主干网络，此后，规模不断扩大，到 20 世纪 70 年代后期，结点超过 60 个，主机有 100 多台，地理范围跨越美洲大陆，连通美国东部和西部的许多大学和研究机构，而且通过通信卫星与夏威夷和欧洲等地区的计算机网络相互连通。ARPAnet 网被认为具有现代计算机网络的一般特征——资源共享、分散控制、分组交换、采用专门的通信控制处理机、分层的网络协议。

20 世纪 70 年代中后期，各发达国家的政府、研究机构和电话公司等都在发展各自的网络，包括英国邮政局的 EPSS 公用分组交换网络（1973 年）、法国信息与自动化研究所（IRIA）的 CYCLADES 分布式数据处理网络（1975 年）、加拿大的 DATAPAC 公用分组交换网（1976 年），日本电报电话公司的 DDX 3 公用数据网（1979 年）等。这些网络都以实现远距离计算机之间的数据传输和信息共享为主要目的，数据传输速率在 50 kbps 左右。这一时期的网络以远程大规模互连为主要特点，被称为第二代网络。

经过 20 世纪 60 年代到 70 年代前期的发展，人们对计算机网络技术的研究日趋成熟。为了促进网络产品的开发，各计算机公司纷纷制定了自己的技术标准。IBM 1974 年推出了该公司的系统网络体系结构（SNA，System Network Architecture），1975 年 DEC 公司宣布了自己的数字网络体系结构（DNA，Digital Network Architecture），1976 年 UNIVAC 宣布了该公司的分布式通信体系结构（DCA，Distributed Communication Architecture）等。这些技术标准只在一个公司范围内有效。能够互连的网络通信产品，也只是同一公司生产的同构型设备。网络通信市场这种各自为政的状况使得用户无所适从，也不利于各厂商的公平竞争，因此，产生了制定统一技术标准的迫切需求。1977 年国际标准化组织 ISO 的 TC97

信息处理系统技术委员会 SC16 分技术委员会开始制定开放系统互连参考模型（OSI/RM，Open System Interconnection/Reference Model）。OSI 规定了可以互连的计算机系统之间的通信协议。今天，几乎所有的厂商都声称自己的产品是开放系统，不遵从国际标准的产品逐渐失去了市场。这种统一的、标准化的产品互相竞争的市场促进了网络技术的进一步发展。

20 世纪 80 年代出现了微型计算机，这种更适合办公室和家庭使用的新机种对社会生活的各个方面都产生了深刻的影响。1972 年，Xerox 公司发明了以太网，以太网与微机的结合使得局域网得到了快速的发展。局域网使一个单位内部的计算机互相连接起来，提供了办公自动化的环境和信息共享的平台。经过 20 世纪 80 年代后期的激烈竞争，局域网厂商大都进入了专业化的成熟时期。在一个局域网中，工作站可能是 IBM 的，服务器可能是 DELL 的，网卡可能是 Intel 的，集线器可能是 D-Link 的，而网络上运行的软件则是 Microsoft 的。

1985 年，美国国家科学基金会（National Science Foundation）利用 ARPAnet 协议建立了用于科学研究和教育的骨干网络 NSFnet。20 世纪 90 年代，NSFnet 代替 ARPAnet 成为国家骨干网。从此，电子邮件、文件下载和消息传输等服务越来越多地受到人们的欢迎并被广泛使用。1992 年，Internet 学会成立，该学会把 Internet 定义为"组织松散、独立的国际合作互连网络"，"通过主动遵循计算协议和过程来支持主机对主机的通信"。1993 年，网上浏览工具 Mosaic（后来发展成 Netscape）被开发成功，使得各种信息可以方便地在网上交流。浏览工具的实现引发了 Internet 发展和普及的高潮，上网不再是网络操作人员和科学研究人员的专利，而成为一般人进行远程通信和交流的工具。20 世纪 90 年代后期，Internet 以惊人的速度高速发展，网上的主机数量、上网的人数、网络的信息流量每年都在成倍地增长。

一般认为计算机网络的发展划分为以下 4 个阶段。

① 第一代：远程终端连接（20 世纪 60 年代早期）

面向终端的计算机网络：主机是网络的中心和控制者，终端（键盘和显示器）分布在各处并与主机相连，用户通过本地的终端使用远程的主机。只提供终端和主机之间的通信，子网之间无法通信。

② 第二代：计算机网络阶段（局域网）

20 世纪 60 年代中期，多个主机互联，实现计算机和计算机之间的通信。终端用户可以访问本地主机和通信子网上所有主机的软硬件资源。

③ 第三代：计算机网络互联阶段（广域网、Internet）

1981 年国际标准化组织（ISO）制订了开放体系互联基本参考模型（OSI）。不同厂家生产的计算机之间实现互连，同时 Internet 上应用协议 TCP/IP 诞生。

Internet（互联网），又称国际网路或音译因特网、英特网，是网络与网络之间所串连成的庞大网络，这些网络以一组通用的协定相连，形成逻辑上的单一巨大的国际网络。这种将计算机网络互相联接在一起的方法可称作"网络互联"，在这基础上发展出覆盖全世界的全球性互联网络称为"互联网"。

④ 第四代：信息高速公路（高速、多业务、大数据量）

出现宽带综合业务数字网，信息高速公路的大力建设，出现 ATM 技术、ISDN、千兆以太网等。

▶▶ 7.1.2　计算机网络在我国的发展

最早着手建设专用计算机广域网的是铁道部。铁道部在 1980 年即开始进行计算机联网实验。1989 年 11 月我国第一个公用分组交换网 CNPAC 建成运行。在 20 世纪 80 年代后期，公安、银行、军队以及其他一些部门也相继建立了各自的专用计算机广域网。这对传递重要的数据信息起着重要的作用。另一方面，从 20 世纪 80 年代起，国内的许多单位相继安装了大量局域网，对各行各业的管理现代化和办公自动化起到了积极的作用。

1987 年 9 月 20 日，钱天白教授通过意大利公用分组网 ITAPAC 设在北京的 PAD 发出了我国第一封电子邮件，揭开了中国人使用 Internet 的序幕。此后的数年间，清华大学、中国科学院高能物理研究所、中国研究网（CRN）先后通过不同的渠道，实现了与北美、西欧各国的 E-mail 连接。1990 年 10 月，中国正式在 DDN NIC（国际互连网络信息中心的前身）注册登记了我国的顶级域名 cn。1993 年 4 月，中国科学院计算机网络信息中心召集在京部分网络专家调查了各国的域名体系，据此提出了我国的域名体系。

1994 年 1 月，美国国家科学基金会同意了中关村地区教育与科研示范网络（NCFC）正式接入 Internet 的请求，同年 4 月，NCFC 工程通过美国 Sprint 公司连入 Internet 的 64KB 国际专线开通，实现了与 Internet 的全功能连接。从此，我国正式成为有 Internet 的国家。之后，ChinaNet、CERnet、CSTnet、ChinaGBnet 等多个互联网络项目在全国范围相继启动，互联网开始进入公众生活，并在中国得到了迅速的发展。

国内互联网用户数自 1997 年以后基本保持每半年翻一番的增长速度。截至 2008 年底，中国的网站数，即域名注册者在中国境内的网站数（包括在境内接入和境外接入）达到 287.8 万个，中国网民规模达到 2.98 亿人，普及率达到 22.6%，超过全球平均水平；手机上网网民规模达到 11760 万人，中国的域名总量达到 16 826 198 个。

目前，我国建成的基于因特网技术并可以和因特网互连的全国范围的公用计算机网络有以下 4 大 Internet 主干网。

（1）中国公用计算机互联网（CHINANET）

CHINANET 是原邮电部组织建设和管理的。CHINANET 由骨干网和接入网组成。骨干网是 CHINANET 的主要信息通路，连接各直辖市和省会网络结点。接入网是由省内建设的网络结点形成的网络。1997 年，CHINANET 实现了与中国其他 3 个互联网即中国科技网（CSTNET）、中国教育和科研网（CERNET）、中国金桥信息网（CHINAGBN）的互连。

（2）中国教育科研网（CERNET）

CERNET 是全国最大的公益性互连网络，已建成由全国主干网、地区网和校园网在内的 3 级层次结构网络。CERNET 分 4 级管理，分别是全国网络中心、地区网络中心、省教育科研网络中心和校园网络中心。CERNET 全国网络中心设在清华大学，负责全国主干网的运行管理。地区网络中心和地区主结点分别设在 10 所高校，负责地区网的运行管理和规划建设。到 2001 年，CERNET 主干网的传输速率已达到 2.5Gbps，拥有 28 条国际和地区性信道。CERNET 还是中国开展下一代互联网研究的试验网络，它以现有的网络设施和技术力量为依托，建立了全国规模的 IPv6 试验床。CERNET 在全国第一个实现了与国际下一代高速网 Internet2 的互连。

（3）中国科学技术网（CSTNET）

CSTNET 是国家科学技术委员会联合全国各省、市的科技信息机构、采用先进的信息技术建立起来的信息服务网络，旨在促进全社会广泛的信息共享和信息交流。CSTNET 是利用公用数据通信网为基础的信息增值服务网，在地理上覆盖全国各省市，在逻辑上连接国务院各部委和各省市科技信息机构，是国家科技信息系统骨干网，同时也是国家 Internet 的接入网。CSTNET 从服务功能上是 Intranet 和 Internet 的结合，其中，Intranet 能为国家科委系统内部提供办公自动化的平台，同时也是国家科委、各省市科委和其他部委科技司、局之间的信息传输渠道，而 Internet 功能则服务于专业科技信息服务机构。

（4）国家公用经济信息通信网（CHINAGBN，金桥网）

CHINAGBN 是为金桥工程建立的业务网，支持金关、金税、金卡等"金"字头工程的应用，是覆盖全国，实现国际联网，为用户提供专用信道、网络服务和信息服务的基干网。CHINAGBN 由吉通公司牵头建设并接入 Internet。

1996 年以后，我国互联网的发展进入应用平台建设和增值业务开发阶段。中国互联网进入了空前活跃的高速发展时期。一大批中文网站，包括综合性的"门户"网站和各种专业性网站纷纷出台，提供新闻报道、技术咨询、软件下载、休闲娱乐等 ICP 服务，以及虚拟主机、域名注册、免费空间等技术支持服务。与此同时各种增值服务也逐步展开，其中主要有电子商务、IP 电话、视频点播、无线上网等，互联网的应用面和普及率快速增长。

▶▶ 7.1.3　计算机网络的基本概念

当今时代是一个以网络为核心的信息时代，它的特征是数字化、网络化和信息化。计算机网络是计算机技术和通信技术发展相结合的产物，两种技术互相影响、互相促进，共同推动了计算机网络的发展。广义的网络包括电信、广播电视和计算机三种网络，狭义的网络则指其中发展最快并起核心作用的计算机网络。近年来，随着宽带通信网、数字电视网、下一代互联网的演化发展，三种网络技术逐渐趋于一致、业务范围趋于相同，三网互连互通、资源共享、相互融合，共同为用户提供语音、数据和广播电视等多种服务。

1．计算机网络的定义

计算机网络是指利用通信线路和设备将分布在不同物理位置的许多自治计算机互连起来，并在网络软件系统的支持下实现资源共享和信息传递的系统。所谓自治计算机是指能脱离网络环境而正常工作的计算机系统。图 7.1 所示为计算机网络结构示意图。

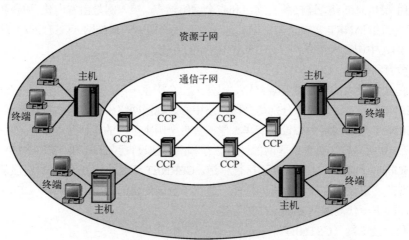

图 7.1　计算机网络结构示意图

从图 7.1 中可看出，计算机网络从逻辑功能上分为通信子网和资源子网。

通信子网由通信设备和通信线路组成，负责网络数据传输、转发等通信处理任务。通信设备连接资源子网，实现数据分组的接收、校验、存储、转发等功能，将源主机报文准确发送到目的主机，主要包括路由器、交换机等设备；通信线路主要采用光纤、微波与卫星通信等传输介质。在现代计算机网络中，通信子网通常由广域网、城域网组成。

资源子网负责数据处理并为用户提供网络服务和网络资源，实现硬件、软件和数据等网络资源的共享。资源子网由主机系统、网络外设、各种软件资源与信息资源组成。在现代计算机网络中，资源子网是由若干终端设备连接形成的局域网。

2．计算机网络的拓扑结构

在复杂的计算机网络结构设计中，人们引用了拓扑学中拓扑结构的概念。拓扑学是几何学的分支，由图论演变而来。在拓扑学中，先将实体抽象为与大小、形状无关的点，再将连接实体的线路抽象为线，进而研究点、线、面之间的关系。

在计算机网络结构设计中，借助拓扑学的概念，可以将通信子网中通信处理机和其他通信设备抽象为与大小和形状无关的点，并将连接结点的通信线路抽象为线，而将这种点、线连接而成的几何图形称为网络拓扑结构。网络拓扑结构通常可以反映网络中各实体之间的结构关系。

在网络结构的设计中必须注意以下几点：第一，必须确定各台计算机和其他网络设备在网络中的位置。第二，网络的拓扑结构将直接关系到网络的性能、系统可靠性、通信及投资费用等因素。例如，选用总线型拓扑结构时，其传输介质的用量最少，投资也就较少。第三，拓扑结构还是实现各种协议的基础。所以，网络拓扑结构的选择和设计是计算机网络设计的第一步。

计算机网络拓扑结构主要是指通信子网的拓扑结构。图 7.2 所示为网络中常用的几种拓扑结构。在广域网中常用的拓扑结构是树型和不规则型，而在局域网中常用星型、环型、总线型和树型。

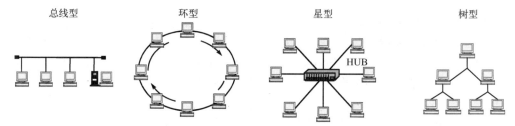

图 7.2　网络的拓扑结构

（1）总线型

总线型结构只有单一的通信线路（称为总线），所有站点直接连接到这条总线上。在总线型网络中信息是按广播式进行通信的。任何一个时刻只能有一个站点发送信息，其他站点均可接收信息。它的优点主要是结构简单、布线容易、成本低廉、易于扩展，并具有较高的可靠性等；缺点主要是总线的故障会导致网络瘫痪等。

（2）环型

环型结构中的各个站点通过通信线路连接成一个闭合的环。在单条环路的环型网络中信息流向是单方向的。环型结构的优点主要是结构简单、传输延时确定，缺点主要是一个站点的故障会导致网络瘫痪等。

（3）星型

星型结构中有一个唯一的转接结点，各站点通过点到点的链路直接连接到转接结点上。它的优点主要是结构简单、易于实现和便于管理，缺点主要是转接结点的故障会导致网络瘫痪等。

（4）树型

树型结构中的结点按层次进行连接，信息交换主要在上下层结点之间。树型网络中除了叶子结点之外的所有非终端结点都是转接结点。它的优点主要是组网灵活、易于扩展等；缺点主要是对根结点的依赖性太大，相邻或同层结点之间不能直接传递信息等。

现实网络中的计算机连接是非常复杂的，每一台计算机都有可能与其他若干计算机相连，构成一个复杂的不规则的网状网络。网状拓扑结构实际上可看成是以上基本拓扑结构的组合。

3．计算机网络的分类

网络的分类方式很多，主要有两种方式：一种是按照网络的覆盖范围和规模分类，另一种是按照网络的传输技术分类。

按照网络的覆盖范围与规模分类，可以把网络分为局域网、城域网和广域网。

局域网（LAN，Local Area Network）是在局部地区范围内的网络，它所覆盖的地区范围较小。局域网在计算机数量配置上没有太多的限制，少的可以只有两台，多的可达几百台。在网络所涉及的地理距离上一般来说可以是几米至 10 公里以内。局域网一般位于一个建筑物或一个单位内，如网吧、机房等。

这种网络的特点就是：连接范围窄、用户数少、配置容易、连接速率高。

城域网（MAN，Metropolitan Area Network）是在一个城市范围内操作的网络，或者在物理上使用城市基础电信设施的网络称为城域网。城域网的设计目标是满足多个局域网互联的需求，以实现大量用户之间关于数据、语音、图形与视频等信息的传输。

在一个大型城市或都市地区，一个 MAN 网络通常连接着多个 LAN 网。如连接政府机构的 LAN、医院的 LAN、电信的 LAN、公司企业的 LAN 等。由于光纤连接的引入，使 MAN 中高速的 LAN 互连成为可能。

广域网（WAN，Wide Area Network）也称为远程网，所覆盖的范围比城域网更广，它一般是在不同城市之间的 LAN 或者 MAN 网络互联，可以把众多的局域网连接起来，具有规模大、传输延迟时间长等特点。最广为人知的广域网就是 Internet，虽然它的传输速率相对于局域网要低得多，但其优点也是非常明显的，即信息量大、传播范围广。因为广域网很复杂，所以其实现技术在所有网络中也是最复杂的。

这三种网络的比较见表 7.1。

表 7.1　局域网、城域网、广域网的比较

	局域网（LAN）	城域网（MAN）	广域网（WAN）
地理范围	室内、校园内部	建筑物之间、城区内	国内、国际
所有者和运营者	单位所有和运营	几个单位共有或公用	公用，通信运营公司所有
互连和通信方式	共享介质，分组广播	共享介质，分组广播	共享介质，分组交换
数据速率	几十至几百 Mbps	几至几十 Mbps	几十 kbps
误码率	最小	中	较大
拓扑结构	规则结构：总线型、星型和环型	规则结构：总线型、星型和环型	不规则的网状结构
主要应用	办公自动化	LAN 互连，综合声音、视频和数据业务	远程数据传输

按照网络的传输技术分类，网络可分为点到点网络和广播式网络。在点到点网络中，每条物理线路连接一对站点，由于连接多个站点之间的线路可能很复杂，因此，一条信息从源站点到宿站点的路程上要进行路由选择，并经过多个站点的存储与转发。广域网中的通信一般都采用这种方式。在广播式网络中，所有联网的计算机都连接到一个公共的通信信道上。当一个站点发出信息后，其他的站点都能收到这个信息。由于网络中传输的信息包含有目标站点地址和源站点地址，所以每个站点都可以根据目标地址判断哪个信息包是发送给自己的，并且可以根据源地址判断是谁发来的。

4．计算机网络的功能

现在人们的生活、工作学习和交往都已离不开计算机网络。设想某一天所有网络出现故障不能工

作了，那会出现什么结果呢？我们将无法到银行存钱或取钱，无法到超市购物，无法用信用卡支付餐费，股市交易停顿，机票、火车票销售停顿……社会将一片混乱。

计算机网络有很多用处，总结起来，其最重要的三个功能是数据通信、资源共享、分布处理。

（1）数据通信

数据通信是计算机网络最基本的功能。它用来快速传送计算机与终端、计算机与计算机之间的各种信息，包括文字信件、新闻消息、咨询信息、图片资料、报纸版面等。利用这一特点，可实现将分散在各地区的单位或部门用计算机网络联系起来，进行统一的调配、控制和管理。

（2）资源共享

"资源"指的是网络中所有的软件、硬件和数据资源。"共享"指的是网络中的用户都能够部分或全部享受这些资源。例如，某些地区或单位的数据库（如飞机机票、饭店客房等）可供全网使用；某些单位设计的软件可供需要的地方有偿调用，或办理一定手续后调用；一些外部设备如打印机，可面向用户，使不具有这些设备的地方也能使用这些硬件设备。如果不能实现资源共享，各地区都需要有一套完整的软、硬件及数据资源，这将大大增加全系统的投资费用。

（3）分布处理

当某台计算机负担过重时，或该计算机正在处理某项工作时，网络可将新任务转交给空闲的计算机来完成。这样处理能均衡各计算机的负载，提高处理问题的实时性。对大型综合性问题，可将问题各部分交给不同的计算机分头处理，充分利用网络资源，扩大计算机的处理能力，即增强实用性。若解决复杂问题，可多台计算机联合使用并构成高性能的计算机体系，这样协同工作、并行处理要比单独购置高性能的大型计算机便宜得多。

5. 网络的性能指标

计算机网络的性能指标可以从不同的方面来衡量，常用的性能指标有速率、带宽、吞吐量、时延、往返时间 RTT、利用率等。在本书中只介绍最常用的两个性能指标。

（1）速率

比特（bit）是计算机中数据量的基本单位，网络技术中的速率是指连接在计算机网络上的主机在数字信道上传送数据的速率，它也称为比特率（bit rate）。速率是计算机网络中最重要的一个性能指标。速率的单位是 b/s（比特每秒），有时也写成 bps，即 bit per second。当数据率较高时，就可以用 kb/s（k=10^3，千）、Mb/s（M=10^6，兆）、Gb/s（G=10^9，吉）或 Tb/s（T=10^{12}，太）表示。现在人们常用更简单而且不太严格的记法来描述网络的速率，如 100M 网，而省略了单位中的 b/s，它的意思是速率为 100Mb/s 的网络。

（2）带宽

"带宽"（Bandwidth）有以下两种不同的意义。

① 带宽本来是指某个信号具有的频带宽度。信号的带宽是指该信号所包含的各种不同频率成分所占据的频率范围。例如，在传统的通信线路上传送的电话信号的标准带宽是 3.1kHz（从 30Hz 到 3.4kHz，即语音主要成分的频率范围）。这种意义的带宽的单位是赫（或千赫、兆赫、吉赫等）。在过去很长的一段时间，通信的主干线路传送的是模拟信号（即连续变化的信号）。因此，表示通信线路允许通过的信号频带范围就称为线路的带宽（或通频带）。

② 在计算机网络中，带宽用来表示网络的通信线路所能传送数据的能力，因此网络带宽表示在单位时间内从网络中的某一点到另一点所能通过的"最高数据率"。这中意义的带宽的单位是"比特每秒"，记为 b/s。在这种单位的前面也常常加上千（k）、兆（M）、吉（G）或太（T）这样的倍数。

▶▶ 7.1.4　计算机网络的组成

计算机网络的硬件系统通常由服务器、工作站、传输介质、网卡、路由器、集线器、等组成。

1. 服务器

服务器（Server）是网络运行、管理和提供服务的中枢，会影响网络的整体性能，在大型网络中一般采用大型机、中型机或小型机作为网络服务器；对于网点不多、网络通信量不大、数据安全要求不高的网络，可以选用高档微型计算机作为网络服务器。

服务器按提供的服务被冠以不同的名称，如数据库服务器、邮件服务器、打印服务器、WWW 服务器、文件服务器等。

2. 工作站

工作站（Workstation）也称客户机（Client），由服务器进行管理和提供服务的、连入网络的任何计算机都属于工作站，其性能一般低于服务器。个人计算机接入 Internet 后，在获取 Intermet 服务的同时，其本身就成为 Internet 的一台工作站。

服务器或工作站中一般都安装了网络操作系统，网络操作系统除具有通用操作系统的功能外，还应具有网络支持功能，可以管理整个网络的资源。常见的网络操作系统主要有 Windows、UNIX、Linux 等。

3. 网络传输介质

网络传输介质通常分为有线介质（或有界介质）和无线介质（或无界介质）两种。有线介质将信号约束在一个物理导体之内，如双绞线、同轴电缆和光纤等，而无线介质不能将信号约束在某个空间范围之内。

（1）双绞线

双绞线（TP，Twisted Pair）是目前使用最广泛、价格相对便宜的一种传输介质，它由两条相互绝缘的铜导线组成，如图 7.3 所示。

由若干对双绞线构成的电缆称为双绞线电缆。双绞线可以并排放在保护套中。目前双绞线电缆广泛应用于电话系统，几乎所有的电话机都是通过双绞线接到电话局的。在双绞线中传输的信号在几千米的范围内不需放大，但传输距离比较远时就必须使用放大器了。

双绞线的技术和标准都是比较成熟的，价格也比较低廉，而且双绞线电缆的安装也相对容易。但双绞线电缆的最大缺点是对电磁干扰比较敏感，另外，双绞线电缆不能支持非常高速的数据传输。

（2）同轴电缆

同轴电缆（CC，Coaxial Cable）中的材料是共轴的，如图 7.4 所示，故同轴之名由此而来。外导体是一个由金属丝编织而成的圆形空管，内导体是圆形的金属芯线，内外导体之间填充绝缘介质。内芯线和外导体一般都采用铜质材料。

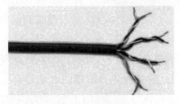

图 7.3　双绞线

图 7.4　同轴电缆

同轴电缆的抗干扰性不如双绞线电缆,但同轴电缆具有很宽的工作频率范围。当它被用来传输数据时,其数据传输速率可达每秒几百兆位。由于同轴电缆具有寿命长、频带宽、质量稳定、外界干扰小、可靠性高、维护便利、技术成熟等优点,而且其费用介于双绞线与光纤之间,在光纤通信没有大量应用之前,同轴电缆在闭路电视传输系统中一直占主导地位。

（3）光纤

随着光通信技术的飞速发展,现在已经可以利用光导纤维来传输数据了。光脉冲出现表示 1,不出现表示 0。光纤传输系统可以使用的带宽范围极大。事实上,到目前为止的光纤传输技术使得人们可以获得超过 50THz 的带宽,今后将有可能实现完全的光交叉和光互连,即构成全光网络,到那时网络的速度将成千上万倍的增加。

光纤结构是圆柱形的,包含有纤芯和包层,如图 7.5 所示。最外层的是塑料,对纤芯起保护作用。纤芯材料是二氧化硅掺以锗和磷,包层材料是纯二氧化硅。

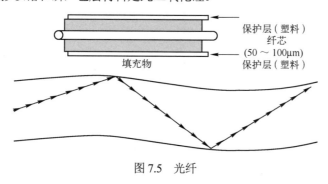

保护层（塑料）
纤芯
（50 ～ 100μm）
保护层（塑料）
填充物

图 7.5　光纤

光纤通信的优点是频带宽、传输容量大、重量轻、尺寸小、不受电磁干扰和静电干扰、无串音干扰、保密性强、原料丰富、生产成本低。因而,由多条光纤构成的光缆已成为当前主要发展的传输介质。

（4）无线介质

信息时代,人们对信息的需求是无止境的。很多人需要随时与社会或单位保持在线连接,对于这些移动用户,双绞线、同轴电缆和光纤都无法满足他们的要求。他们需要利用笔记本电脑、掌上电脑随时随地地获取信息,而无线介质可以帮助他们解决上述问题。

无线介质是指信号通过空气传输,信号不被约束在一个物理导体内。无线介质实际上就是无线传输系统,主要包括无线电、微波和卫星通信等。

大气中的电离层是具有离子和自由电子的导电层。无线通信就是利用地面发射的无线电波通过电离层的反射,或电离层与地面的多次反射而到达接收端的一种远距离通信方式。电离层的高度在地面以上数十公里至上百公里,可分为各种不同的层次,并随季节、昼夜及太阳活动的情况而发生变化。由于电离层的不稳定性,无线通信与其他通信方式相比,在质量上存在不稳定性。

无线电波被广泛应用于通信的原因是它的传播距离可以很远,也很容易穿过建筑物,而且无线电波是全方向传播的,因此无线电波的发射和接收装置不必要求精确对准。

4. 网络连接设备

（1）网卡

网络接口卡,简称网卡（NIC,Network Interface Card）,又称为网络适配器（NIA,Network Interface Adapter）,是计算机局域网中最重要的连接设备之一。网卡的作用是将计算机与通信设施相连接,将计算机的数字信号与通信线路能够传送的电子信号互相转换。一般情况下,无论是服务器还是工作站都应该安装网卡。

网卡一般插在计算机主板的扩展槽中，也有固化在主板上的。

随着无线技术的成熟，无线网卡成为构建无线网络的主要设备。无线网卡主要有 PCMCIA 接口无线网卡、PCI 接口无线网卡和 USB 接口无线网卡等几种。其中，PCMCIA 接口无线网卡专用于笔记本电脑，PCI 接口无线网卡用于台式机，而 USB 接口无线网卡既可以用于笔记本电脑，也可以用于台式机。

（2）集线器

集线器（Hub）是一种特殊的中继器，具有多个端口（一个 Hub 往往有 4 个、8 个、16 个或更多的端口）可连接多台计算机。Hub 上的端口彼此相互独立，不会因为某一端口的故障影响其他用户。在局域网中常以集线器为中心，用双绞线将所有分散的工作站与服务器连接在一起，形成星型拓扑结构的系统。集线器主要提供信号放大和中转的功能，不具备自动寻址能力和交换作用。

（3）交换机

交换机（Switch）也称为交换式集线器，在网络传输过程中可以对数据进行同步、放大和整形。交换机的外形与 Hub 相似。从应用领域来分，交换机可分为局域网交换机和广域网交换机。

（4）路由器

路由器（Router）是Internet中使用的连接设备，它可以将两个网络连接在一起，组成更大的互联网络。被连接的网络可以是局域网，也可以是互联网。路由器不仅具有网桥的全部功能，还具有路径的选择功能。当数据从某个子网传输到另一个子网时，路由器会根据传输费用、转接时延、网络拥塞或信源和终点间的距离来选择最佳路径。

典型的路由器内部都带有自己的处理器、内存、电源及各种不同类型的网络接口。

7.2　网络体系结构与协议

▶▶ 7.2.1　网络体系结构

计算机网络体系结构从整体上抽象地定义了计算机网络的构成，说明各网络部件的功能及部件之间的逻辑关系，规定了计算机网络中计算机及通信设备之间互相连接、协调工作的方法和必须遵循的规则，以便在统一原则下进行计算机网络的设计、构建、使用和扩展。

1．网络协议

网络协议是指计算机网络中，通信双方为了实现通信而设计的规则、标准和约定，双方共同遵守。网络协议是计算机网络工作的基础，也是影响网络性能的重要因素。

网络协议由以下 3 个要素组成。

语法：通信时双方交换数据和控制信息的格式，如一个数据分组中哪一部分表示数据，哪一部分表示接收方的地址等。语法解决通信双方之间"如何讲"的问题。

语义：规定每部分控制信息和数据所代表的含义，是对控制信息和数据的具体解释。语义解决通信双方之间"讲什么"的问题。

时序：详细说明如何实现传输的每个步骤。例如，通信如何发起，在收到一个数据后下一步要做什么。时序确定通信双方之间"讲"的过程。

2．计算机网络体系结构

计算机网络是个非常复杂的系统。假设连接在网络上的两台计算机要互相传送文件。在这两台计算机之间必须有一条传送数据的通路，但这还远远不够，至少还有以下几点必须完成。

① 要发送数据的计算机必须将数据通信的通路激活（Activate）。"激活"是指发出相应的指令，保证要传送的数据能在线路上正确发送和接收。

② 网络要知道如何识别接收数据的计算机。

③ 发送数据的计算机必须了解接收方的计算机是否开机，是否联网。

④ 发送数据的计算机必须知道接收方计算机是否已准备好接收文件、存储文件。

⑤ 若文件格式不兼容，则需完成格式转换的工作。

⑥ 对各种差错和意外，如数据传送错误、重复或丢失等应有可靠的保证措施。

还有一些其他的工作，由此可见，相互通信的计算机必须高度协调工作才行，而这种协调是相当复杂的。为了设计这样复杂的计算机网络，提出了分层的方法。"分层"就是将复杂的问题转化为若干较小的局部问题，而转化后的较小问题相对比较易于研究和处理。

网络协议将相似的功能放在同一层上，每层的功能基于下一层的功能实现，并为上一层提供服务，相邻层之间通过接口进行信息交互，对等层间由若干个网络协议来实现本层的功能。通过此模式，网络协议被分解成若干相互关联的简单协议，协议的集合称为协议栈。计算机网络的层次结构和各层的所有协议统称为计算机网络体系结构。

网络协议分层的思想是现实中人们处理复杂问题的基本方法。以快递服务业为例，用户 A 在上海，用户 B 在北京，A 要寄物品给 B。快递服务通过 3 层机制实现：用户、快递公司、物流中心，如图 7.6 所示。用户负责物品的内容，快递公司负责物品的收发处理，物流中心负责物品的运输。

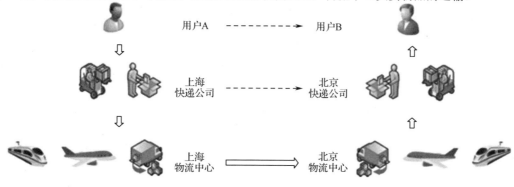

图 7.6　快递服务分层机制

1974 年，美国的 IBM 公司宣布了系统网络体系结构 SNA（System Network Archite- cture）。不久后，其他一些公司也相继推出自己公司的不同的体系结构。不同的网络体系结构出现后，使用同一个公司生产的各种设备很容易的互连成网络。但当需要扩大容量时，如果购买了其他公司的产品，那么由于网络体系结构的不同，就很难互相连通。

然而，全球经济的发展使得不同网络体系结构的用户迫切要求能够互相交换信息，为了使不同体系结构的计算机网络都能互连，国际标准化组织（ISO，International Organization for Standardization）公布了著名的开放系统互连 7 层参考模型（OSI/RM，Reference Model of Open System Interconnection），简称 OSI。

OSI 试图达到一种理想境界，即全世界的计算机网络都遵循这个统一的标准，使得全世界的计算机都能够很方便地进行互连和交换数据。然而到了 20 世纪 90 年代初期，虽然整套的 OSI 国际标准都已经制定出来了，且得到理论界的推崇，但由于体系结构过于繁复，难以实现。随着 Internet 的普及，协议集 TCP/IP 因其简单实用，很快成为事实上的国际标准。虽然 OSI 参考模型一直未能得到真正应用，但为协议集 TCP/IP 的不断改进提供了参考方向。

▶▶ 7.2.2 OSI 参考模型

1983 年国际标准化组织 ISO 正式颁布网络体系结构标准—开放系统互联参考模型。OSI 参考模型兼容于现有的网络标准，为不同网络体系提供参照，将不同种类的计算机系统连接起来，使它们之间可以互相通信。

在 OSI 参考模型中，网络的各个功能层分别执行特定的网络操作。理解 OSI 参考模型有助于更好地理解网络，选择合适的组网方案，改进网络的性能。

OSI 参考模型共分七层，分别为物理层、数据链路层、网络层、传输层、会话层、表示层和应用层。

1．OSI 参考模型中各层的功能

（1）物理层

物理层为通信提供物理链路，实现数据流的透明传输。这里的"透明"是一个重要的术语，它表示某一个实际存在的事物看起来却好像不存在。这和日常生活中的描述恰恰相反。例如，增加一件事的透明度一般意味着让大家看清这件事。而透明地传输数据流表示经实际电路传输后的数据流没有发生变化。对传输的数据流来讲，这个电路好像没有对其产生影响，好像是看不见的。也就是说，这个电路对该数据流来讲是透明的。这样，任意组合数据流都可以在这个电路上传输。物理层定义了与传输线及接口硬件的机械、电气、功能和过程有关的各种特性，以便建立、维护和拆除物理连接。在物理层上所传输数据的单位是比特。物理层传输的是二进制数据，至于这些数据代表的含义，物理层并不涉及。

（2）数据链路层

数据链路层负责在网络中的两个相邻结点间无差错地传输数据，这些数据以帧为单位。帧的实质是数据块，每帧包括一定数量的数据和一些必要的控制信息。和物理层相似，数据链路层要负责建立、维护和释放数据链路的连接。在传输数据时，若接收结点检测到传输的数据中有差错，就会通知发送结点重新发送这一帧，直到这一帧正确无误地到达接收结点为止。

每帧所包含的控制信息包括同步信息、地址信息、差错控制信息及流量控制信息等。

（3）网络层

在计算机网络中进行通信的两个计算机之间既可能要经过许多结点和链路，也可能要经过几个通信网。在网络层，数据的传输单位是分组或包。网络层为每个网络结点定义了逻辑地址及路由的实现方式。所谓路由是指数据包从源结点发送到目的结点的过程。由于数据包从源结点到目的结点有多条途径，所以路由的选择对提高网络传输的效率非常重要。

网络层的任务就是选择合适的路由，使从源结点传送过来的分组或包能够正确无误地根据地址找到目的结点，并交付给目的结点的传输层，这就是网络层的寻址功能。这里要指出，网络层中的"网络"二字，已是 OSI 的专用名词。它不是通常所说的"网络"的概念，而仅仅是开放系统互连参考模型中的第 3 层的名字而已。

（4）传输层

在传输层，信息的传输单位是报文。当报文较长时，先要将它分割成几个分组。传输层的任务是根据通信子网的特性最佳地利用网络资源，并以可靠和经济的方式为两个端系统（源结点和目的结点）的会话层建立一条运输链接，透明地传输报文。或者说，为传输层向上一层（会话层）提供一个可靠的端到端的服务。它使会话层看不到传输层以下的数据通信细节。在通信子网中没有传输层，传输层只能存在于端系统中，传输层以上的各层就不再管信息传输的问题了。正因为如此，传输层成为了计

算机网络体系结构中最为关键的一层。

（5）会话层

在会话层及以上的更高层次中，数据传输的单位是报文。会话层虽然不参与具体的数据传输，但它却对数据传输进行管理。会话层在两个相互通信的应用进程之间建立、组织和协调其交互。会话层要确定当前的工作状态是全双工工作还是半双工工作状态。当发生意外导致已建立的连接突然中断时，会话层确定在恢复会话时应从何处开始。

（6）表示层

表示层主要解决用户信息的语法表示问题。表示层将要交换的数据从只适用于某一用户的抽象语法变换为适用于 OSI 系统内部使用的传输语法。有了表示层，用户就可以把精力集中在所交谈的问题本身，而不必更多地考虑对方的某些特性。表示层还负责对传输的信息加密和解密。由于数据的安全与保密问题比较复杂，所以应用层也与这一问题有关。

（7）应用层

应用层是 OSI 参考模型中的最高层。应用层确定进程之间通信的性质以满足用户的需求，它负责用户信息的语义表示，并在两个通信者之间进行语义匹配。应用层不仅要提供应用进程所需的信息交换和异地操作，还要作为互相作用的应用进程的用户代理，来提供一些为进行语义上有意义的信息交换所必须的功能。在 OSI 的 7 层中，应用层是最复杂的，它所包含的协议也最多，有些协议还在研究和开发之中。

在 ISO 和 CCITT 的共同努力下，这 7 层的许多标准都已制定出来。遵循这些标准的很多产品也已开发成功。但由于没有形成规模，OSI 参考模型的影响力并不大，因此暂时还只能作为一种理想化的标准。

2. 数据在 OSI 参考模型中的传输过程

数据在 OSI 参考模型中是如何传输的呢? 下面的例子可以很好地进行说明。

假设中国的 A 企业的经理要给西班牙的 B 企业的经理发一份合同，但是中国企业经理只懂中文，而西班牙经理只懂西班牙语，按照 OSI 参考模型的分层思想，完成合同传递的过程如图 7.7 所示。

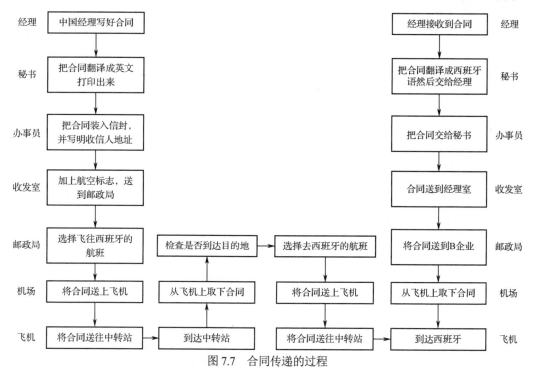

图 7.7　合同传递的过程

在如图 7.7 所示的合同传递过程中，A 公司的经理执行"应用层"的功能，只处理商务工作本身。秘书执行"表示层"的功能，将汉语译成英语。办事员执行"会话层"的功能，从这一层开始，就合同的传递而言，合同的内容变得不重要了，关键是要把合同完好无损地送达目的地。在以下各层中，每层都给合同加上"协议信息"后交给下一层。例如，在第四层（传输层），A 公司收发室在信件上标明邮寄方式为"航空"。在第三层（网络层），邮政局根据邮寄方式和目的地选择中转邮政局和航班。在第二层（ 数据链路层），机场对邮件进行检查，如果发现损坏（如信封破损、地址模糊等），将及时进行补救。第一层（物理层）则是用飞机运送。在合同到达目的地后的处理方法与发送过程相反，在第六层（表示层），B 公司的秘书将英语译成西班牙语交给经理。在第七层（应用层），B 企业经理收到并阅读处理合同。

由此可以得出数据在 OSI 参考模型中的传输过程，如图 7.8 所示。

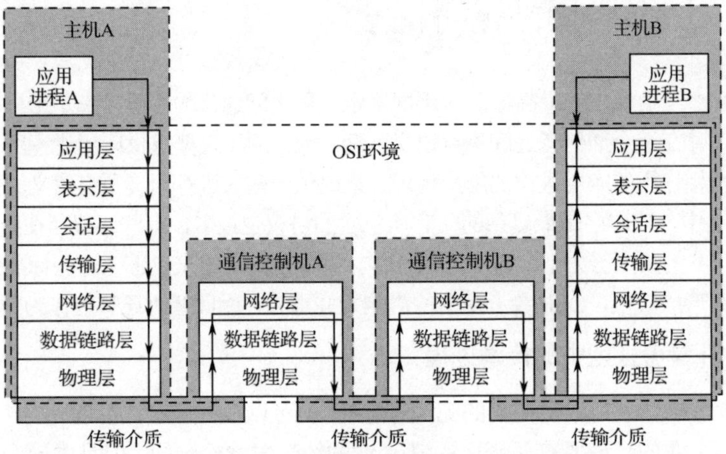

图 7.8　数据在 OSI 参考模型中的传输

▶▶ 7.2.3　移动通信协议

随着互联网的迅猛发展，笔记本电脑、平板电脑、手机等可移动的终端设备已成为人们日常社会生活中不可或缺的重要工具。移动通信是指能够在移动状态下完成信息交换的通信方式。为了实现移动通信网络与 Internet 的互相连接，Internet 工程任务组（InternetEngineering Task Force, IETF） 下属的移动 IP 工作组提出了一套 IP 路由机制和协议（移动 IP），使得网络结点在位置移动时，仍能保持正在进行的通信过程，无须反复启动及配置 IP 参数，满足人们随时随地从互联网获取数据、共享网络资源和服务的需求。

7.3　TCP/IP 参考模型及协议

TCP/IP（Transmission Control Protocol/ Internet Protocol）是 Internet 最基本的协议、Internet 国际互联网的基础。TCP/IP 定义了电子设备如何接入互联网，以及数据如何在它们之间传输的标准。这种网络体系结构被称为 TCP/IP 参考模型。与 OSI 参考模型不同的是，TCP/IP 参考模型是 4 层结构：网络接口层、网际层、传输层和应用层。每一层都呼叫它的下一层所提供的网络来完成自己的需求。如图 7.9 所示。

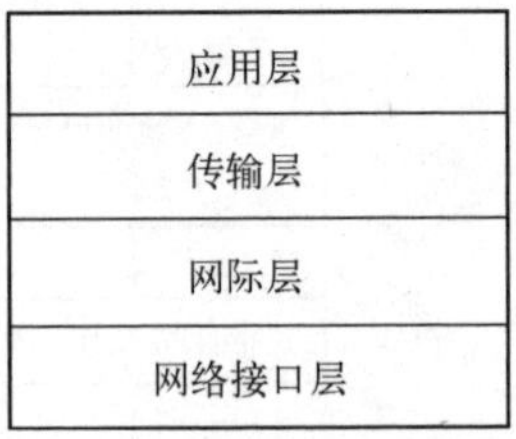

应用层
传输层
网际层
网络接口层

图 7.9　TCP/IP 参考模型

▶▶ 7.3.1　网络接口层

网络接口层（Network Interface Layer）是 TCP/IP 模型的最低层，负责接收从 IP 层来的 IP 数据报，并将 IP 数据报通过低层物理网络发送出去，或者从低层物理网络上接收物理帧，抽出 IP 数据报，交给 IP 层。网络接口层包括能使用与物理网络进行通信的协议，且对应 OSI 参考模型的物理层和数据链路层。标准并没有定义具体的网络接口协议，而是旨在提供灵活性，以适应各种网络类型，如局域网、城域网和广域网。这也说明了 TCP/IP 协议可以运行在任何网络之上。

▶▶ 7.3.2　网际层

网际层（Internet Layer）的主要功能是负责相邻结点之间的数据传送，包括三个方面。第一，处理来自传输层的分组发送请求。将分组装入 IP 数据报，填充报头，选择去往目的结点的路径，然后将数据报发往适当的网络接口。第二，处理输入数据报。首先检查数据报的合法性，然后进行路由选择。假如该数据报已到达目的结点（本机），则去掉报头，将 IP 报文的数据部分交给相应的传输层协议；假如该数据报尚未到达目的结点，则转发该数据报。第三，处理 ICMP 报文，即处理网络的路由选择、流量控制和拥塞控制等问题。TCP/IP 网络模型的互联网层在功能上非常类似于 OSI 参考模型中的网络层。

就像每个人必须有独一无二的地址以保证安全可靠的收寄快递一样，互联网中的每一台计算机和网络设备都必须有授权单位分配的全球都能接收和识别的唯一标识，即 IP 地址，这样才能保证信息在网络中的准确传输。

1．IP 地址

IP 地址是用数字来表示一台计算机和网络设备在 Internet 中的位置，它必须遵从一定的规范。

① 一个 IP 地址由 32 位二进制数组成。

② 每个 IP 地址被分成 4 组，每组 8 位（1B）。每组数字的大小范围为十进制的 0～255。为了便于书写和理解记忆，IP 地址采用了点分十进制数的标记方法，即将每组用十进制数表示的数值以圆点"."分隔，如有 IP 地址 11010011 01000000 11000000 00000001，则用点分十进制数表示为 211.64.192.1。

③ 从概念上来说，每个 IP 地址包含网络号和主机号两部分。网络号用于识别一个逻辑网络，而主机号用于识别逻辑网络中一台主机的一个链接。网络号由 Internet 权力机构分配，主机号由各个网络管理员统一分配，这样就可保证 Internet 地址的唯一性。对于某逻辑网络上的所有结点而言，网络号是相同的，而每个设备的主机号则各不相同。比如，某逻辑网络上有两个设备，其 IP 地址分别为208.133.78.11 和 208.133.78.17，两个设备 IP 地址的网络号均为 208.133.78，第 1 台设备的主机号是 11，第 2 台设备的主机号是 17。

④ Internet 互联的网络数量难以确定，规模大小不一，为了对 IP 地址进行管理，Internet 管理委员会按照网络规模的大小将 IP 地址划分为 A、B、C、D 和 E 五类，如图 7.10 所示。

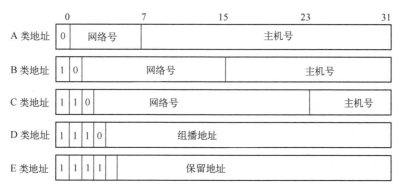

图 7.10　IP 地址分类

- A 类：IP 地址前 8 位表示网络号，最高位为 0，后 24 位表示主机号。其地址范围为：0.0.0.0~127.255.255.255；其中 127.0.0.1 是一个特殊的 IP 地址，表示主机本身，用于本地机器的测试和进程间的通信。
- B 类：IP 地址前 16 位表示网络号，最高两位为 10，后 16 位表示主机号。其地址范围为：128.0.0.0~191.255.255.255。
- C 类：IP 地址前 24 位表示网络号，最高三位为 110，后 8 位表示主机号。其地址范围为：192.0.0.0~223.255.255.255。
- D 类：最高四位为 1110，用于组播，允许发送到一组计算机。其地址范围为：224.0.0.0~239.255.255.255。
- E 类：最高四位为 1111，暂时保留不用。其地址范围为：240.0.0.0~247.255.255.255。

2．子网掩码

为了便于定位计算机，采用了子网掩码技术来判断要访问的计算机与本地计算机是否属于同一子网。所谓子网就是用路由器连接的网段，同一子网内的 IP 地址具有相同的网络号。

子网掩码是一个与 IP 地址表示方法相同的 32 位二进制数，用来确定 IP 地址中的网络部分。具体地说，子网掩码中的网络号和子网号部分都用 1 表示，主机号部分用 0 表示，由于二进制数不好记忆和书写，子网掩码也采用十进制数来表示。将子网掩码和 IP 地址进行二进制的"与"运算，得到该 IP 地址所属的子网。

例如，某计算机的 IP 地址为"202.120.10.6"，其子网掩码是"255.255.255.0"。利用子网掩码和主机 IP 地址进行逻辑与运算后，网络号被自动识别出来，从而得知主机所在的网络。

首先，将 IP 地址和子网掩码从十进制换算成二进制。IP 地址"202.120.10.6"换算成二进制为"11001010.01111000.00001010.00000110"。子网掩码"255.255.255.0"换算成二进制为"11111111.11111111.11111111.00000000"然后，进行逻辑与运算，运算过程如下。

IP 地址：11001010. 01111000.00001010. 00000110
子网掩码：11111111. 11111111. 11111111. 00000000
逻辑与运算后：11001010.01111000.00001010.00000000

运算结果换算为十进制 202.120.10.0。这样可以很容易得到 IP 地址"202.120.10.6"的网络号是"202.120.10"。

如果一个网络没有划分子网，子网掩码的网络号各二进制位全为 1，主机号各二进制位全为 0，这样得到的子网掩码为默认子网掩码。A 类网络的默认子网掩码为 255.0.0.0，B 类网络的默认子网掩码为 255.255.0.0，C 类网络的默认子网掩码为 255.255.255.0。

3．静态 IP 和动态 IP

目前在 Internet 上使用的 IP 协议是 1978 年确立的，称为 IPv4，尽管在理论上约有 43 亿（2^{23}）个 IP 地址，实际上考虑各种因素后只有一半地址可用。IP 地址成为一种非常重要的网络资源。

对于一个设立了 Internet 网服务的组织机构，由于其主机对外开放了诸如 WWW、FTP、E-mail 等访问服务，通常要对外公布一个固定的 IP 地址，以方便用户访问。而对于大多数拨号上网的用户，由于其上网时间和空间的离散性，为每个用户分配一个固定的 IP 地址（静态 IP）是非常不可取的，这将造成 IP 地址资源的极大浪费。因此，这些用户通常会在每次拨通 ISP（Internet 服务提供商）的主机后，自动获得一个动态的 IP 地址，该地址当然不是任意的，而是该 ISP 申请的网络 ID 和主机 ID 的合法区间中的某个地址。拨号用户任意两次连接时的 IP 地址很可能不同，但是在每次连接时间内 IP 地址不变。

4．IPv6

随着 Internet 技术的迅猛发展和规模的不断扩大，IPv4 已经暴露出许多问题。

IPv6 网络的提出最初是为了扩大 IP 地址空间。实际上，IPv4 除了在地址空间方面有很大的局限性，成为互联网发展的巨大障碍外，IPv4 在服务质量、传送速度、安全性、支持移动性和多播等方面也存在着局限性，这些局限性同样妨碍着互联网的进一步发展。使许多服务与应用难以在互联网上开展。IPv6 相对于 IPv4 有哪些优势呢？首先，IPv6 的 IP 地址资源非常丰富，IPv6 使用的地址空间为 128 位，可以彻底解决 IP 地址不足问题。其次，从网络安全的角度分析，IPv6 可以推进实名制的进一步落实。在仅使用 IPv4 的情况下，由于 IP 地址资源稀缺，同一设备在不同的网络环境下往往使用不同的 IP 地址。在家庭中，智能手机、平板电脑、计算机、智能电视通过无线路由器共享一个 IP 地址接入互联网。而智能手机在火车站、机场、商场等场所，又和其他的智能设备共享一个 IP 地址。这就使 IP 地址实名制比较困难。在使用 IPv6 后，由于 IPV6 的 IP 地址资源丰富，每个上网设备生产出来就被分配一个 IP 地址，从而实现了 IP 地址实名制，就像汽车被挂了车牌一样，更有利于网络安全。再次，IPv6 还有一个巨大的优势，就是在提高安全性的同时，极大地提高了对移动设备的支持。目前，无论是智能手机还是平板电脑，在移动的过程中，需要不断地变换 IP 地址，以适应不同的局域网。而在 IPv6 时代，移动设备生产出来就可以分配一个 IP 地址，并且可以一直使用这个 IP 地址，无须更改，这无疑减少了切换延时，提高了网络的速率。

在我国，IPv6 已经正式开始使用。

▶▶ 7.3.3　传输层

传输层（Transport Layer）的作用是在源结点和目的结点的两个进程实体之间提供可靠的端到端的数据传输。为了保证数据传输的可靠性，传输层协议规定接收端必须发回确认，假定分组丢失，必须重新发送。传输层还要解决不同应用程序的标识问题，因为在一般的通用计算机中，常常是多个应用程序同时访问互联网。为区别各个应用程序，传输层在每一个分组中增加识别信源和信宿应用程序的标记。另外，传输层的每一个分组均附带校验和，以便接收结点检查接收到的分组的正确性。

TCP/IP 模型提供了两个传输层协议：传输控制协议（TCP，Transmission Control Protocol）和用户数据报协议（UDP，User Datagram Protocol）。

TCP 协议是一个可靠的面向连接的传输层协议，它将某个结点的数据以字节流形式无差错投递到互联网的任何一台计算机上。发送方的 TCP 将用户交来的字节流划分成独立的报文，并交给互联网层进行发送，而接收方的 TCP 将接收的报文重新装配交给接收用户。TCP 同时处理有关流量控制的问题，以防止快速的发送方淹没慢速的接收方。

用户数据报协议 UDP 是一个不可靠、无连接的传输层协议，UDP 协议将可靠性问题交给应用程序解决。UDP 协议主要面向请求/应答式的交易型应用，一次交易往往只有一来一回两次报文交换。假如为此而建立连接和撤销连接，开销是相当大的，在这种情况下使用 UDP 就非常有效。另外，UDP 协议也应用于那些对可靠性要求不高，但要求网络的延迟较小的场合，如语音和视频数据的传送。

▶▶ 7.3.4　应用层

应用层（Application Layer）直接为用户的应用进程提供服务，或者说是为正在运行的程序提供服务。对应于 OSI 参考模型的应用层、表示层和会话层，也称"应用软件"。应用层包含的常用协议及对应服务很多，比如域名系统（DNS，Domain Name System），提供主机名到 IP 地址的转换服务。简单邮件传送协议（SMTP，Simple Mail Transfer Protocol），提供 ASCII 码电子邮件服务。

远程登录协议（Telnet，Telecommunication network），提供远程主机所需的虚拟终端服务。文件传送协议（FTP，File Transfer Protocol），提供网络中不同计算机之间的文件传输及其他文件操作服务和超文本传输协议等。

1. 域名系统

大多数人对字词的记忆能力比对数字的记忆能力要强，为了便于用户记忆 IP 地址，Internet 权力机构为 Internet 上所有结点建立了一套字符型的主机命名系统，即域名系统。这样在 Internet 上的每一台计算机不断具有自己的 IP 地址（数字表示），还有自己的域名（字符表示）。如青岛理工大学主机的 IP 地址为 211.64.192.2，其域名为 www.qtech.edu.cn。

TCP/IP 采用层次结构方法命名域名，域名的写法类似于点分十进制的 IP 地址写法，一般格式为：

主机名.单位名.机构名.顶级域名

域名格式中自右向左具有层次顺序，分别称为顶级域名（一级域名）、二级域名、三级域名等。其中，顶级域名分为国家域名和一般域名两类，除了美国，其他国家和地区的顶级域名为其名称的缩写。例如，cn 表示中国，de 表示德国，ca 表示加拿大。一般域根据主机、机构、网络所有者的性质命名。例如，edu 表示教育机构，com 表示商业机构，net 表示网络供应商等。常见的顶级域名如表 7.2 所示。

表 7.2　常见的顶级域名

域　名	组织类别名称	域　名	地域类别名称
AC	科研机构	au	澳大利亚
ARPA	预留查询域（特殊的 Internet 功能）	be	比利时
COM	商业组织	ca	加拿大
EDU	教育机构	cn	中国
GOV	政府部门	de	德国
INT	国际组织	jp	日本
MIL	美国军队组织	hk	香港
NET	网络（如 ISP）	uk	英国
ORG	非商业组织	us	美国

域名要有专门的机构来管理，否则就有可能引起重名问题。20 世纪 80 年代中期，斯坦福研究中心的网络信息中心（NIC）推出了一种跟踪域名和 IP 地址的层次方法，称为域名系统（DNS，Domain Name System）。DNS 是一个树状结构的计算域名服务器网络，主要由域名空间的划分、域名管理和地址转换 3 部分组成。域名与 IP 之间的转换工作称为域名解析，在 Internet 上由专门的服务器负责。每个 DNS 保存一个常用的 IP 地址和域名的转换表，当有计算机要根据域名访问其他计算机时，它自动执行域名解析，把已经注册的域名转换为 IP 地址。如果此服务器查不到该域名，该 DNS 会向它的上一级 DNS 发出查询请求，直到最高一级的 DNS 返回一个 IP 地址或返回未查到的消息。

为了确保 IP 地址和域名在 Internet 上的唯一性，IP 地址统一由各级网络信息中心（NIC，Network Information Center）分配。国际互连网络信息中心（InterNIC）负责美国及其他国家和地区的 IP 地址分配，RIPENIC 负责欧洲地区的 IP 地址分配，APNIC 负责亚太地区的 IP 地址分配。中国互联网络信息中心（CNNIC）负责中国境内的 IP 地址分配，网址为 http://www.cnnic.net.cn。

单位在建立网络并预备接入 Internet 时，必须事先向 CNNIC 申请注册域名和 IP 地址，而具体的各个主机地址则由该单位自行分配。

2. 超文本传输协议

超文本传输协议（http，hypertext transfer protocol）是互联网上应用最为广泛的一种网络协议。超文本传输协议，是浏览网页、看在线视频、听在线音乐等必须遵循的规则。WWW（World Wide Web）也称万维网。用户通过浏览器向万维网服务器发送万维网文档请求，然后服务器会将请求的文档发送回浏览器。在浏览器和服务器之间的请求和响应的交互，必须按照规定的格式和规则，这些格式和规则就构成了超文本传输协议。

（1）超文本与超媒体

超文本与超媒体是 WWW 的信息组织形式，如图 7.11 所示。

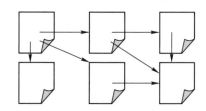

图 7.11　超文本、超媒体信息的组织方式

与普通文本的菜单组织方式不同，超文本方式将菜单集成于文本信息中。用户在浏览文本信息的同时，可从通过选择其中的"热字"（带下画线的文字）跳转到其他的文本信息。选择"热字"的过程实际上就是选择一条信息链接线索的过程，这种信息检索和浏览的过程接近人们的思维方式，是一个没有固定先后顺序的信息浏览过程。在整个 Internet 上，WWW 站点内部及站点之间通过这种链接相互关联，形成了一个蜘蛛网状的信息网，这也是万维网被称为 World Wide Web 的原因。用户通过浏览器可以浏览万维网上的任何 WWW 站点，查找自己需要的信息，而并不用关心这些信息所在的实际位置。

超媒体进一步扩展了超文本所链接的信息类型。用户不仅能从一个文本跳转到另一个文本，而且可以激活一段声音，显示一个图形，甚至可以播放一段动画。例如，当用户单击屏幕上的一幅汽车图片时，能看到相关的文字介绍，听到汽车引擎的声音，同时会看到汽车的行驶过程。超媒体通过这种集成化的方式把多媒体信息联系在一起。

（2）超文本标记语言（HTML，HyperText Markup Language）

WWW 服务器或 WWW 站点中所存储的信息，通过 HTML 被精心的组织成一系列的页面，类似于图书的页面，称为网页或 Web 页。网页是一种结构化的文档，可以包含文字、图片、图像、动画等多媒体信息，还可以包含指向其他页面的超链接。WWW 站点的许多页面中有一个唯一的主页（Homepage），通过它可以引导用户进入其他网页。主页通常是服务器的默认页（第 1 个信息页），文件名一般为 Index.htm。

HTML 是用于建立和识别超文本文档的标准语言，它利用不同的标签定义文本格式，引入超链接和多媒体信息等内容。

（3）页面地址（URL，Uniform Resource Location）

URL 也称为统一资源定位器，用于标识指定的页面，它由 3 部分组成：协议类型、主机名、路径及文件名。表示方式为：

协议类型：//主机名/路径/文件

例如，访问青岛理工大学 WWW 服务器主页面的 URL 为：http://www.qtech.edu.cn/index.htm。其中，主页文件名 index.htm 可以省略。

URL 可以指定的主要协议类型如表 7.3 所示。

表7.3　URL 可以指定的主要协议类型

协议类型	描述
http	通过 http 协议访问 WWW 服务器
ftp	通过 ftp 协议访问 ftp 文件服务器
Gopher	通过 gopher 协议访问 gopher 服务器
telnet	通过 telnet 协议进行远程登录
File	在所连的计算机上获取文件

（4）浏览器

WWW 的客户端程序称为浏览器。WWW 浏览器负责接收用户的请求，并通过 http 协议将用户的请求传给 WWW 服务器，当服务器的请求页面送回到浏览器后，浏览器再将页面进行解释，并显示在用户的屏幕上。

3. 简单邮件传送协议

电子邮件服务（又称 E-mail 服务）是 Internet 为用户提供的一种既快捷又廉价的现代化通信手段。电子邮件服务采用客户-服务器工作模式。电子邮件服务器是邮件服务系统的核心，它的作用与人工邮递系统中邮局的作用非常相似，一方面负责接收用户送来的邮件，并根据邮件要发送的目的地址将其传送到对方的邮件服务器，另一方面负责接收从其他邮件服务器发来的邮件，并根据收件人的不同，将邮件分发到各自的电子邮箱中。邮箱是在邮件服务器中为每一个合法用户开辟的一个存储用户邮件的空间。

网络中有大量的邮件服务器，如果某个用户需要利用一台邮件服务器发送和接收邮件，则首先必须在该服务器中申请一个合法的账号，包括用户名和密码，得到批准后，该用户便在该服务器中拥有了自己的电子邮箱。

在互联网中每个用户的电子邮箱有一个全球唯一的电子邮箱地址（E-mail Address）。用户的电子邮箱地址的格式为：用户账号@邮件服务器名。例如，ggjch@qtech.edu.cn。

电子邮箱是私人的，只有拥有账号和密码的用户才能阅读邮箱中的邮件。

邮件服务器之间通过 SMTP 协议传送邮件，而用户则通过 POP 协议或 IMAP 协议接收自己邮箱的信件。

4. 远程登录协议

Telent 协议是 TCP/IP 协议组中的一部分，借助于该协议，用户可以使自己的计算机成为远程计算机的一个仿真终端，实现远程登录。一旦用户的计算机成功的实现了远程登录，就可以享用远程计算机对外开放的软件、硬件、数据等资源，并与远程计算机一起协同工作。

5. 文件传输协议

文件传输（FTP，File Trancfer Protocol）协议是 TCP/IP 协议组中简单且重要的协议。FTP 服务用于在客户机与服务器之间进行文件搜索和传输等有关的操作。例如，交换一个或多个多种类型、多种结构、多种格式的文件，对本地和远程系统的目录操作功能，文件改名、显示文件内容、改变文件属性、删除文件及其他一些操作，具有匿名 FTP 功能。

FTP 是 FTP 服务器提供的一种实时的联机服务，合法用户（拥有 FTP 服务器合法账号和密码）在访问 FTP 服务器之前先要登录到对方的主机上，然后进行被授权文件的操作。目前，大多数提供公共资料的 FTP 服务器都提供匿名 FTP 服务，也就是说任何用户都可以随时访问这些服务器而无须事先申请账号和密码。实际上，用户使用的是匿名账号和密码，而匿名账号和密码是公开的，一般用"anonymous"作为账号，用"guest"作为密码。为了保证 FTP 服务器的安全性，几乎所有的匿名 FTP 服务器都只提供用户下载文件的功能，而不提供用户上传文件功能。

在客户端，用户可通过 3 种方式访问 FTP 服务器，即传统的命令行方式、浏览器方式和 FTP 下载工具。

TCP/IP 模型各层使用的协议如图 7.12 所示。

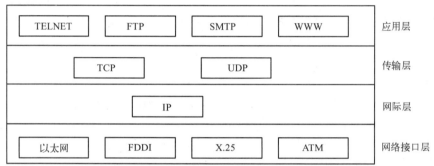

图 7.12　TCP/IP 模型各层使用的协议

TCP/IP 将不同的底层物理网络、拓扑结构隐藏起来，向用户和应用程序提供通用、统一的网络服务。这样，从用户的角度看，整个 TCP/IP 互联网就是一个统一的整体，它独立于具体的各种物理网络技术，能够向用户提供一个通用的网络服务，如图 7.13 所示。

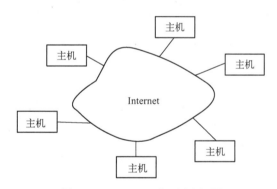

图 7.13　TCP/IP 互联网用户视图

在某种意义上，可以把这个单一的网络看作一个虚拟网，在逻辑上它是独立、统一的，在物理上它则是由不同的网络互连而成的。将 TCP/IP 互联网看作单一网络的观点，极大地简化了细节，使用户极容易建立起 TCP/IP 互联网的概念。

TCP/IP 互联网还有一个基本思想，即任何一个能传输数据分组的通信系统，均可被看作是一个独立的物理网络，这些通信系统均受到互联网协议的平等对待。大到广域网，小到 LAN，甚至两台计算机之间的点到点专线及拨号电话线路都被当作网络，这就是互联网的网络对等性。网络对等性为协议设计者提供了极大的方便，大大简化了对异构网的处理。可见，TCP/IP 网络完全撇开了底层物理网络的特性，是一个高度抽象的概念，正是这一抽象的概念，为 TCP/IP 网络赋予了巨大的灵活性和通用性。

 # 本章小结

计算机网络在不知不觉的影响和改变着人们的生活、工作、学习等各个方面，所以学习、了解并掌握一些计算机网络的知识和技能是必需的，也是很重要的。通过本章的学习，可以了解到计算机网络的发展过程及我国网络的发展现状，理解计算机网络的基本概念、分类、体系结构及 TCP/IP 参考模型的基本应用。

 习题 7

7-1　单项选择题

1. 若网络形状是由站点和连接站点的链路组成的一个闭合环，则称这种拓扑结构为（　　）。

    A. 星型拓扑　　　　　B. 总线型拓扑　　　　C. 环型拓扑　　　　D. 树型拓扑

2. 管理计算机通信的规则称为（　　）。

    A. 协议　　　　　　　B. 介质　　　　　　　C. 服务　　　　　　D. 网络操作系统

3. 一座大楼内的一个计算机网络系统，属于（　　）。

    A. PAN　　　　　　　B. LAN　　　　　　　C. MAN　　　　　　D. WAN

4. bps 表示什么意思（　　）。

    A. 每秒传送的二进制位数　　　　　　　　B. 每秒传送的字符数

    C. 每秒传送的字节数　　　　　　　　　　D. 每秒传送的十进制位数

5. TCP/IP 参考模型中，处于最底层的协议是（　　）。

    A. 物理层　　　　　　B. 应用层　　　　　　C. 网络接口层　　　D. 网际层

6. 在域名系统中，com 通常表示（　　）。

    A. 商业组织　　　　　B. 教育机构　　　　　C. 政府部门　　　　D. 军事部门

7. 目前 IPv4 地址已基本分配完毕，将来使用的 IPv6 的地址采用（　　）表示。

    A. 16 位　　　　　　　B. 32 位　　　　　　　C. 64 位　　　　　　D. 128 位

8. 计算机网络是由通信子网和（　　）组成。

    A. 资源子网　　　　　B. 协议子网　　　　　C. 国际互联网　　　D. TCP/IP

9. IP 地址为 195.58.97.235，它的子网掩码是 255.255.255.0，那么该 IP 地址的网络地址是（　　）。

    A. 195.58.97.235　　B. 195.58.97.0　　　C. 195.58.0.0　　　D. 255.255.255.0

10. 表示中国的一级域名是（　　）。

    A. China　　　　　　　B. Ch　　　　　　　　C. ca　　　　　　　D. cn

11. 连接到 Internet 上的计算机的 IP 地址是（　　）。

    A. 可以重复的　　　　　　　　　　　　　B. 唯一的

    C. 可以没有地址　　　　　　　　　　　　D. 地址可以是任意长度

12. TCP/IP 分层模型中，下列（　　）是传输层的协议之一。

    A. IP　　　　　　　　B. UTP　　　　　　　C. UDP　　　　　　D. FTP

13. 在计算机机房里，由计算机及网络设备组成了一个网络。此网络属于（　　）。

    A. 局域网　　　　　　B. 城域网　　　　　　C. 广域网　　　　　D. 个人区域网

14. 某学生家里租用电信 100Mbps 的宽带上网，下载一部文件大小为 5.4GB 的电影，完成下载需要的最快时间大约为（　　）。

    A. 440s　　　　　　　B. 54s　　　　　　　C. 1min　　　　　　D. 10min

15. 如果 exam.exe 文件被存储在一个名为 test.edu.cn 的 FTP 服务器上，那么下载该文件使用的 URL 为（　　）。

    A. http://test.edu.cn/exam.exe　　　　　　B. ftp://test.edu.cn/exam.exe

　　C．rtsp://test.edu.cn/exam.exe　　　　　　　　D．mns://test.edu.cn/exam.exe

7-2　填空题

1．计算机网络系统由通信子网和＿＿＿＿＿＿＿＿＿＿子网组成。

2．网络协议的 3 要素为：＿＿＿＿＿＿＿＿＿、＿＿＿＿＿＿＿＿＿和＿＿＿＿＿＿＿＿＿。

3．OSI 参考模型有＿＿＿＿＿＿＿＿＿＿个层次。

4．TCP/IP 参考模型将网络分成 4 层，它们是＿＿＿＿＿＿＿＿＿＿＿＿＿＿＿＿＿＿＿＿＿＿＿。

5．因特网中的每台主机至少有一个 IP 地址，而且这个 IP 地址在全网中必须是＿＿＿＿＿。

6．为了书写方便，IP 地址写成以圆点隔开的 4 组十进制数，它的统一格式是 AAA.BBB.CCC.DDD，圆点之间每组的取值范围在＿＿＿＿＿＿＿＿之间。

7．域名是通过＿＿＿＿＿＿＿＿转换成 IP 地址的。

8．国际标准化组织的简称是＿＿＿＿＿＿，OSI 的含义是＿＿＿＿＿＿＿＿＿＿＿＿＿＿。

9．URL 的含义是＿＿＿＿＿＿＿＿＿＿＿＿＿＿＿＿＿。

10．WWW 服务器提供的第一个信息页面称为＿＿＿＿＿＿＿。

7-3　思考题

1．什么是计算机网络？它主要涉及哪些方面的技术？举例说明计算机网络有什么用处。

2．A、B、C 3 类 IP 地址的地址范围是什么？

3．子网掩码的作用是什么？

4．什么是计算机网络协议？其作用是什么？

5．什么是 FTP 协议？

6．IPv6 与 IPv4 相比有什么优势？

7．TCP/IP 参考模型分为几层？

第8章　信息安全

随着计算机网络的开放、共享和互连程度的不断发展，全球信息化已成为人类社会发展的必然趋势。当资源共享广泛用于政治、军事、经济及人们生活的各个领域，网络用户的来源遍及社会各个阶层与部门时，网上信息的安全和保密已成为一个至关重要的问题。无论是局域网还是广域网中，都存在着自然和人为等诸多因素的脆弱性和潜在威胁。对于有意或无意的攻击或误操作，都将造成无法估量的损失，甚至会危及国家的安全。比如，军队的自动化指挥网络、C3I系统和银行等传输敏感数据的计算机网络系统，其网上信息的安全和保密尤为重要。因此，必须加强信息安全教育，从我做起，高度重视信息的安全和网络安全，这样才能确保网络信息的保密性、完整性和可用性。

本章从公民应具有的信息安全意识出发，引出了计算机犯罪和黑客，以及计算机教育、计算机病毒及防治、公民应有的社会责任、网络道德和知识产权的保护等问题。通过对本章的学习，将使得每个将要应用信息技术工作的学生掌握一些必备的知识和能力。

8.1　信息安全技术

▶▶ 8.1.1　信息安全的含义

在信息时代，信息是社会的特征，信息安全是一个关系国家安全和主权、社会的稳定、民族文化的继承与发扬和人们日常生活的重要问题。其重要性，正随着全球信息化步伐的加快越来越突显出来。"家门就是国门"，安全问题刻不容缓。

1. 信息安全是一个多层次的概念

信息安全的层次性主要体现在以下5个方面。

① 完整性：要求信息必须是正确和完全的，而且能够免受未授权、意料之外或无意的更改。

② 机密性：要求信息免受未授权的披露。它涉及对计算机数据和程序文件读取的控制，即谁能够访问哪些数据。它与隐私、敏感性和秘密有关。

③ 认证性：信息及其来源的真实性可以认证。

④ 可控性：对信息和信息系统实施安全监控管理，防止非法利用信息和信息系统。

⑤ 可用性：信息在需要时能够及时获得以满足业务需求。它确保系统用户能够不受干扰地获得诸如数据、程序和设备之类的系统信息和资源。

当今社会已经进入了互联网时代，强调的是面向连接、面向用户。人在系统中以资源使用者的身份出现，处于主导地位，因此，信息安全也应该以人为主体，即保证主体对信息资源（客体）的控制。从这个概念上说，信息安全分为面向数据的客体的安全，包括数据的保密性、完整性和可用性，以及面向使用者的主体的安全，包括鉴别、授权、认证、仲裁等。

2. 信息安全是一个系统的概念

信息安全是物理安全、网络安全、数据安全等的总和，是一个系统的概念。信息安全符合"木桶理论"，就是说必须考虑系统整体的安全性，因为入侵者可以从最不安全的地方入手，一个系统或环节的安全隐患可能影响整个系统的安全。解决信息安全的基本策略是综合治理，信息安全不是单靠某一项措施或技术所能奏效的。

3. 信息安全是一个动态的、相对的概念

信息安全还是一个动态的、相对的概念，安全无止境！并不存在一劳永逸的信息安全解决方案，这是因为"信息安全"与"安全威胁"是"矛"与"盾"的关系，它们随着技术的进步在不断发展。

4. 信息安全是一门综合性学科

信息安全涉及计算机科学、网络技术、通信技术、密码技术、信息安全技术、应用数学、数论、信息论等多种学科，是一门综合性的学科。广义来说，凡是涉及网络上信息的完整性、机密性、认证性、可控性和可用性的相关理论和技术都属于信息安全的研究领域。

总之，信息安全是信息化的基础工作，直接影响国民经济的健康发展。有人说网络信息安全建设就像"人的免疫系统"，没有信息安全做保障，"信息化"这个美丽的大厦随时可能倒塌。当然，应该用辩证的观点来看待信息安全问题，不能因为可能的安全问题而畏惧甚至抵制信息化，而要在信息化进程中重视安全问题。信息安全是可以通过技术和管理等手段来提高和保证的。

5. 信息安全意识

保证信息的安全不单是一个技术问题，而更多的是管理和法律的问题，所以信息安全是一项全社会的系统工程，一方面要切实加强网络管理，另一方面也是更重要的方面，是要唤起全民的信息安全意识，自觉维护计算机网络的安全，每个人都从我做起，认真学习有关的法律法规，规范自己的网络行为，为网络的安全可靠运行尽自己的一份力。维护网络安全应做到以下几个方面。

（1）一定的安全知识

每个人不一定都要成为信息安全专家，但是充分了解和掌握相关的信息安全技术知识是很有必要的。可以时常跟踪安全新闻动态、安全技术发展，以增加安全知识。

（2）良好的安全习惯

绝大部分的安全问题往往出自使用不当，虽然操作系统和应用软件提供商对于正确使用软件都有指引，但仍然有很多人犯错误。例如，Word 宏病毒的传播和 E-mail 附件病毒的传播都是由个人原因造成的。

（3）时刻警惕的心理

很多人知道自己的一些行为不安全，但总是存在侥幸心理，以为不会有事。其实，在网络上存在大量的黑客网站，每天都有很多人在讨论盗取密码的技术，在监视搜索计算机系统的漏洞等。比如，使用 ICQ 等即时聊天软件或网络游戏时，账号是特别容易被盗取的，所以要时刻提高警惕，使自己的网络行为在安全范围之内。

（4）珍贵数据的仔细保存

重要的数据一定要多元化存储。根据每个人的具体情况，采用多种办法，比如有些数据是不会改变的，如照片等，建议多采用光盘存储。有些数据是在不断修改的，如联系人信息、密码等，建议采用硬盘存储，同时复制一份到网络、移动硬盘或 U 盘上。

（5）本机安全的保护

能够执行本地代码的程序对计算机拥有者来说是最危险的，这些程序能够查看、复制和删除文件，能够监视系统和应用程序的运行，能够修改注册表，可以说是能够进行任何操作，所以对于这些程序，一定要确保安全后再进行安装或者运行。能够执行本地代码的文件包括.exe、.dll、.ocx、.scr、.bat、.pif 格式的代码，一定不要轻易下载这类程序。确实要使用时至少应先查杀病毒。这类文件往往隐藏在邮件的附件中，所以邮件的附件不要直接打开，应先保存到硬盘进行检查，确保无误后再打开。

（6）遵纪守法，做一个合格的网络用户

每个人都应做到不阅读、不复制、不传播、不制作妨碍社会治安和污染社会环境的暴力、色情等有害信息，不编制或故意传播计算机病毒，不模仿计算机黑客的行为，树立良好的信息意识，积极、主动、自觉地学习和使用现代信息技术。

▶▶ 8.1.2　计算机犯罪与计算机教育

1. 信息污染

信息污染，是信息技术所带来的一类特殊污染。

信息技术改造着人与自然的关系，创造了一种我们赖以生存的"信息环境"，我们在享受信息技术带来的愉悦和快感的同时，也将承受其带来的各种污染的危害。信息技术导致的污染并不像其他类型的污染那样直观和具体，概括起来主要体现在以下两个方面。

（1）对人类本身及所居住环境的污染

信息技术所带来的对人类所居住环境的污染越来越不容忽视。比如，复印机、激光打印机及工程复印机等信息技术产品在操作过程中会产生高浓度的臭氧、大量有机废气和带电灰尘等。来自于信息技术产品中的空气污染已经成为当前室内，尤其是办公场所污染的重要来源。

随着信息技术产品的不断丰富，电磁辐射污染也已经成为危害人们工作和生活的辐射污染的重要类型之一。人体如果长期暴露在超过安全电磁辐射剂量的电磁辐射下，细胞就会被杀伤或杀死，严重影响人体健康。

荧光屏和显示器的色彩与闪烁可对人的视觉产生一定的危害。室外的大型显示幕墙，更会对周围环境造成严重的光污染。

信息技术产品也能带来一定的噪声污染，如计算机主机、传真机的噪声及键盘声等，虽然音量并不大，但多种声音组合起来会对人体产生没有规律的刺激，同样也会有损人体健康。

（2）对信息的污染

信息作为一种资源，也有供给的短缺或过剩，有价值的高或低，有精华或糟粕等属性。通常将这类重复冗余、价值甚微、内容有害的信息称为信息垃圾。信息垃圾作为一种污染物，有其产生的客观原因，但主要是一些人和组织有目的的恶意散布信息，如垃圾邮件、垃圾短信、过度的广告、促销电话等，对信息环境造成了严重污染。由于技术的发展，制造信息污染的成本变得越来越低，风险越来越小，范围越来越广，操作越来越方便、快捷，预防也越来越困难，因而已经成为信息环境中的一种顽症。

信息污染在全世界都是存在的，是客观事实，重要的是要充分认识到信息污染给人们的生活、工作和学习带来的危害，并有效地防止。这就需要进行大量的宣传教育，有意识地帮助人们提高思想修养，实现信息行为的自我约束和控制，树立正确的网络价值准则。网络用户既是信息的产生者，又是信息的接收者，这种双重身份决定了一旦信息污染对其产生影响，就很可能成为新的污染源，对信息环境产生新的破坏。提倡网络用户的自律、自重可以减少污染的发生，法律和其他途径的保证可对污染的传播过程实施某种控制。而抵制已经散播的信息污染源，就需要从接收者一方不断加强网络用户的信息识别能力。只有努力提高全民的信息意识和法律意识，才能长久、稳定地保障网络安全。

2．计算机犯罪

（1）概述

20 世纪 40 年代，随着计算机首先在军事和科学工程领域的应用，计算机犯罪开始出现，当时已有学者（如美国犯罪学家埃德温·H·萨瑟兰）开始分析和研究才智和现代技术工具的结合产生犯罪的可能性。他建议，犯罪学家应将他们的注意力从传统犯罪转向利用技术和才智实施的犯罪。今天，利用高技术和高智慧实施的智能犯罪日益猖獗，特别是计算机犯罪已成为现代社会一个严重的社会问题，对社会造成的危害也越来越严重，必须引起高度重视。计算机犯罪作为一类特殊的犯罪，具有其他犯罪所不具有的特点，如隐秘性强、破坏性大、技术含量高等。采用的手段一般是窃取、篡改、破坏、销毁计算机系统内部的程序、数据和信息等。

计算机犯罪与计算机技术密切相关。随着计算机技术的飞速发展，计算机在社会中应用领域的急剧扩大，计算机犯罪的类型和领域在不断增加和扩展，从而使"计算机犯罪"这一术语随着时间的推移而不断获得新的含义。因此，在学术研究上，关于计算机犯罪迄今为止尚无统一的定义。虽然在我国刑法第 285 条、286 条、287 条中，对计算机犯罪进行了法律上的规定，但是仍然没有解决计算机犯罪定义的问题。

在 1997 年 3 月 15 日全国人民代表大会通过的《中华人民共和国刑法》中对计算机犯罪进行了如下规定："第二百八十五条，违反国家规定，侵入国家事务、国防建设、尖端科学技术领域的计算机信息系统的，处三年以下有期徒刑或者拘役。第二百八十六条违反国家规定，对计算机信息系统功能进行删除、修改、增加、干扰，造成计算机信息系统不能正常运行，后果严重的，处五年以下有期徒刑或者拘役；后果特别严重的，处五年以上有期徒刑。违反国家规定，对计算机信息系统中存储、处理或者传输的数据和应用程序进行删除、修改、增加的操作，后果严重的，依照前款的规定处罚。故意制作、传播计算机病毒等破坏性程序，影响计算机系统正常运行，后果严重的，依照第一款的规定处罚。第二百八十七条，利用计算机实施金融诈骗、盗窃、贪污、挪用公款、窃取国家秘密或者其他犯罪的，依照本法有关规定定罪处罚。"

针对计算机犯罪的特征和手段，结合刑法条文的有关规定和我国计算机犯罪的实际情况，定义计算机犯罪为：针对和利用计算机系统，通过非法操作或其他手段对计算机系统的完整性或正常运行造成危害后果的行为。

根据我国法律法规的规定，计算机违法犯罪活动主要有：煽动、抗拒、破坏宪法和法律、行政法规实施；煽动颠覆国家政权、推翻社会主义制度；煽动分裂国家、破坏国家统一；煽动民族仇恨、民族歧视，破坏民族团结；捏造或者歪曲事实，散布谣言，扰乱社会秩序；宣扬封建迷信、淫秽、色情、赌博、暴力、凶杀、恐怖、教唆犯罪；公然侮辱他人或者捏造事实诽谤他人；损害国家机关信誉；未经允许，进入计算机信息网络或者使用计算机信息网络资源；未经允许，对计算机信息网络功能进行删除、修改或者增加；未经允许，对计算机信息网络中存储、处理或传输的数据和应用程序进行删除、修改或增加；故意制作、传播计算机病毒等行为。

（2）计算机犯罪的特点

计算机犯罪包括针对计算机系统的犯罪和针对系统处理、储存的信息的犯罪两种。计算机犯罪在法律上具有以下特点。

① 计算机犯罪具有社会危害性。与所有的犯罪一样，正是因为计算机犯罪的行为具有社会危害

性，我国才在刑法中规定其为犯罪，并且对其采取刑事制裁。计算机犯罪社会危害性的大小，取决于计算机信息系统的社会作用，取决于社会资产计算机化的程度和计算机普及应用的程度，其作用越大，计算机犯罪的社会危害性也越大。

② 计算机犯罪具有非法性。计算机犯罪的本身表现为一种越权操作，犯罪者超越了由法律或权利人所授予的权利范围。越权操作的行为是法律所不允许的，越权操作的后果也是法律所禁止的，所以计算机犯罪直接触犯了法律。

③ 计算机犯罪具有广泛性和复杂性。除了有关人身的一些犯罪，一般的犯罪都可以通过计算机犯罪来完成，而且大多数罪犯都没有人们通常想象中的罪犯的特征，反而更年轻、更有知识、更有能力。有些罪犯是有意的、有目的的，也有许多计算机罪犯其实并不想犯罪，他们把自己的行为解释成一种智力游戏、一种挑战，甚至以攻破其他计算机系统为炫耀自己才干的方式。例如，"中国病毒一号"就是大学生的恶作剧。由此可见计算机犯罪的复杂性。

④ 计算机犯罪具有明确性。作案人主要是为了非法占有财富和蓄意报复，对计算机系统内部的数据进行未经许可的处理，目标主要集中在金融、证券、电信、大型公司等重要经济部门和单位，其中以金融、证券等部门尤为突出。

⑤ 作案手段智能化、隐蔽性强。计算机犯罪是一种发生在瞬间的高科技犯罪。行为人经过狡诈而周密的安排，运用计算机专业知识，往往只要向计算机输入错误指令，篡改软件程序，作案时间短且不留痕迹，使一般人很难觉察到。也有些计算机犯罪其行为与结果在时空上是分离的，这对作案人起了一定的掩护作用，使计算机犯罪手段更趋向于隐蔽。

⑥ 侦查取证困难，破案难度大，存在较高的犯罪黑数。据统计，99%的计算机犯罪不会被发现。另外，在受理的这类案件中，侦查工作和犯罪证据的采集相当困难。

计算机犯罪不同于任何一种普通的刑事犯罪，产生计算机犯罪的主要原因有以下几方面。一是利用计算机实施的犯罪具有高度隐蔽性，成功率高，而侦破率相对较低。计算机犯罪的这种高度隐蔽性，无疑助长了犯罪人的侥幸心理，诱发犯罪的发生。二是计算机使用单位的安全保护意识不强，重效益、轻安全的倾向较普遍，安全组织不落实、制度不健全或没有得到有效执行的现象比较普遍。计算机网络大都是边设计边投入使用，缺乏较规范的系统管理守则，少数部门则根本就没有建立计算机安全管理规定。三是我国计算机系统的安全技术措施薄弱，防范犯罪和灾害事故的能力较差。

（3）计算机犯罪的防范

在计算机与网络技术日新月异的今天，有效地打击和预防计算机犯罪的关键在于防范。

① 加强对计算机信息系统管理人员的职业道德教育

据美国 FBI（联邦调查局）统计，在美国发生的计算机犯罪案件中，70%是内部人员作案。我国公安机关的调查也显示，大部分计算机犯罪案件是由于疏于管理造成的。例如，1997 年 3 月，浙江省乐清市某建设银行储蓄所计算机操作员陈某利用职务之便，分别在建行 6 个网点用不同化名开立了 12 个储蓄存折。4 月的一个双休日上午，陈某利用无人值班之机，独自进所开机进入计算机通存通兑网络，在事先所开户头上虚存人民币 566 万元，并于当天下午提取 398 万元后携款潜逃。因此，提高全社会的计算机信息系统安全保护意识，提高有关从业人员的法律观念，建立健全各项安全管理规章制度和安全组织，是防止犯罪的最有效方法。

② 加强计算机信息系统自身的安全防护能力

由于计算机犯罪大都涉及计算机技术，所以提高计算机信息系统本身的技术防御能力，加强计算机系统的自我保护是广大计算机用户及有关部门面临的首要课题。通过各种防病毒软件和保护软件来遏制各种病毒的入侵，使计算机犯罪无法得逞，加强对数据输入的安全防护，通过设立技术加密程序，使计算机信息系统免受破坏。同时，加强对数据存储的控制，保证数据不被破坏、篡改或删除，通过完善行政、技术措施、完善媒体管理制度来实现对数据存储的保护。

③ 完善立法，加强监督打击力度

目前，我国计算机立法已经取得了初步成果，并在不断地进行创新和探索。计算机安全的立法，一方面使计算机安全措施法律化、规范化，从而减少了计算机犯罪案件；另一方面为打击计算机犯罪提供了强有力的法律依据。当发生计算机犯罪案件后，要及时向当地公安机关报案，协助公安机关开展侦破。各级公安机关要依据新刑法中增设的打击计算机犯罪条款，对计算机犯罪案件及时侦破，及时打击，对犯罪分子起到震慑作用，有效地遏止犯罪的发生。

发生在江苏扬州的全国首例利用计算机盗取银行巨款案，使人们在震惊之余掩卷长思。据新闻媒体报道，郝氏兄弟的父亲是一名电子工程师，兄弟俩自幼喜爱无线电，近年又热衷于计算机，他俩所掌握的无线电和计算机知识及技能，绝非一般人可比。他们在扬州作案后，用赃款添置了两台计算机，准备选择新的城市继续作案。而等待他们的是法律的严惩。值得注意的是，发生在上海、成都等地的计算机犯罪案件中，作案者也都是年纪不大的计算机族中的佼佼者。如何对这些"计算机高手"加强正面教育与引导，将他们过人的聪明才智用于正道，是全社会及许多家庭不得不面对的一个课题。

④ 建立、健全国际合作体系

通过互联网，实施计算机犯罪的行为和结果，可能发生在不同的几个国家，计算机犯罪在很大程度上都是国际性犯罪。因此，建立、健全国际合作体系，加强国与国之间的配合与协作尤为重要。同时，通过合作，也可互通有无，学习国外的先进经验，以提高本国反计算机犯罪的水平和能力。

3. 计算机"黑客"

黑客（Hacker）一词来自于英语 Hack（砍），它的普遍含义是计算机系统的非法入侵者。1958 年，美国发生了第一起真正有案可查的计算机黑客案件。进入 20 世纪 70 年代，计算机黑客行为大幅上升，并呈逐渐蔓延、泛滥之势，给整个社会的经济、文化、政治、军事、行政管理、物质生产带来了全方位的冲击，造成了严重的危害。据资料查证，目前全世界在互联网上几乎每 20 秒就有一起黑客事件发生，黑客攻击手段达 1500 多种，每天有十多种计算机病毒出现，至今已出现过 5 万多种病毒。无论哪个国家机构的互联网均遭到过黑客式病毒的攻击，攻击成功率在 60% 以上。

黑客已成为网络的一大公害，他们有的侵入网络为自己设立免费个人账户进行网络犯罪活动；有的在网上散布影响社会稳定的言论；有的在网上传播黄色信息、淫秽图片；有的恶意攻击网络，致使网络瘫痪。因为他们的不断入侵严重危害了网络社会正常秩序，甚至威胁到国家安全。要想更好地保护网络不受黑客的攻击，就必须对黑客的攻击方法、攻击原理、攻击过程有深入、详细的了解，只有这样才能更有效且更具针对性地进行主动防护。

现在的确有些黑客，对于入侵他人的计算机或服务器纯粹出于好奇心，他们可能只是窥探一下对方的秘密或隐私，并不打算窃取任何信息或破坏对方的系统，危害性倒也不是很大。但是有一种就是恶意的攻击、搞破坏，其危害性最大，所占的比例也最大。同时，这些黑客为了谋取非法的经济利益，盗用账号非法提取他人的银行存款，或对被攻击对象进行勒索，使个人、团体、国家遭受重大的经济损失。例如，1999 年 7 月，江西省公众多媒体通信网遭到一名黑客恶意攻击，中断网络运行达 30 小时，网上浏览、查询、电子邮件、文件传输等网络服务全部中断，大量系统软件被破坏，部分用户数据被损毁。上海公安部门 1999 年曾破获我国首例侵入证券公司计算机的黑客案，证券公司营业部员工赵某利用计算机系统漏洞，发送虚假交易指令，致使"兴业房产"等股票瞬间飙升到涨停板，以获取非法利润。2004 年 10 月 17 日上午 10 时许，腾讯服务器被攻击，国内各地网民陆续发现腾讯 QQ 无法登录。国内著名的杀毒软件公司江民公司的网站被一个黑客攻破，页面内容被篡改。美国国防部出于对计算机网络系统安全性的考虑，把一台访问监控器与 Internet 网相连，令人惊奇的是来自 14 个国家的"黑客们"，在三个月内攻击系统竟达 4300 次之多，平均每天 50 次。

黑客的犯罪手段主要有：数据欺骗、采用潜伏机制来执行非授权的功能、"意大利香肠"战术、超级冲杀、"活动天窗"和"后门"、清理垃圾等。一个"黑客"闯入网络后，可以在计算机网络系统中引起连锁反应，使其运行的程序"崩溃"，存储的信息消失，情报信息紊乱，造成指挥、通信瘫痪、武器系统失灵，或窃取军事、政治、经济情报。

事实上，黑客并没有明确的定义，它具有"两面性"。黑客在造成重大损失的同时，也有利于系统漏洞发现和技术进步。

防止黑客攻击的方法主要包括以下几点。

① 要使用正版防病毒软件并定期升级，可以防止黑客程序侵入计算机系统。

② 尽量选用最先进的防火墙软件，监视数据流动。

③ 打破常规思维设置网络密码，比如，使用由数字、字母和汉字混排的口令密码，加大破译难度。另外，要经常变换自己的密码，对不同的网站和程序，使用不同的口令密码，不要为图省事使用统一密码，以防止被黑客破译后产生"多米诺骨牌"效应。

④ 对来路不明的电子邮件或亲友电子邮件的附件或邮件列表要保持警惕，不要一收到就马上打开，要首先用杀毒软件查杀，确定无病毒和黑客程序后再打开。

⑤ 要尽量使用最新版本的互联网浏览器软件、电子邮件软件和其他相关软件。

⑥ 下载软件要去声誉好的专业网站，既安全又能保证较快速度，避免去资质不清楚的网站。

⑦ 不要轻易在网站留下身份资料，不要允许电子商务企业随意储存信用卡资料，只向有安全保证的网站发送个人信用卡资料，注意寻找浏览器底部显示的挂锁图标或钥匙形图标。

⑧ 要注意确认要去的网站地址，注意输入的字母和标点符号的绝对正确，防止误入网上歧途，落入网络陷阱。

4. 大学生必须遵守的法律规定

① 遵守《中华人民共和国计算机信息系统安全保护条例》，禁止侵犯计算机软件著作权（有关法规条文附录）。

② 任何组织或者个人，不得利用计算机信息系统从事危害国家利益、集体利益和公民合法利益的活动，不得危害计算机信息系统的安全。

③ 计算机信息网络直接进行国际连网时，必须使用信息产业部国家公用电信网络提供的国际出入口信道。任何单位和个人不得自行建立或使用其他信道进行国际连网。

④ 从事国际连网业务的单位和个人，应当遵守国家有关法律、行政法规，严格执行安全保密制度，不得利用国际连网从事危害国家安全、泄露国家秘密等违法犯罪活动，不得制作、查阅、复制和传播妨碍社会治安的信息和淫秽色情等信息。

⑤ 任何组织或个人，不得利用计算机国际连网从事危害国家安全、泄露国家秘密等犯罪活动；不得利用计算机国际连网查阅、复制、制造和传播危害国家安全、妨碍社会治安和淫秽色情的信息。发现上述违法犯罪行为和有害信息，应及时向有关主管机关报告。

⑥ 任何组织或个人，不得利用计算机国际连网从事危害他人信息系统和网络安全，侵犯他人合法权益的活动。

⑦ 国际连网用户应当服从接入单位的管理，遵守用户守则；不得擅自进入未经许可的计算机系统，篡改他人信息；不得在网络上散发恶意信息，冒用他人名义发出信息，侵犯他人合法权益的活动。

⑧ 任何单位和个人发现计算机信息系统泄密后，应及时采取补救措施，并按有关规定及时向上级报告。

▶▶ 8.1.3　信息安全技术

1．信息系统所面临的威胁

所有计算机信息系统都会有程度不同的缺陷（Vulnerabilities），会面临或多或少的威胁（Threats）和风险（Risks），也会因此遭受或大或小的损害（Exposures）。

信息系统所面临的威胁大体可分为两种：一是对信息本身的威胁，二是对设备的威胁。威胁信息安全的因素来自多个方面，有不可抗的自然因素，有人为的偶然因素，更有经济或其他利益驱使的必然因素。归结起来，针对信息系统安全的威胁主要有以下 3 种。

① 人为的无意失误。例如，操作员安全配置不当造成的安全漏洞，用户安全意识不强，用户口令选择不慎，用户将自己的账号随意转借他人或与别人共享数据等，都会对网络安全带来威胁。

② 人为的恶意攻击。这是信息系统所面临的最大威胁，敌手的攻击和计算机犯罪就属于这一类。此类攻击又可以分为两种：一种是主动攻击，它以各种方式有选择地破坏信息的有效性和完整性；另一种是被动攻击，它是在不影响网络正常工作的情况下，进行截获、窃取、破译，以获得重要信息。

③ 软件的漏洞和"后门"。软件不可能是百分之百无缺陷和无漏洞的，然而，这些漏洞和缺陷恰恰是黑客进行攻击的首选目标。曾经出现过的黑客攻入网络内部的事件中，大部分就是因为安全措施不完善所招致的苦果。另外，软件的"后门"都是软件公司的设计编程人员为了自便而设置的，一般不为外人所知，但一旦"后门"打开，其造成的后果将不堪设想。

2．保证信息安全的技术

（1）防火墙技术

防火墙的本义是指古代构筑和使用木质结构房屋的时候，为防止火灾的发生和蔓延，将坚固的石块堆砌在房屋周围作为屏障，这种防护构筑物就被称为防火墙。其实与防火墙一起作用的就是门。如果没有门，各房间的人如何沟通，这些房间的人如何进去，当火灾发生时，这些人又如何逃离现场呢？这个门就相当于这里所讲的防火墙的安全策略，所以在此所说的防火墙实际上并不是一堵实心墙，而是带有一些小孔的墙，这些小孔就是用来留给那些允许进行的通信，在这些小孔中安装了过滤机制。

防火墙是近期发展起来的一种保护计算机网络安全的技术性措施，形象地说，防火墙就是担当了"警察"的角色，它在网络上建立一个安全控制检查点来"保护"网络的安全。

一般防火墙设立检查点的位置在内部网络与外部网络之间，形成了控制进、出两个方向通信的门槛。一方面最大限度地让内部用户方便地访问公共网络，另一方面尽可能地阻挡外部网络的非法侵入。防火墙是一个隔离器，它可以有不同的实现方法，一般用软件实现，也可以用软、硬件相结合来实现防火墙的功能。防火墙的作用主要体现在：

① 检查过滤通过控制点的信息；

② 收集记录通过控制点的有关事件；

③ 屏蔽内部的网络结构，提高系统的安全性和灵活性。

我们说过，没有绝对的安全，防火墙同样也不是万能的，即使拥有当前最先进的防火墙，仍要注意以下问题：

① 防火墙不能阻止病毒对系统的危害；

② 如果系统允许拨号远程访问，那么破坏者可以绕开防火墙的安全机制；

③ 技术是在不断进步的，新的未知的攻击技术对系统仍存在威胁；

④ 破坏者不通过网络在线窃取信息，那么最先进的防火墙也会形同虚设；

⑤ 其负面影响对合法用户的正常使用带来不便，对系统的性能也有影响。

目前的防火墙主要有包过滤防火墙、代理防火墙和双穴主机防火墙 3 种类型。

① 包过滤防火墙

包过滤防火墙设置在网络层，可以在路由器上对数据包进行过滤选择。首先检查来自外部网络每个数据包中可用的基本信息，如源 IP 地址、目的 IP 地址、传输协议类型（TCP、UDP、ICMP）等，然后决定是否让该数据包通过。

② 代理防火墙

代理防火墙又称应用层网关级防火墙，它由代理服务器和过滤路由器组成，是目前较流行的一种防火墙，它主要控制哪些用户能访问哪些服务类型。当外部网络向内部网络申请某种网络服务时，代理服务器接收申请，然后根据其服务类型、服务内容、被服务的对象、服务者申请的时间、申请者的域名范围等来决定是否接受此项服务，如果接受，它就向内部网络转发这项请求。现在较流行的代理服务器软件是 WinGate 和 Proxy Server。

③ 双穴主机防火墙

双穴主机防火墙用主机来执行安全控制功能。一台双穴主机配有多个网卡，分别连接不同的网络。双穴主机从一个网络收集数据，并且有选择地把它发送到另一个网络上。网络服务由双穴主机上的服务代理来提供。内部网和外部网的用户可以通过双穴主机的共享数据区传递数据，从而保护了内部网络不被非法访问。

典型防火墙具有以下 3 个方面的基本特性。

① 内部网络和外部网络之间的所有网络数据流都必须经过防火墙。这是防火墙所处网络位置的特性，同时也是一个前提。因为只有当防火墙是内、外部网络之间通信的唯一通道，才可以全面、有效地保护企业网内部网络不受侵害。

根据美国国家安全局制定的《信息保障技术框架》，防火墙适用于用户网络系统的边界，属于用户网络边界的安全保护设备。所谓网络边界是采用不同安全策略的两个网络连接处，比如用户网络和互联网之间连接、与其他业务往来单位的网络连接、用户内部网络不同部门之间的连接等。防火墙的目的就是在网络连接之间建立一个安全控制点，通过允许、拒绝或重新定向经过防火墙的数据流，实现对进、出内部网络的服务和访问的审计和控制。

② 只有符合安全策略的数据流才能通过防火墙。防火墙最基本的功能是确保网络流量的合法性，并在此前提下将网络的流量快速地从一条链路转发到另外的链路。

③ 防火墙自身应具有非常强的抗攻击免疫力。这是防火墙之所以能担当企业内部网络安全防护重任的先决条件。防火墙处于网络边缘，它就像一个边界卫士一样，每时每刻都要面对黑客的入侵，这样就要求防火墙自身要具有非常强的"抗击入侵的本领"。

目前，国内的防火墙市场几乎被国外的品牌占据了一半，国外品牌的优势主要是在技术和知名度上比国内产品高，而国内防火墙厂商对国内用户了解得更加透彻，价格上也更具有优势。在防火墙产品中，国外主流厂商为思科（Cisco）、CheckPoint、NetScreen 等，国内主流厂商为东软、天融信、联想、方正等，它们都提供不同级别的防火墙产品。

（2）加密技术

信息加密是计算机网络安全很重要的一个部分，由于网络本身的不安全性，所以不仅要对口令进行加密，有时也需要对网上传输的文件进行加密。

一般的信息加密模型如图 8.1 所示。

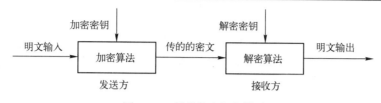

图 8.1 一般的信息加密模型

信息加密的过程是由形形色色的加密算法来具体实施的。信息加密以很小的代价提供很大的安全保护。在多数情况下，信息加密是保证信息机密性的唯一方法。据不完全统计，到目前为止，已经公开发表的各种加密算法多达数百种。一个设计良好的加密/解密算法应该保证只有知道密钥才能在明文跟密文之间转换，而且知道明文和密文也不能算出或猜出密钥。如果按照收发双方密钥是否相同来分类，可以将这些加密算法分为对称加密算法和非对称加密算法。

① 对称加密技术

对称加密技术（或常规加密技术）是指收信方和发信方使用相同的密钥，即加密密钥和解密密钥是相同或等价的。比较著名的对称加密算法是美国的 DES。

数据加密标准（DES）是美国经长时间征集和筛选后，于 1977 年由美国国家标准局颁布的一种加密算法。它主要用于民用敏感信息的加密，后来被国际标准化组织接受作为国际标准。DES 主要采用替换和移位的方法加密。它用 56 位密钥对 64 位二进制数据块进行加密，每次加密可对 64 位的输入数据进行 16 轮编码，经一系列替换和移位后，输入的 64 位原始数据转换成完全不同的 64 位输出数据。DES 算法仅使用最大为 64 位的标准算术和逻辑运算，运算速度快，密钥生产容易，适合于在当前大多数计算机上用软件方法实现，同时也适合于在专用芯片上实现。

继 DES 后，又出现了三重 DES、CLIPPER、IDEA 等公开的加密标准算法。

对称密码的优点是有很强的保密强度，并且经受住了时间的检验和攻击，但其密钥必须通过安全的途径传送。因此，其密钥管理成为系统安全的重要因素。

② 非对称加密技术

非对称加密技术（或公钥加密技术）中的加密密钥和解密密钥是不一样的，而且几乎不可能从加密密钥推导出解密密钥。加密密钥和解密密钥是相对的说法，如果用加密密钥加密那么只有解密密钥才能恢复，如果用解密密钥加密则只有加密密钥能解密，所以它们被称为密钥对，其中的一个可以在网络上发送、公布，叫作公钥，而另一个则只有密钥对的所有人才持有，叫作私钥。非对称公开密钥系统又叫作公钥系统，是现代金融业的基石。

比较著名的非对称加密算法是由 Ron Rivest、Adi Shamir 和 Leonard Adleman 在 1978 年提出的 RSA 公开密钥算法。这是现在应用最广泛的一种非对称加密算法，它能抵抗到目前为止已知的所有密码攻击。这种算法的运算非常复杂，速度也很慢，主要是利用了数学上很难分解两个大素数乘积的原理。

公钥密码的优点是可以适应网络的开放性要求，且密钥管理问题也较为简单，尤其可方便地实现数字签名和验证，但其算法复杂，加密数据的速率较低。尽管如此，随着现代电子技术和密码技术的发展，公钥密码算法将是一种很有前途的网络安全加密体制。

③ 数字签名

通常的书信或文件根据亲笔签名或印章来证明信息的真实性。但在计算机网络中传送的数字信息又如何签字和盖章呢？数字签名可以解决这个问题，数字签名必须保证以下三点：

● 接收者能够确认发送方的签名，但不能否认，不能伪造；
● 发送方事后不能抵赖所发送的消息；
● 第三者可以确认收发双方的消息传送，但不能伪造。

　　数字签名的作用就是让接收者能够验证信息是发送者发送的原文，且没有被修改或破坏过。用公钥系统可以实现数字签名，发送人在发送明文信息的同时，也将明文信息用私钥加密，得到的密文作为自己对该信息的签名一起发送给接收者，接收者可以通过将密文用发送者公开的公钥进行解密再与明文对比，如果一致则表示该信息未被篡改。

 # 8.2　计算机病毒及其防治

▶▶ 8.2.1　认识计算机病毒

　　病毒是生物学领域的术语，是指能够自我繁衍并传染、使人或动物致病的一种微生物。人们借用它来形容计算机信息系统中能够自我复制并破坏计算机信息系统的恶性软件。1984 年 5 月 Cohen 博士在世界上第一次给出了计算机病毒的定义：计算机病毒是一段程序，它通过修改其他程序把自身复制嵌入而实现对其他程序的感染。《中华人民共和国计算机信息系统安全保护条例》第二十八条给出了计算机病毒的定义："计算机病毒是指编制或者在计算机程序中插入的破坏计算机功能或者毁坏数据，影响计算机使用，并能自我复制的一组计算机指令或者程序代码。"这是一个具有法律效力的定义。计算机病毒的来源众说纷纭，有恶作剧起源说、报复起源说、软件保护起源说等，随着计算机工业的发展，病毒程序层出不穷，到了 21 世纪的今天它的种类已达上千万种。在我国，故意制作、传播计算机病毒等破坏性程序是违法犯罪行为，要受到法律制裁。

　　一台计算机一旦受到病毒感染后，会表现出不同的症状。例如，加电后计算机无法启动或启动时间变长，有时会突然出现黑屏现象；计算机系统的运行速度降低；磁盘空间迅速变小，由于病毒程序要进驻内存，而且又能繁殖，因此使内存空间变小甚至变为零；用户文件内容和长度有所改变，文件内容也可能出现乱码，有时文件内容无法显示或显示后又消失；经常出现死机现象；外部设备工作异常等。

▶▶ 8.2.2　计算机病毒的特征

　　计算机病毒虽然对人体无害，但它具有类似生物病毒的特征。

　　（1）隐蔽性

　　计算机病毒是一种具有很高编程技巧、短小精悍的可执行程序。进入系统后不马上发作，隐藏在合法文件中，对其他系统进行秘密感染，一旦时机成熟，就会四处繁殖、扩散。有的可以通过病毒软件查出来，有的根本查不出来，有的时隐时现、变化无常，病毒想方设法隐藏自身，就是为了防止用户察觉。

　　（2）传染性

　　传染性是计算机病毒最重要的特征，病毒程序一旦侵入计算机系统就开始搜索可以传染的程序或磁介质，通过各种渠道（磁盘、共享目录、邮件等）从已被感染的计算机扩散到其他计算机上，然后通过自我复制迅速传播，其速度之快令人难以预防。是否具有传染性是判断一个程序是否为病毒的基本标志。

　　（3）潜伏性

　　病毒传染合法的程序和系统后，不立即发作，而是悄悄隐藏起来，然后在用户没有察觉的情况下进行传染。有些病毒像定时炸弹一样，让它什么时间发作是预先设计好的。比如"黑色星期五"病毒，不到预定时间根本无法觉察，等到条件具备的时候一下子就爆炸开来，对系统进行破坏。这样，病毒的潜伏性越好，它在系统中存在的时间也就越长，病毒传染的范围也越广，其危害性也越大。

（4）破坏性

无论何种病毒程序一旦侵入系统就会对操作系统的运行造成不同程度的影响，可以说凡是软件技术能触及到的资源均可能遭到破坏。比如，文件被删除，磁盘中的数据被加密甚至摧毁整个系统和数据，使之无法恢复，造成无可挽回的损失。因此，病毒程序的副作用轻者降低系统工作效率，重者导致系统崩溃、数据丢失。病毒程序的表现性或破坏性体现了病毒设计者的真正意图。

（5）可触发性

计算机病毒一般都有一个或几个预定的触发条件，可能是时间、日期、文件类型或某些特定数据等，一旦满足其触发条件，便启动感染或破坏工作，使病毒进行感染或攻击，如果不满足，则继续潜伏。

▶▶ 8.2.3　计算机病毒的分类

1．分类

对计算机病毒的分类存在多种观点。

① 按照病毒存在的媒体，可分为网络病毒、文件病毒、引导型病毒。网络病毒通过计算机网络传播感染网络中的可执行文件。文件病毒专门感染计算机中的.com、.exe、.sys 等可执行文件。引导型病毒感染启动扇区（Boot）和硬盘的系统引导扇区（MBR），当系统启动时，首先执行病毒程序，然后才执行真正的引导记录。从表面上看，这类带毒系统似乎运行正常，实际上病毒已隐藏下来，并能伺机发作。这类病毒流行甚广，著名的"大麻"、"小球"病毒均属于此类。

② 按病毒的表现性质分类，可分为良性病毒和恶性病毒。良性病毒的危害性小，主要目的在于表现自己，大多数是恶作剧。病毒发作时往往占用大量 CPU 时间和内、外存等资源，降低运行速度，干扰用户工作，但它们一般不破坏系统和数据，消除病毒后，系统就恢复正常。例如，国内出现的圆点病毒就是良性的。恶性病毒的目的在于破坏。病毒发作时，破坏系统数据，甚至删除系统文件，重新格式化硬盘，其造成的危害十分严重，即使消除了病毒，所造成的破坏也难以恢复。

③ 按攻击的机种分类，有攻击 IBM PC 及其兼容机的病毒、攻击 Apple 公司生产的 Macintosh 系列计算机的病毒、攻击小型机的病毒、攻击工作站的病毒等。由于 PC 结构简单，软、硬件的透明度高，其薄弱环节也广为人知，所以攻击 IBM PC 微型计算机的病毒最多。

④ 按激活的时间分类，可分为定时的和随机的病毒。定时病毒会在某一特定时间激活发作，随机病毒一般不受时钟影响，具有随机性，没有一定的规律。

⑤ 按入侵方式分类，可分为原码病毒、操作系统型病毒、外壳病毒、入侵型病毒等。原码病毒，在程序被编译之前插入到 C、FORTRAN、COBOL、PASCAL 等高级程序语言编制的源程序里；操作系统病毒（圆点病毒和大麻病毒是典型的操作系统病毒）则是用其自身部分加入或替代操作系统的部分功能，危害性较大，可以导致整个系统的瘫痪；外壳病毒，常附在主程序的首部或尾部，对源程序不作更改，这种病毒较常见，易于编写，也易于发现，一般测试可执行文件的大小即可发现；入侵型（嵌入型）病毒，侵入到主程序之中，并代替主程序中部分不常用到的功能模块或堆栈区，这种病毒一般是针对某些特定程序编写的。

⑥ 按传染方式分类，可分磁盘引导区传染的病毒、操作系统传染的病毒和一般应用程序传染的病毒。

2．恶意病毒"四大家族"

下面简述恶意病毒"四大家族"的发作方式及防范措施。

（1）宏病毒

由于微软的 Office 系列办公软件和 Windows 系统占有绝大多数的 PC 软件市场，加上 Windows 和 Office 提供了宏病毒编制和运行所必需的库（以 VB 库为主）支持和传播机会，所以宏病毒是最容易编制和流传的病毒之一，很有代表性。

① 宏病毒发作方式

在 Word 打开病毒文档时，宏会接管计算机，然后将自己感染到其他文档，或直接删除文件等。Word 将宏和其他样式储存在模板中，因此病毒总是把文档转换成模板再储存它们的宏。这样的结果是某些 Word 版本会强迫将感染的文档储存在模板中。

② 判断是否被感染

宏病毒在发作的时候一般没有特别的迹象，通常会伪装成其他的对话框使用户确认。在感染了宏病毒的计算机上，会出现不能打印文件、Office 文档无法保存或另存为等情况。

③ 宏病毒带来的破坏

删除硬盘上的文件，将私人文件复制到公开场合，从硬盘上发送文件到指定的 E-mail、FTP 地址等。

④ 防范措施

平时最好不要几个人共用一个 Office 程序，要加载实时的病毒防护功能。病毒的变种可以附带在邮件的附件里，在用户打开邮件或预览邮件的时候执行，应该留意。一般的杀毒软件都可以清除宏病毒。

（2）CIH 病毒

CIH 是 20 世纪最著名和最有破坏力的病毒之一，它是第一个能破坏硬件的病毒。

① 发作破坏方式

CIH 病毒主要是通过篡改主板 BIOS 里的数据，造成计算机开机就黑屏，从而让用户无法进行任何数据抢救和杀毒的操作。CIH 的变种能在网络上通过捆绑其他程序或邮件附件传播，并且常常删除硬盘上的文件及破坏硬盘的分区表。所以 CIH 发作以后，即使更换主板或其他计算机引导系统，如果没有正确的分区表备份，染毒的硬盘上，特别是其 C 分区的数据挽回的机会很少。

② 防范措施

已经有很多 CIH 免疫程序诞生了，包括病毒制作者本人写的免疫程序。一般运行了免疫程序就可以不怕 CIH 了。如果已经中毒，但尚未发作，可先备份硬盘分区表和引导区数据再进行查杀，以免杀毒失败造成硬盘无法自举。

（3）蠕虫病毒

蠕虫病毒以尽量多的复制自身（像虫子一样大量繁殖）而得名。

① 发作破坏方式

蠕虫病毒利用 1434 端口，感染内存、占用系统和网络资源，造成计算机和服务器负荷过重而死机，并以使系统内数据混乱为主要的破坏方式，它不一定马上删除数据被用户发现，比如著名的爱虫病毒和尼姆达病毒。2003 年 1 月 25 日爆发的互联网蠕虫病毒，利用了微软的 SQL Server 漏洞进行复制传播，在短短的几分钟内，感染了全球数以万计的计算机，造成网络流量迅速增加 40%～80%，使有该漏洞的服务器崩溃。

② 防范措施

对有漏洞的应用程序，及时打补丁是一个良好的习惯，使系统时时保持最新、最安全。注意，补丁最好从信任度高的网站下载。

（4）木马病毒

木马病毒源自古希腊特洛伊战争中著名的“木马计”而得名，顾名思义就是一种伪装潜伏的网络病毒，等待时机成熟就出来害人。

① 传染破坏方式：通过电子邮件附件发出或捆绑在其他的程序中。会修改注册表、驻留内存、在系统中安装后门程序、开机加载附带的木马，一旦发作，就可以设置"后门"，定时地发送该用户的隐私到木马程序指定的地址，一般同时内置可进入该用户计算机的端口，并可任意控制此计算机，进行文件删除、复制、修改密码等非法操作。

② 防范措施：升级系统补丁程序，及时修补漏洞和关闭可疑的端口，不随意下载使用非法游戏软件和外挂，不随意浏览不明网页，不随意打开来历不明的邮件，不接收不明内容的信息。

▶▶ 8.2.4 计算机病毒的传播途径和破坏行为

1. 计算机病毒的传播途径

从计算机病毒的传播机理分析可知，只要是能够进行数据交换的介质都可以成为计算机病毒传播途径。所以病毒可以通过软盘、硬盘、光盘及网络等多种途径进行传播。当计算机因使用带病毒的软盘而遭到感染后，会感染以后被使用的软盘，如此循环往复使传播的范围越来越大。当硬盘带毒后，可以感染所使用过的软盘，在用软盘交换程序和数据时，又会感染其他计算机上的硬盘。目前，盗版光盘屡禁不止，既有各种应用软件，也有各种游戏，这些都可能带有病毒，一旦安装和使用这些软件、游戏，病毒就会感染计算机中的硬盘，从而形成病毒的传播。通过计算机网络传播病毒已经成为感染计算机病毒的主流方式，这种方式传播病毒的速度快、范围广。在 Internet 中进行邮件收发、下载程序、文件传输等操作时，均可被计算机病毒感染。

计算机病毒传播具有一定的规律，其过程一般要经过 3 个步骤。

① 入驻内存：这是病毒传染的第一步。病毒只有在驻留内存并取得对计算机系统的控制后，才能达到传染的目的。

② 寻找传染机会：病毒驻留内存实现对系统的控制后，就时刻监视计算机系统的运行，寻找可以进行攻击的对象，并判定它们可否传染（有些病毒的传染是无条件的）。

③ 进行传染：当病毒寻找到可传染的对象后，通常借磁盘中断服务程序达到磁盘传染的目的，并将其写入磁盘系统，完成整个传染过程。

2. 计算机病毒的破坏行为

计算机病毒的破坏行为体现了病毒的杀伤能力。病毒破坏行为的激烈程度取决于病毒制造者的主观愿望和他所具有的技术能量。数以万计、不断发展的病毒，其破坏行为千奇百怪，不可穷举，难以进行全面的描述。根据已有的病毒资料可以把病毒的破坏目标和攻击部位归纳如下。

（1）攻击系统数据区

病毒通过感染破坏计算机硬盘的主引导扇区、分区表，文件目录，造成整个系统瘫痪、数据丢失。

（2）攻击系统资源

病毒激活时，额外地占用和消耗系统的内存资源及硬盘资源，其内部的时间延迟程序启动，耗费大量的 CPU 时间，使计算机系统的运行效率大幅度降低。还对用户的程序及其他各类文件进行一些非法操作，如删除、改名、替换内容、丢失部分程序代码、内容颠倒、假冒文件、丢失数据文件等。另外，也会引起计算机外部设备的不正常工作，如干扰键盘，出现封锁键盘、换字、抹掉缓存区字符、重复、输入紊乱等现象，扰乱屏幕显示的方式，如字符倒置、显示前一屏、光标下跌、滚屏、抖动等。

（3）影响系统的正常功能

病毒会干扰系统的正常运行，如果不执行命令、打不开文件、不能正常列出文件清单、时钟倒转、重启动、死机、强制游戏、封锁打印功能、计算机的喇叭莫名其妙地发出响声等。

3．网络病毒的特点及危害性

（1）破坏性强

网络病毒的破坏性极强，以 Nover 网为例，一旦文件服务器被病毒感染，就可造成 NetWare 分区中的某些区域上内容的损坏，使网络服务器无法启动，导致整个网络瘫痪，造成不可估量的损失。

（2）传播性极强

网络病毒普遍具有较强的再生机制，一接触就可以通过网络扩散与传染。一旦某个公用程序染上毒，那么病毒将很快在整个网络上传播，感染其他程序。根据有关资料介绍，在网络上病毒传播的速度是单机的几十倍。

（3）具有潜伏性和可激发性

网络病毒和单机病毒一样具有潜伏性和可激发性。在一定的环境下受到外界因素的刺激，便能活跃起来，这就是病毒的激活。激活的本质是一种条件控制，此条件是多样化的，可以是内部时钟、系统日期和用户名称，也可以是在网络中进行的一次通信。一个病毒程序可以按照病毒设计者的预定要求，在某个服务器或客户机上激活并向网络用户发起攻击。

（4）针对性强

网络病毒并非一定对网络上所有的计算机都进行感染和攻击，而是具有某种针对性。例如，有的网络病毒只感染 IBM PC 工作站，有的病毒则专门感染 UNIX 操作系统的计算机。

（5）扩散面广

由于网络病毒能通过网络进行传播，所以其可扩散面无限大，一台 PC 的病毒可以通过网络感染与之相连的众多计算机。由网络病毒造成的网络瘫痪的损失是难以估计的。一旦网络服务器被感染，其解毒的时间将是单机的几十倍以上。

▶▶ 8.2.5　计算机病毒的预防

搞好计算机病毒的预防工作是减少其危害的有力措施，可从以下两方面预防。

1．采取有效的管理措施是预防病毒的基础

① 不要随意使用外来的软盘，必须使用时务必先用杀毒软件扫描，确信无毒后方可使用。

② 由于病毒具有潜伏性，所以要经常对磁盘进行检查，若发现病毒就及时杀除。

③ 不要随意启动来源不明的程序或从网上随意下载程序，尤其是游戏程序，这些程序中很可能隐藏病毒。

④ 对来源不明的邮件不要随意打开，尤其是邮件的附件。

⑤ 杜绝使用盗版光盘及盗版光盘上的软件，最好不要将盗版光盘放入光驱内，因为自启动程序便可能使病毒传染到计算机上。

⑥ 特别注意特定日期发作的病毒公告。

2．采取有效的查毒与消毒方法是预防病毒的技术保证

检查病毒与消除病毒通常有两种手段，一种是使用杀毒软件，另一种是在计算机中加一块防病毒卡。

（1）杀毒软件

杀毒软件的种类很多，目前国内比较流行的有公安部研制的 SCAN 和 KILL，北京江民新技术有限公司开发的 KV3000，以及美国 Central Point Software 公司开发的 CPAV 等。杀毒软件分为单机版和网络版，通常单机版只能检查和消除单个计算机上的病毒，价格较便宜；网络版可以检查和消除整个网络中各个计算机上的病毒，价格较为昂贵。值得提醒的是，任何一个杀毒软件都不可能检查出所有

病毒，当然更不能清除所有的病毒，因为软件公司不可能搜集到所有的病毒，且新的病毒在不断产生。

新的杀毒软件大多具有实时监控、检查及清除病毒 3 个功能。监控功能只要在 Windows 系统中安装即可，检查和清除病毒功能的使用也很简单。

（2）防病毒卡

防病毒卡用硬件的方式保护计算机免遭病毒的感染。国内使用较多的产品有瑞星防病毒卡、智能反病毒卡等。

防病毒卡的特点如下。

① 广泛性：防病毒卡是以病毒机理入手进行有效的检测和防范，因此可以检测出具有共性的一类病毒，包括未曾发现的病毒。

② 双向性：防病毒卡既能防止外来病毒的入侵，又能抑制已有的病毒向外扩散。

③ 自保护性：任何杀毒软件都不能保证自身不被病毒感染，而防病毒卡是采用特殊的硬件保护，使自身免遭病毒感染。

8.3　社会责任感和网络道德

▶▶ 8.3.1　当今高等学校学生的社会责任感

当今社会要求人们承担更多的社会责任，具有高度的社会责任感。所谓社会责任感是指社会群体或个人在一定社会历史条件下所形成的，为建立美好社会而承担相应责任、履行各种义务的自律意识和人格素质。这对于将要肩负历史重任的高等学校学生来说尤为重要。可是，由于各种因素的影响，有些学生的社会责任感表现出淡化的倾向，与社会生活要求人们承担越来越多的社会责任背道而驰。因此，高等学校学生社会责任感的培养是我国高等教育所面临的一个紧迫而又重大的课题。

1. 社会责任感淡化的原因

首先是社会原因。当今社会是一个多元化的社会，表现在经济成分多元化、社会组织多样化、利益关系多样化、分配形式多样化、社会生活领域独立化和人的个性独立化等方面。这种状况使各个组织和个人异常关注于自己利益的实现，社会整体的背景变得越来越不清晰，社会整体利益变得越来越难以确定，人们完全以工具化的方式看待社会，于是，人们也就不愿意承担社会责任。其次是个人自身原因。由于认识的片面、观念的偏颇和惯性的影响，使得对社会的认识往往被自己所关注的社会现象所局限与牵制，以为真实的社会就是每个人只为自己打算的社会，看不到人与人之间及人与社会之间的互相依存、互相依赖、互相承担责任的关系，把握不住社会生活的主流和发展的趋势。

2. 加强教育，强化大学生的社会责任感

强化大学生的社会责任感，是非常紧迫的社会问题，对此高等教育责无旁贷，可从以下几个方面着手加强大学生的社会责任感教育。

（1）正确地认识个人与社会之间的关系

个人与社会之间是一种既有区别又相互联系的关系，是一种共生共存、辩证统一的关系。一方面，个人离不开社会，"人是最名副其实的社会动物，不仅是一种合群的动物，而且是只有在社会中才能独立的动物"，人的本质在其现实性上是一切社会关系的总和；另一方面，社会又离不开个人，没有个人，社会就不复存在。

（2）坚持正确的道德价值导向

"每个社会都设法建立一个意义系统，人们通过它们来显示自己与世界的联系。"可是，在当今这

样一个多元社会里，由于经济成分、利益主体、利益关系等的多样化，人们（包括大学生）的价值观念呈现出多元化的特点，社会的意义系统处于一片混乱之中，人们在精神上困惑、迷惘，其精神家园面临着被摧毁的危险。这种情况决定了改变精神价值观念是使现代社会摆脱危机的唯一出路。这就要求高等教育必须始终如一地坚持以集体主义道德为核心的道德价值导向，以便引导大学生的价值取向，使他们能够处理好个人利益与社会整体利益之间、权利与义务之间的关系。同时，高等教育对于禁止什么、提倡什么要有明确的态度，对于社会上出现的消极腐败现象应当予以揭露和反对，让每个大学生都明白反对消极腐败现象是自己所应承担的社会责任。

（3）承担社会责任是其实现自我价值的必由之路

有些大学生之所以淡化甚至缺乏社会责任感，就是因为他们把自我价值的实现与社会整体利益的实现对立起来了，认为如果追求社会整体利益，其个人价值的实现就必定会受到影响。其实，个人价值的实现离不开社会整体利益的发展。没有社会整体利益的发展，即没有生产力水平的提高，没有生产关系的完善，没有精神文明的进步，就不可能有个人价值的实现。可以这样说，社会整体利益的内容如何，个人利益的内容也就如何；社会整体利益发展到何种程度，个人价值也就实现到何种程度。这就意味着，社会整体利益是个人利益的"源"，个人利益是社会整体利益的"流"。个人价值要实现，唯一的途径在于推动社会整体利益的发展，在于每个人主动地承担起社会责任。因为只有在集体中，个人才能获得全面发展，也就是说，只有在集体中才可能有个人自由。大学生如果懂得了这一道理，就会自愿地形成高度的社会责任感。

（4）造就一支高素质的教师队伍

大学生社会责任感的有无及其强弱与高校教师有着正向的关系，如果教师在承担社会责任方面率先垂范，就会对大学生社会责任感的形成具有潜移默化的作用。如果教师否定和推卸自己应当承担的社会责任，就会对大学生社会责任感的形成产生极其不利的影响。因为教师是社会的代理人，是文化传播的关键环节。只有具有高度社会责任感的教师才可能培养出具有高度社会责任感的学生。

▶▶ 8.3.2　网络道德

在信息社会中，网络将逐渐成为人们工作与生活中的必需品。网络氛围可以说是一个自由的社会，人们的各种道德观念与行为都在产生相互的影响，从而形成了一种特殊的道德——网络道德，而这种内容繁多而杂乱的网络道德又会直接或间接地影响着每个人的人生。有些人长期上网后，人格就会发生很大的变化。网上太多的欺骗使他们体会到了人的不可信任；网上太多的随意攻击、发泄、恶作剧，使他们看到了太多人性的阴暗面；网上太多的不讲道德、不讲规范，使不少人逐渐养成了无视或藐视甚至反感道德与规范的个性特征；网上凶杀、黄色等的随意泛滥，扭曲了许多人的心灵。所以研究探讨网络发展所带来的伦理道德问题，已经成为国内外各界人士普遍重视的前沿性课题。因为每个上网的人都是网络道德的形成者，也是网络道德的受影响者。因此，为了自己，也为了别人，每个网民都应尽自己最大的努力去建设网络道德，去防止和杜绝不良网络道德的影响，从而使自己和大家都拥有丰富而健康的人生。

1. 网络道德的原则

网络道德的原则只有适用于全体网络用户并得到全体用户的认可，才能被确立为一种标准和准则，谁都没有理由和特权硬把自己的行为方式确定为唯一道德的标准，只有公认的标准才是网络道德的标准。

（1）网络道德的全民原则

一切网络行为必须服从于网络社会的整体利益；个体利益服从整体利益，不得损害整个网络社会的整体利益；网络社会决策和网络运行方式必须以服务于社会一切成员为最终目的，不得以经济、文化、政治和意识形态等方面的差异为借口把网络仅仅建设成只满足社会一部分人需要的工具，并使这部分人成为网络社会新的统治者和社会资源占有者；网络应该为一切愿意参与网络社会交往的成员提供平等交往的机会，它应该排除现有社会成员间存在的经济和文化差异，为所有成员所拥有并服务于社会全体成员；每个网络用户和网络社会成员享有平等的社会权利和义务，从网络社会结构上讲，他们都被给予某个特定的网络身份，即用户名、网址和口令，网络所提供的一切服务和便利他都应该得到，而网络共同体的所有规范他都应该遵守并履行一个网络行为主体所应该履行的义务；网络对每一个用户都应该做到一视同仁，不应该为某些人制定特别的规则，并给予某些用户特殊的权利。

（2）网络道德的兼容原则

网络主体间的行为方式应符合某种一致、相互认同的规范和标准，个人的网络行为应该被他人及整个网络社会所接受，最终实现人们网际交往的行为规范化、语言可理解化和信息交流的无障碍化。其中，最核心的内容就是要求消除网络社会由于各种原因造成的网络行为主体间的交往障碍。

网络共同规范适用于一切网络功能和一切网络主体。兼容原则总的要求和目的是达到网络社会人们交往的无障碍化和信息交流的畅通性。如果在一个网络社会中，有些人因为计算机硬件和操作系统的原因而无法与别人交流，有些人因为不具备某种语言和文化素养而不能与别人正常进行网络交往，有些人被排斥在网络系统的某个功能之外，这样的网络就是不健全的。从道德原则上讲，这种系统和网络社会也是不道德的，因为它排斥了一些参与社会正常交往的基本需要。因此，兼容不仅仅是技术的，也是关系道德的社会问题。

（3）网络道德的互惠原则

任何一个网络用户必须认识到，他既是网络信息和网络服务的使用者和享受者，也是网络信息的生产者和提供者。网民们在拥有网络社会交往的一切权利时，也应该承担网络社会对其所要求的责任。信息交流和网络服务是双向的，网络主体间的关系是交互式的，用户如果从网络和其他网络用户得到什么利益和便利，也应同时给予网络和对方什么利益和便利。

互惠原则集中体现了网络行为主体道德权利和义务的统一。从伦理学上讲，道德义务是指人们应当履行的对社会、集体和他人的道德责任。凡是有人群活动的地方，人和人之间总得发生一定的关系，处理这种关系就产生义务问题。作为网络社会的成员，他必须承担社会赋予他的责任，他有义务为网络提供有价值的信息，有义务通过网络帮助别人，也有义务遵守网络的各种规范以推动网络社会稳定有序地运行。这里，可以是人们对网络义务自觉意识到后而自觉执行，也可以是意识不到而规范"要求"这么做，但无论怎样，义务总是存在的。当然，履行网络道德义务并不排斥行为主体享有各种网络权利。

2．深化网络道德教育

传统德育一个最大缺陷就是过于重视学生认知水平的提高和行为习惯的形成，而往往忽视受教育者的内心活动和情感体验。按照社会心理学家凯尔曼的价值内化三阶段理论，这种德育效果一般只能达到让学生顺从教育者意志的阶段，充其量也只能达到认同的层次，却很难上升为德育的最高境界——学生将外在的道德要求内化为自己内在的道德需要，而德育的最终目的则在于如何教会学生以道德理性来规范自己的行为。因此，在开展网络道德教育活动的过程中，充分注重学生的体验，发挥学生的主体作用，不是将学生的行为规范形成所开展的系列活动当成学校的"工作"，而是把它作为学生的生活。正确引导广大学生合理地使用网络，倡导科学、文明利用网络资源，遵守如下网络行为规范。

① 树立政治意识，增强政治敏锐性和政治鉴别力，自觉抵制各种网上错误思潮。

② 不在网上制作、复制、发布、传播有悖国家法律、法规，危害国家安全，泄露国家机密，颠覆国家政权，破坏国家统一，损害国家荣誉和利益，以及破坏民族团结，破坏国家宗教政策，宣扬邪教和封建迷信的信息或言论。不擅自制作或发布传播有悖国家法律、法规的个人网页。

③ 不在网上散布、传播淫秽、色情、赌博、暴力、凶杀、恐怖或教唆犯罪的言论。

④ 不在网上散布谣言，扰乱社会治安，破坏社会稳定。

⑤ 不散发垃圾邮件。

⑥ 不浏览低级趣味网站，以及邪教等内容反动的网站。不点击网上的文化垃圾。

⑦ 树立安全意识，加强自我保护。重视参加网络活动的安全性，不作虚假、虚伪的网上交友，不随意公布自己的个人或家庭信息，不随便与网友见面，特别是单独同网友见面，不参与网友联谊之类的活动。

⑧ 不沉溺于计算机和网络，特别是不沉溺于网上聊天、网上 BBS 及计算机和网上游戏等，确保计算机和网络的使用以不影响学业和正常生活为前提。

⑨ 不得利用网络侮辱他人或者捏造事实诽谤他人。

⑩ 不得从事危害计算机网络安全的活动，如盗用他人账号、IP 地址及 MAC（计算机网卡硬件地址），制作或故意传播计算机病毒及其他任何具有破坏性的程序等危害计算机信息网络安全的行为。

⑪ 不得利用计算机网络侵犯用户通信秘密和他人隐私。

 # 8.4　知识产权保护

▶▶ 8.4.1　什么是知识产权

知识产权一词，产生于 18 世纪的德国。知识产权是指对智力劳动成果所享有的占有、使用、处理和收益的权利。知识产权是一种无形财产权，它与房屋、汽车等有形资产一样，都受到国家法律的保护，都有价值和使用价值。有些专利、驰名商标或作品的价值要远远高于房屋、汽车等有形资产。

知识产权是由法律确定的。知识产权包括著作权和工业产权两个主要部分。著作权也称版权，是文学、艺术、科学技术作品的原创作者，依法对其作品所享有的一种民事权利。工业产权是指人们在生产活动中对其取得的创造性脑力劳动成果依法取得的权利。工业产权主要包括专利、商标、服务标记、厂商名称、货源标记或原产地名称等产权。

知识产权属于民事权利的范畴，是同人身权、物权、债权并列的一种民事权利，它与物权、债权等其他民事权利相比，具有以下特征。

① 无形性：知识产权的客体是一种无形的财产，它既不是物，没有形体，不占有空间，也不是行为，而是一种智力成果，人们是无法用五官感知的，这种智力成果是作者、发明人、发现人自己首创的新的成果，通过法律规定的客观形式表现出来。

② 双重性：知识产权具有双重的内容，既有人身权，又有财产权。知识产权是与特定权利主体的身份相联系的，具有人身权的性质，不能随意转让，同时，知识产权又与一定的财产关系相联系，具有财产权的内容，它的行使能产生经济价值。这种权利的双重性是其他权利所不具有的。

③ 专有性：是指知识产权的权利人所享有的一种独占、排他的权利，即未经权利人的许可，任何人不得行使权利人享有的知识产权。对某一项智力成果的专有权，国家只能授予一次，它排除了他人享有同样权利的可能性。

④ 地域性：知识产权是一种受地域限制的权利。一国法律所确认和保护的知识产权，只能在这个国家领域内有效，要得到其他国家的保护，必须按照其他国家的法律规定或国际公约，经特定程序获得。

⑤ 时间性：知识产权的保护是有一定期限的，一旦超过法律规定的有效期限，这一权利就会自行消失，任何人都可以自由使用，且无须支付任何报酬。

⑥ 法律性：知识产权的确立依赖于法律的规定，权利是因法律规定所产生并给予保护的，没有法律也就无所谓权利，权利和法律是分不开的，因而它不是一种自然权利。在 1985 年 4 月 1 日《中华人民共和国专利法》颁布实施之前，在中国是没有专利权的。

▶▶ **8.4.2 我国知识产权立法的现状**

知识产权法是调整因确认和保护知识产权所产生的社会关系的法律规范的总称。

由于知识产权通常分为著作权和工业产权两大类，其中工业产权又包括专利权和商标权等。根据民法通则的规定，我国民法所保护的知识产权共有 6 种：著作权、专利权、商标权、发现权、发明权、科技成果权。

知识产权法律体系主要是由著作权法、专利法、商标法等构成。

新中国成立后近 30 年的时间里，我国几乎没有完整、规范的知识产权法律。十一届三中全会以后，我国开始改革开放，重点抓经济建设和发展。为了与国际接轨，创造良好的法制环境，我国开始建立和完善各种立法。我国知识产权立法的基本原则是：尊重人才和知识的原则；鼓励创造性劳动的原则，积极保护创造性劳动成果的原则；有偿使用智力成果的原则；有利公益、反对滥用权利的原则；遵守国际公约、尊重国际惯例的原则。我国分别于 1982 年、1984 年、1990 年制定了商标法、专利法和著作权法；并先后于 1980 年参加了世界知识产权组织、1985 年参加了《保护工业产权的巴黎公约》、1992 年参加了《保护文学艺术作品伯尔尼公约》和《世界版权公约》，此后又参加了《专利合作条约》和《商标注册的马德里协定》等。经过短短 10 年的时间，中国不仅初步建立了自己的知识产权法律体系，而且参加了世界主要的保护知识产权的公约和条约。随着加入世界贸易组织，我国还对知识产权法律规定进行了大量的修订和完善，在世界范围内产生了积极和巨大的影响。

2005 年 4 月 21 日，国务院新闻办公室发表了《中国知识产权保护的新进展》白皮书，这也是我国第二次发表类似的白皮书。国家知识产权局副局长张勤，在国务院新闻办公室举行的新闻发布会上回答新华社记者提问时指出：与我国 1994 年发表的《中国知识产权状况》白皮书相比，现在我国的知识产权保护状况发生了四大根本性变化：

① 在中国被授予各种知识产权，包括商标权、专利权的数量急剧增长；

② 我们的知识产权执法案件有了大幅度的增长，这说明我们的当事人已经越来越多地依据知识产权的有关法律法规去维护自己的权益；

③ 我们的法规更加完善；

④ 中国政府加大了对知识产权保护工作的领导和贯彻执行的力度。

知识产权法律体系由两部分组成。

① 国内法：包括民法通则、专利法、商标法、著作权法。

② 国际法：包括《专利合作条约》、《世界版权公约》、《商标国际注册马德里协定》、《保护工业产权巴黎公约》。

虽然，自改革开放以来，经过 20 年的努力，我国已经建立了比较完善的知识产权法律体系，但尚有很多地方有待进一步地健全和完善。

① 法律要进一步地完善，一方面要有利于实施，另一方面要与国际接轨，也就是说知识产权立法的共性越来越和国际的共同原则相融合。

② 除了制定和完善一些专门法规外，还制定一些综合性的法规，以求多方面、全方位地对知识产权进行保护。例如，反不正当竞争法，以及国务院的有关行政法规、国务院各部门的有关行政规章等。

③ 在具体实施上，各个法规除了保持自身特点外，还应相互衔接，避免矛盾和冲突，保持原则上的统一。

④ 以司法审判权为发展导向，逐步削弱、取消变相的行政司法权。

⑤ 知识产权管理与执法部门应尽快完成统一，结束分散管理的混乱局面。

假以时日，中国的知识产权立法定会更加健全，将更有利于智力成果的广泛传播，有利于调动人们从事科学技术研究和智力创作的积极性，有利于推动经济的发展，有利于促进国际间经济、科学技术和文化的交流与合作，有利于国际、国内知识产权的保护，以产生巨大的经济和社会效益。

本章小结

在信息化社会的今天，每一位公民都应具备一定的信息安全知识和相关的法律条例，知法守法，了解计算机犯罪、计算机病毒及黑客等危害信息安全的手段和特征，有义务维护信息的安全；具备良好的网络道德意识，健康地使用网络；了解知识产权的概念和法律体系，以自身的实际行动进行知识产权保护，及时制止一些侵权行为。

习题 8

8-1　单项选择题

1．以下关于计算机病毒的叙述中，正确的是（　　　）。

　　A．计算机病毒像生物病毒一样可以危害人身的安全

　　B．计算机病毒是一段程序

　　C．若删除被感染病毒的所有文件，病毒也会被删除

　　D．为了防止病毒的侵入，不应使用外来的磁盘

2．计算机的宏病毒最有可能出现在（　　　）类型的文件中。

　　A．.mp3　　　　　　　　B．.exe　　　　　　　　C．.doc　　　　　　　　D．.com

3．下面描述正确的是（　　　）。

　　A．公钥加密比常规加密更具有安全性

　　B．公钥加密是一种通用机制

　　C．公钥加密比常规加密先进，必须用公钥加密替代常规加密

　　D．公钥加密的算法和公钥都是公开的

4．数字签名技术的主要功能是：（　　　）、发送者的身份认证、防止交易中的抵赖发生。

　　A．保证信息传输过程中的完整性　　　　　　　B．保证信息传输过程中的安全性

　　C．接收者的身份验证　　　　　　　　　　　　D．以上都是

5．防止内部网络受到外部攻击的主要防御措施是（　　　）。

　　A．防火墙　　　　　　　B．杀毒软件　　　　　　C．加密　　　　　　　　D．备份

8-2　填空题

1．在加密技术中，作为加密算法输入的原始信息称为_____。

2．为了保障网络安全，防止外部网对内部网的侵犯，一般需要在内部网和外部公共网之间设置_____。

3．知识产权是属于_____的范畴。

8-3　思考题

1．数据加密主要有哪些方式？各有什么优缺点？

2．防火墙的主要功能是什么？

3．计算机犯罪的主要特点是什么？

4．什么是计算机病毒？计算机病毒的主要特征是什么？如何有效地预防计算机病毒？

5．简述知识产权的特征。

第 9 章　计算机的应用领域

计算机的诞生极大地增强了人类认识世界、改造世界的能力，并对社会和生活的各个领域产生了极其深远的影响，促进了当今社会从工业化向信息化发展的进程。

本章主要从行业的角度，介绍计算机在制造业、商业、银行业、交通运输业、办公自动化与电子政务、教育等领域的应用情况。

9.1　计算机在制造业中的应用

制造业是计算机的传统应用领域，在制造业的工厂里使用计算机可以减少工人数量、缩短生产周期、降低生产成本、提高企业效益。计算机在制造业中的应用主要有计算机辅助设计（CAD）、计算机辅助制造（CAM）和计算机集成制造系统（CIMS）等。

▶▶ 9.1.1　计算机辅助设计

计算机辅助设计（CAD，Computer Aid Design）就是利用计算机及其图形设备帮助设计人员进行设计工作。在工程和产品设计中，计算机可以帮助设计人员担负计算、信息存储和制图等工作。在设计中，通常要用计算机对不同设计方案进行大量的计算、分析和比较，以决定最优方案。设计人员一般从草图开始设计，将草图变为工作图的繁重工作可以交给计算机完成，由计算机自动产生设计结果、绘出设计图形，并显示或打印出来，使设计人员及时对设计做出判断和修改。

计算机辅助设计系统由硬件系统和软件系统构成。

20 世纪 60 年代硬件系统是以大型机为主机，配以图形终端、字符终端、绘图机等构成的主从式系统。20 世纪 70 年代发展为以小型机为主机，配以机械、电子或建筑业通用软件的小型成套系统。20 世纪 80 年代以来，则是以工程工作站加网络构成的分布式系统为主流。目前，随着中央处理器性能的飞速提高，个人计算机有逐渐挤占工作站市场份额的趋势。

软件系统有以下 4 大类型。

① 只能从计算机内已存储的图形信息中检索出符合订货要求的最佳图样的检索型系统。

② 针对具体设计对象编制并调试、修改程序，直到输出满意设计图样为止的试行型系统。

③ 按照产品设计要求，抽象出设计对象的目标函数、约束条件及设计变量，通过优化程序计算出最优设计结果的自动设计型系统。

④ 设计人员直接与计算机对话，调用计算机内已有的产品信息、各种设计资料及各种软件功能进行设计，对于以图形显示的设计结果可以反复地进行修改，直到取得满意结果为止的交互式系统。交互式系统由于能实时、灵活地将人与计算机结合起来，易于为人们所接受和掌握，近年来发展比较迅速。

计算机辅助设计系统一般以工程数据库、图形库为支持，包括交互式图形设计、几何造型、工程分析与优化设计、人工智能与专家系统等功能。随着计算机辅助设计在企业的推广应用，人们日益重视它与计算机辅助制造之间的信息集成。这种信息集成避免了产品信息的重复输入，可以提高产品质量、缩短短产品开发周期、大大提高企业效益。为此，国内外近期着重发展产品整个生命期内的产品数据描述与交换技术。

▶▶ 9.1.2　计算机辅助制造

计算机辅助制造（CAM，Computer Aided Manufacturing）有广义 CAM 和狭义 CAM 之分。广义 CAM 是指利用计算机辅助完成从原材料到产品的全部制造过程，其中包括直接制造过程和间接制造过程。狭义 CAM 是指在制造过程中的某个环节应用计算机，主要是指数控加工，即利用电子数字计算机通过各种数值控制机床和设备，自动完成离散产品的加工、装配、检测和包装等制造过程。

计算机辅助制造系统的目标是开发一个集成的信息网络来监测一个广阔的相互关联的制造作业范围，并根据一个总体的管理策略控制每项作业。

计算机辅助制造系统由硬件系统和软件系统构成。硬件系统包括数控机床、加工中心、输送装置、装卸装置、存储装置、检测装置、计算机等；软件系统包括数据库、计算机辅助工艺过程设计、计算机辅助数控程序编制、计算机辅助工装设计、计算机辅助作业计划编制与调度、计算机辅助质量控制等。

▶▶ 9.1.3　计算机集成制造系统

计算机集成制造系统（CIMS，Computer Integrated Manufacturing Systen）是随着计算机辅助设计与算机辅助制造的发展而产生的。它是在信息技术、自动化技术与制造的基础上，通过计算机技术把分散在产品设计制造过程中各种孤立的自动化子系统有机地集成起来，形成适用于多品种、小批量生产、实现整体效益的集成化和智能化制造系统。集成化反映了自动化的广度，把系统的范围扩展到了市场预测、产品设计、加工制造、检验、销售及售后服务等全过程。智能化则体现了自动化的深度，不仅涉及物资流控制的传统体力劳动自动化，还包括信息流控制的脑力劳动自动化。

计算机集成制造系统一般包括 4 个应用子系统和 2 个支持分系统。

① 管理信息应用子系统（MIS）：具有生产计划与控制、经营管理、销售管理、采购管理、财会管理等功能，处理生产任务方面的信息。

② 技术信息应用子系统（CAD & CAPP）：由计算机辅助设计、计算机辅助工艺规程编制和数控程序编制等功能组成，用以支持产品的设计和工艺准备，处理有关产品结构方面的信息。

③ 制造自动化应用子系统（CAM）：也可称为计算机辅助制造子系统，包括各种不同自动化程度的制造设备和子系统，用来实现信息流对物流的控制和完成物流的转换，它是信息流和物流的接合部，用来支持企业的制造功能。

④ 计算机辅助质量管理应用子系统（CAQ）：具有制订质量管理计划、实施质量管理、处理质量方面信息、支持质量保证等功能。

⑤ 数据管理支持分系统：用以管理整个 CIMS 的数据，实现数据的集成与共享。

⑥ 网络支持分系统：用以传递 CIMS 各分系统之间和分系统内部的信息，实现 CIMS 的数据传递和系统通信功能。

9.2　计算机在教育中的应用

面对信息时代知识经济的崛起，无论发达国家还是发展中国家，都在积极利用现代信息技术革新教育，以适应未来社会发展的需要。以计算机技术为核心的现代教育技术在教育领域的应用已成为衡量教育现代化的一个重要标志。

▶▶ 9.2.1　计算机技术应用于教育的基本模式

1．多媒体课堂教学

多媒体课堂教学是指教师利用多媒体计算机并与其他的教学媒体有机的组合、共同参与的课堂教学，使教学内容形象、直观、新颖，易于师生情感交流，及时反馈、引导学生，从而有效地提高教学效率和效果。这一模式基本上是以教师为中心的教学活动，因此，教师的教学水平、教学准备、教学技能等对教学效果有重大影响。

2．多媒体网络教学

多媒体网络教学是指在多媒体网络教室或开放式 CAI 教室，利用多媒体课件通过人机交互方式进行系统的学习。这是一个以学生为中心的教学模式，控制学习过程的主体是学生，教师的工作主要体现在为学生编制教学软件，或者通过教学软件的设计来间接控制教学过程。另外，这种教学模式，除了可以进行个别化教学，还可以以网络为依托进行协同式学习，甚至通过网络进行远程学习，因此，这种教学模式从根本上结束了传统的以教师为中心、以课堂为中心的教学模式，代之以以学生为中心、以实践为中心的新型教学模式。

3．计算机模拟教学

计算机模拟教学是指利用虚拟现实（VR，Virtual Reality）技术，在计算机上建立虚拟教室、虚拟实验室，使学生在一种身临其境的环境中学习、训练的过程。模拟可以用于真实实验无法实现或表现不清楚的教学中。模拟教学大体有以下两种类型：模拟仿真训练和模拟仿真实验。

（1）模拟仿真训练

模拟仿真训练主要用于特殊的教学训练需求，如军事教学训练。其典型应用是利用计算机生成一种模拟环境（如驾驶舱、操作现场等），通过各种传感设备（如头盔式显示器、数据手套）使学生进入虚幻境界，获得沉浸式体验。例如，培训飞行员的"虚拟飞机座舱"，利用数字图像处理技术将三维的侦察摄像转化为三维摄影，再利用虚拟现实技术造出虚拟的敌方阵地，学生可对此阵地进行轰炸练习，操作结果通过仪表指示、身体感受反馈给学生，使其判断操作是否正确。这种训练不消耗器材，也不受器材、场地、气候条件等因素的限制。当然，最大的优点是绝对安全，不会因操作失误而造成机毁人亡。

（2）模拟仿真实验

模拟仿真实验主要是借助于仿真实验课件来实现的。这种课件通常融实验目的、实验原理、实验方法和具体仿真操作于一体，通过大量的模拟和仿真等人机交互，使学生掌握实验原理、操作步骤和方法。通过计算机仿真实验，学生不仅能学会实验操作过程和实验原理，更重要的是通过仿真操作还能显示实验仪器内部工作原理，这是真实实验所无法比拟的。此外，仿真实验课件的人机交互界面接近真实实验，学生可以操作任何开关、旋钮、按钮等，不必担心因误操作而破坏实验仪器。

4．远程教学

目前，"全球化的网上教育"是世界教育界的一个热点。远程教育是建立现代教育体系和实现学习社会化的必由之路，也是计算机技术在现代教育中最具影响的应用之一。

近年来，随着 Internet 的发展和普及，基于 Internet 的远程教学在国内外蓬勃发展。基于 Internet 的远程教学采用的手段主要包括 WWW、电子邮件、BBS、新闻讨论组等。其中，WWW 是发布教学内容的主要平台，电子邮件提供了非实时的交互，BBS 和新闻讨论组是交换意见的场所。

在这一教学模式中，教师作为信息的提供者，采用 HTML、VRML、Java 等语言组织文字、图形、图像、声音、动画、动态三维模型及它们之间的关联，编写教学课件、创设学习情景。学生则通过浏览器以主动探索的方式学习，从而在与外界交互的活动中获取与建构新的知识。

▶▶ 9.2.2　计算机技术用于教育的特点

以计算机技术为核心的现代教育技术在教学中的广泛应用，无疑给学校教育带来了新的活力和巨大的冲击，它具有以下特点。

（1）教学模式多样

计算机技术对教育的介入改变了教师一人讲、学生被动听的单一教学方式，学生可以通过多媒体网络进行个别学习、协同学习，可以对提供的资料进行模拟、讨论、练习。教师可以根据教学的需要采取不同的教学形式和方法。同时，教师和学生的地位也产生了变化，教师从课堂上的主角变为学习的组织者与促进者，学生成为知识的获取者与建构者。随着计算机技术的进一步发展，未来的教学模式将是融入了全球性的协作学习、个别化学习和集体学习为一体的新型、多样的学习模式。

（2）教学内容丰富

现代通信技术和多媒体技术使教学形式多样、内容丰富、效果显著。教科书逐渐被视听教材及各种学习软件所替代，许多以前必须课堂讲授的内容已逐步转为课外学习，课堂上讲授的内容更少、更精，以培养学生的学习能力为主。

（3）教学手段更新

大量的现代化教学媒体取代了传统"黑板+粉笔"的模式，尤其是多媒体计算机和网络系统进入教学领域，使教学效率和效果大大提高。

（4）教学效果优化

现代教育技术在教学中的运用改变了原有的填鸭式满堂灌，学生可以自己查找有关资料，与计算机或教师进行即问即答。对能力不同的学生能够因材施教，实现个别化学习，而且可以通过仿真和模拟技术所创设的情境进行模拟学习，使学生在人机交互过程中形成一种真实感和亲切感，从而大大提高学习的效率和效果。

（5）对教师的要求提高

未来的教师不仅要有高深的专业知识、丰富的教学经验和较高的教学水平，还要有现代教育的理念和技术，要掌握计算机、多媒体及网络教学的有关知识和运用现代化教学手段、方法的能力。

　9.3　计算机在商业中的应用

商业也是计算机应用最为活跃的传统领域之一，零售业是计算机在商业中的传统应用。在电子数据交换基础上发展起来的电子商务，将从根本上改变企业的供销模式和人们的消费模式。

▶▶ 9.3.1　零售业

计算机在零售业中的应用改变了人们的购物环境和方式。在大型超市里，琳琅满目的商品陈列在货架上供顾客自由挑选，收银机自动识别贴在商品上、标识商品品名和价格的条形码，并快速地打印出账单。商场内所有的收银机都与中央处理机的数据库相连，自动更新商品的价格、折扣、商品的库存清单等。此外，收银机采集的数据还可以用来供商场的管理人员统计销售情况、分析市场趋势。

有些商店还允许顾客使用信用卡、借记卡等购物。读卡装置读取卡上的信息，并通过计算机和网络，自动将顾客在发卡银行账号下的资金以电子付款的方式转入商店的账号。大型的连锁超市还利用计算机和计算机网络，将遍布各地的超市、供货商、配送中心等连接在一起，建立良好的供货、配送、销售体系，改变了传统零售业的面貌。

▶▶ 9.3.2　电子数据交换

电子数据交换（EDI，Electronic Data Interchange）是现代计算机技术与通信技术相结合的产物。近 20 年来，EDI 技术在工商业界获得了广泛应用，并不断完善与发展。特别是在 Internet 环境下，EDI 技术已经成为电子商务的核心技术之一。

1. EDI 的定义

电子数据交换是指按照同一规定的一套通用标准格式，将标准的经济信息，通过通信网络传输，在贸易伙伴的电子计算机系统之间进行数据交换和自动处理。由于使用 EDI 能有效减少并最终消除贸易过程中的纸面单证，因而 EDI 也被称为"无纸交易"。

EDI 不是用户之间简单的数据交换，EDI 用户需要按照国际通用的消息格式发送信息，接收方也需要按国际统一规定的语法规则，对消息进行处理，并引起其他相关系统的 EDI 综合处理。整个过程都是自动完成的，无须人工干预，减少了差错，提高了效率。

使用 EDI 的主要优点如下。

① 降低了纸张文件的消费。

② 减少了许多重复劳动，提高了工作效率。

③ 使得贸易双方能够以更迅速、有效的方式进行贸易，大大简化了订货过程或存货过程，使双方能及时地充分利用各自的人力和物力资源。

④ 可以改善贸易双方的关系，厂商可以准确地估计日后商品的需求量，货运代理商可以简化大量的出口文书工作，商业用户可以提高存货的效率，提高竞争能力。

EDI 系统由通信模块、格式转换模块、联系模块、消息生成和处理模块等 4 个基本功能模块组成。

2. EDI 的应用

EDI 用于金融、保险和商检。可以实现对外经贸的快速循环和可靠的支付，降低银行间转账所需的时间，增加可用资金的比例，加快资金的流动，简化手续，降低作业成本。

EDI 用于外贸、通关和报关。EDI 用于外贸业，可提高用户的竞争能力。EDI 用于通关和报关，可以加速货物通关，提高对外服务能力，减轻海关业务的压力，防止人为弊端，实现货物通关自动化和国际贸易的无纸化。

EDI 用于税务。税务部门可利用 EDI 开发电子报税系统，实现纳税申报的自动化，既方便快捷，又节省人力和物力。

EDI 用于制造业、运输业和仓储业。制造业利用 EDI 能充分理解并满足客户的需要，制订出供应计划，达到降低库存、加快资金流动的目的。运输业采用 EDI 能实现货运单证的电子数据传输，充分利用运输设备、仓位，为客户提供高层次和快捷的服务。对仓储业，可以加速货物的提取及周转，减缓仓储空间紧张的矛盾，从而提高利用率。

▶▶ 9.3.3　电子商务

电子商务（Electronic Commerce）通常是指是在全球各地广泛的商业贸易活动中，在因特网开放的网络环境下，基于浏览器/服务器应用方式，买卖双方不谋面地进行各种商贸活动，实现消费者的网上购物、商户之间的网上交易和在线电子支付，以及各种商务活动、交易活动、金融活动和相关的综合服务活动的一种新型的商业运营模式。

1．电子商务的应用分类

按照电子商务的交易对象可分为以下几种类型。

（1）企业-企业应用系统（B to B）

企业与企业之间的电子商务将是电子商务业务的主体，约占电子商务总交易量 90%。就目前来看，电子商务在供货、库存、运输、信息流通等方面大大提高企业的效率。电子商务最热心的推动者也是商家。企业和企业之间的交易是通过引入电子商务能够产生大量效益的地方。对于一个处于流通领域的商贸企业来说，由于它没有生产环节，电子商务活动几乎覆盖了整个企业的经营管理活动，所以它是利用电子商务最多的企业。通过电子商务，商贸企业可以更及时、准确地获取消费者信息，从而准确定货、减少库存，并通过网络促进销售，以提高效率、降低成本，获取更大的利益。

（2）企业-消费者的应用系统（B to C）

从长远来看，企业对消费者的电子商务将最终在电子商务领域占据重要地位。但是，由于各种因素的制约，目前以及比较长的一段时间内，这个层次的业务还只能占比较小的比重。它以互联网为主要服务提供手段，实现公众消费和提供服务，并保证与其相关的付款方式的电子化。它是随着万维网（WWW）的出现而迅速发展的，可以将其看作一种电子化的零售。目前，在互联网网上遍布各种类型的商业中心，提供从鲜花、书籍到计算机、汽车等各种消费商品和服务。这种购物过程彻底改变了传统的面对面交易和一手交钱一手交货及面谈等购物方式，是一种新的、很有效的电子购物方式。当然，要想放心大胆地进行电子购物活动，还需要非常有效的电子商务保密系统。

（3）企业-政府的应用系统（B to G）

包括政府采购、税收、商检、管理规则发布等内容，政府与企业之间的各项事务都可以涵盖在其中。例如，政府的采购清单可以通过互联网发布，公司以电子邮件的方式回应。随着电子商务的发展，这类应用将会迅速增长。政府在这里有两重角色：既是电子商务的使用者，进行购买活动，属商业行为人；又是电子商务的宏观管理者，对电子商务起着扶持和规范的作用。在发达国家，发展电子商务往往主要依靠私营企业的参与和投资，政府只起引导作用。与发达国家相比，发展中国家企业规模偏小，信息技术落后，债务偿还能力低，政府的参与有助于引进技术，扩大企业规模和提高企业偿还债务的能力。

（4）消费者-消费者的应用系统（C to C）

该应用系统主要体现在网上商店的建立。现在已经有很多的在线交易平台，如淘宝网、易趣网等。这些交易平台为很多消费者提供了在网上开店的机会，使得越来越多的人进入这个系统。

2．电子商务的优点

① 电子商务将传统的商务流程电子化、数字化，一方面以电子流代替了实物流，可以大量减少人力、物力，降低了成本，另一方面突破了时间和空间的限制，使得交易活动可以在任何时间、任何地点进行，从而大大提高了效率。

② 电子商务所具有的开放性和全球性的特点，为企业创造了更多的贸易机会。

③ 电子商务使企业可以以相近的成本进入全球电子化市场，使得中小企业有可能拥有和大企业一样的信息资源，提高了中小企业的竞争能力。

④ 电子商务重新定义了传统的流通模式，减少了中间环节，使得生产者和消费者的直接交易成为可能，从而在一定程度上改变了整个社会经济运行的方式。

⑤ 电子商务一方面破除了时空的壁垒，另一方面又提供了丰富的信息资源，为各种社会经济要素的重新组合提供了更多的可能，从而将影响到社会的经济布局和结构。

⑥ 通过互联网，商家之间可以直接交流、谈判、签合同，消费者也可以把自己的反馈建议反映到企业或商家的网站，而企业或商家则要根据消费者的反馈及时调查产品种类和服务品质，做到良性互动。

 ## 9.4　计算机在银行中的应用

计算机和网络在银行与金融业中的广泛应用，为该领域带来了新的变革和活力，从根本上改变了银行和金融机构的业务处理模式。

▶▶ 9.4.1　电子货币

货币是一种可以用来衡量其他任何商品的价值并可以用来交换的特殊商品。随着人类社会经济和科学技术的发展，货币的形式从商品货币到金属货币和纸币，又从现金形式发展到票据和信用卡等。

电子货币（Electronic Money）是计算机介入货币流通领域后产生的，是现代商品经济高度发展要求资金快速流通的产物。由于电子货币是利用银行的电子存款系统和电子清算系统来记录和转移资金的，所以它具有使用方便、成本低廉、灵活性强、适合于大宗资金流动等优点。目前，我国流行的电子货币主要有 4 种类型。

（1）储值卡型电子货币

一般以磁卡或 IC 卡形式出现，其发行主体除了商业银行之外，还有电信部门（普通电话卡、IC 电话卡）、IC 企业（上网卡）、商业零售企业（各类消费卡）、政府机关（内部消费 IC 卡）和学校（校园 IC 卡）等。发行主体在预收客户的资金后，发行等值储值卡，使储值卡成为独立于银行存款之外新的"存款账户"。同时，储值卡在客户消费时以扣减方式支付费用，也就相当于存款账户支付货币。储值卡中的存款目前尚未在中央银行征存准备金之列，因此，储值卡可使现金和活期储蓄需求减少。

（2）信用卡应用型电子货币

指商业银行、信用卡公司等发行主体发行的贷记卡或准贷记卡，可在发行主体规定的信用额度内贷款消费，之后于规定时间还款。信用卡的普及使用可扩大消费信贷，影响货币供给量。

（3）存款利用型电子货币

主要有借记卡、电子支票等，用于对银行存款以电子化方式支取现金、转账结算、划拨资金。该类电子化支付方法的普及使用可减少消费者往返于银行的费用，致使现金需求余额减少，并加快货币的流通速度。

（4）现金模拟型电子货币

主要有两种，一种是基于 Internet 网络环境使用的且将代表货币价值的二进制数据保管在微机终端硬盘内的电子现金，一种是将货币价值保存在 IC 卡内并可脱离银行支付系统流通的电子钱包。该类电子货币具备现金的匿名性、可用于个人间支付、可多次转手、能够代替实体现金等特性。该类电子货币的扩大使用，能影响到通货的发行机制、减少中央银行的铸币税收入、缩减中央银行的资产负债规模等。

▶▶ 9.4.2　网上银行和移动支付

网上银行（E-bank，Internet Bank）包含两个层次的含义：一个是机构概念，指通过信息网络开办业务的银行；另一个是业务概念，指银行通过信息网络提供的金融服务，包括传统银行业务和因信息技术应用带来的新兴业务。在日常生活和工作中，我们提及的网上银行，更多是第二层次的概念，即网上银行服务的概念。

网上银行又称网络银行、在线银行，是指银行利用 Internet 技术，通过 Internet 向客户提供开户、销户、查询、对账、行内转账、跨行转账、信贷、网上证券、投资理财等传统服务项目，使客户可以足不出户就能够安全便捷地管理活期和定期存款、支票、信用卡及个人投资等。可以说，网上银行是在 Internet 上的虚拟银行柜台。

网上银行又被称为"3A 银行"，因为它不受时间、空间限制，能够在任何时间（Anytime）、任何地点（Anywhere）以任何方式（Anyhow）为客户提供金融服务。

移动支付，也称为手机支付，就是允许用户使用其移动终端（通常是手机）对所消费的商品或服务进行账务支付的一种服务方式。整个移动支付价值链包括移动运营商、支付服务商（比如银行、银联等）、应用提供商（公交、校园、公共事业等）、设备提供商（终端厂商、卡供应商、芯片提供商等）、系统集成商、商家和终端用户。目前移动支付技术实现方案主要有三种：NFC、e-NFC 和 SIMPass&reg 单芯片 NFC 移动支付解决方案。

9.5　计算机在交通运输中的应用

▶▶ 9.5.1　地理信息系统

地理信息系统（GIS，Geographic Information System 或 Geo-information system），有时又称为"地学信息系统"或"资源与环境信息系统"。它是一种特定的、十分重要的空间信息系统。它是在计算机硬、软件系统支持下，对整个或部分地球表层（包括大气层）空间中的有关地理分布数据进行采集、储存、管理、运算、分析、显示和描述的技术系统。地理信息系统处理、管理的对象是多种地理空间实体数据及其关系，包括空间定位数据、图形数据、遥感图像数据、属性数据等，用于分析和处理在一定地理区域内分布的各种现象和过程，解决复杂的规划、决策和管理问题。

GIS 一般具有以下 4 大功能。

① 数据的操作和处理能力：地理信息系统属于空间型数据库管理系统，但它也具备一般的数据库管理系统所具有的数据输入、存储、编辑、查询、显示和输出等基本功能。另外，为了满足各种用户的要求，它能对数据进行一系列的操作运算与处理，其输出结果可以是数据、数据库表格、报告、统计图、专题图等多种形式，可实现所见即所得的目的。

② 制图功能：是 GIS 最重要的功能，包括专题图制作，在地图上显示出地理要素，并能赋予数值范围，同时可放大、缩小以表明不同的细节层次。

③ 空间查询与分析功能：GIS 具有强大的空间数据处理能力和多种数据的综合能力，可以进行空间图形与属性的双向查询。

④ 地图分析功能：主要包括地形、透视图、坡度坡向分析。

▶▶ 9.5.2　全球卫星定位系统

全球卫星定位系统（GPS，Global Positioning System）是一种结合卫星及通信发展的技术，利用导航卫星进行测时和测距。GPS 是美国从 20 世纪 70 年代开始研制，历时 20 余年，耗资 200 亿美元，于 1994 年全面建成。具有海陆空全方位实时三维导航与定位能力的新一代卫星导航与定位系统。经过近十年我国测绘等部门的使用表明，全球卫星定位系统以全天候、高精度、自动化、高效益等特点，成功地应用于大地测量、工程测量、航空摄影、运载工具导航和管制、地壳运动测量、工程变形测量、资源勘察、地球动力学等多种学科，取得了较好的经济效益和社会效益。

1．GPS 的构成

GPS 全球卫星定位系统由 3 部分组成：空间部分——GPS 星座、地面控制部分——地面监控系统、用户设备部分——GPS 信号接收机。

GPS 的空间部分由 24 颗工作卫星组成（其中 21 颗是工作卫星，3 颗是备份卫星），它位于距地表 20 200km 的上空，均匀分布在 6 个轨道面上（每个轨道面 4 颗），轨道倾角为 55°。此外，还有 4 颗有源备份卫星在轨运行。卫星的分布使得在全球任何地方、任何时间都可以观测到 4 颗以上的卫星，并能保持良好定位解算精度的几何图像，由此提供了在时间上连续的全球导航能力。

GPS 的地面控制部分由 1 个主控站、5 个全球监测站和 3 个地面控制站组成。监测站均配装有精密的铯钟和能够连续测量到所有可见卫星的接收机。监测站将取得的卫星观测数据，包括电离层和气象数据，经过初步处理后，传送到主控站。主控站从各监测站收集跟踪数据，计算出卫星的轨道和时钟参数，然后将结果送到 3 个地面控制站。地面控制站在每颗卫星运行至上空时，把这些导航数据及主控站指令注入到卫星。这种注入对每颗 GPS 卫星每天一次，并在卫星离开注入站作用范围之前进行最后的注入。如果某地面站发生故障，那么在卫星中预存的导航信息还可以用一段时间，但导航精度会逐渐降低。

GPS 的用户设备部分即 GPS 信号接收机。其主要功能是能够捕获到按一定卫星截止角所选择的待测卫星，并跟踪这些卫星的运行。当接收机捕获到跟踪的卫星信号后，即可测量出接收天线至卫星的伪距离和距离的变化率，解调出卫星轨道参数等数据。根据这些数据，接收机中的微处理计算机就可按定位解算方法进行定位计算，计算出用户所在地理位置的经纬度、高度、速度、时间等信息。

2．GPS 的应用

（1）车载 GPS 定位管理系统

其主要工作是由车载 GPS 自主定位，结合无线通信系统对车辆进行调度管理和跟踪。已经研制成功的如车辆全球定位报警系统、警用 GPS 指挥系统等，被分别用于城市公共汽车调度管理，风景旅游区车船报警与调度，海关、公安、海防等部门对车船的调度与监控。

（2）GPS 在航海导航中的应用

卫星技术用于海上导航可以追溯到 20 世纪 60 年代的第一代卫星导航系统 TRANSIT。但这种卫星导航系统最初设计主要服务于极区，不能连续导航，其定位的时间间隔随纬度而变化。GPS 系统的出现克服了 TRANSIT 系统的局限性，不仅精度高，可连续导航，有很强的抗干扰能力，而且能提供七维的时空位置速度信息。今天几乎每一条船都装有 GPS 导航系统和设备，航海应用已名副其实地成为 GPS 导航应用的最大用户，这是其他任何领域的用户都难以比拟的。

GPS 航海导航用户繁多，其分类标准也各不相同。若按照航路类型划分，GPS 航海导航可以分为 5 大类：远洋导航、海岸导航、港口导航、内河导航、湖泊导航。

（3）GPS 在航空导航中的应用

目前，GPS 在航空导航中的应用已经非常普及，如果按航路类型或飞机阶段划分，则涉及洋区空域航路、内陆空域航路、终端区引导、进场、着陆、机场场面监视和管理、特殊区域导航等。

▶▶ 9.5.3　不停车收费系统

目前，国内的高速公路和快速道路大多采用人工收费、计算辅助管理的模式。这种收费方式不仅影响了高速公路的通行能力和服务水平，而且这种收费体系还存在很多弊端。

不停车收费系统（ETCS，Electronic Toll Collection）是国际上正在努力开发并推广普及的一种用于道路、大桥和隧道的电子自动收费系统。采用 ETCS，可以使人工车道收费过程完全自动化，极大地提高公路的通行能力和服务水平，有效地减轻收费站工作人员的劳动强度。因为车辆不停车通过收费口，所以不仅使道路的通行能力得以充分发挥，而且有利于提高车辆的营运效益，同时还使公路收费走向无纸化、无现金化管理，从根本上堵塞收费票款流失的漏洞，解决公路收费中的财务管理混乱问题。另外，实施 ETCS 还可以节约基建费用和管理费用。

▶▶ 9.5.4　电子警察

城市交通阻塞是个世界性的难题，违规闯红灯、超车等给人民的生命财产造成了极大的危害。以前，违章者怕的是交警的罚单，但交警一下班，闯红灯现象便随处可见。为了遏制"三休"时间机动车随意闯红灯现象，查处交通违章行为，必须对有超速、闯红灯等违章行为的车辆进行拍摄取证，电子警察就是在这样的情形下应运而生。

电子警察（E-police）主要是一个称为"机动车闯红灯自动监摄仪"的电子眼，它设置于交通信号灯路口处，能全天候对违章闯红灯的机动车拍照，对违规车辆的牌号、车型、颜色和违章地点、时间进行有效取证，是交通警察的好帮手，是闯红灯违章者的克星。

电子警察系统结合数码相机、车辆检测器、路口信号机组成一套反应快捷、准确、高效的交通监察系统。通过计算机监控车辆检测器启动，用计算机控制数码相机拍摄违规车辆，可将违章车辆的牌号、违章地点、时间和相关信息准确记录，并通过计算机信息处理中心及时通报给前方监察或交通部门，对违章车辆及时处理。

▶▶ 9.5.5　售票系统

在没有采用计算机联网售票以前，公路、铁路、航空公司很难及时、全面地掌握车次、航班及已售票和未售票的情况。这样，不仅给旅客带来不便，而且可能会造成坐席的冲突或空闲，从而造成工作的失误和运能的浪费。使用计算机联网售票就可以解决这一问题。

计算机联网售票系统是由大型数据库和遍布全国以至全世界的计算机终端通过网络组成的大规模计算机综合应用系统，它可以实现对票务信息进行实时、准确的管理，包括检索、售票、订票等工作。现在计算机售票系统已经广泛应用到公路、铁路、航空等多个部门中。

　9.6　计算机在办公自动化中的应用

▶▶ 9.6.1　办公自动化

办公自动化系统（OA，Office Automation）是利用先进的科学技术将办公人员和先进设备（计算机、网络、现代化办公用品）结合起来构成的人机信息处理系统。

早期的 OA 主要是在单机环境下使用办公软件（如 Office、WPS 等）做一些简单的文字、表格处理工作，并使用数据库系统做一些简单的数据录入、查询及打印等管理工作，而现代办公自动化系统随着计算机技术的发展，尤其是网络技术的发展，在传统办公自动化系统基础上已扩展为一个多功能的信息处理与管理平台。通过它，不仅可以全面实现从手工办公到无纸办公的过渡，以网上办公方式代替传统手工方式，而且更重要的是以信息交流、知识管理为中心，可实现企业内部信息的网上共享和交流，协同完成工作事务，并尽可能充分利用各种信息资源，提高企业员工工作效率和工作质量。现在，随着计算机技术的发展与普及，办公自动化已经深入到国民经济的各个领域。

一个比较完善的办公自动化系统应包括信息采集、信息加工、信息传播、信息保存等 4 个基本环节。它的核心任务是为各领域、各层次的办公人员提供所需要的信息。

▶▶ 9.6.2　电子政务

电子政务（E-Government）是指政府机构运用信息与通信技术，打破行政机关的组织界限，重组公共管理，实现政府办公自动化、政务业务流程信息化，为公众和企业提供广泛、高效的服务。通过实施以网络为核心的电子政务，不仅可使政府的服务更直接，政令更通畅，办事更高效，开支更降低，而且还有利于政府更好地为民众服务。

目前，发达国家纷纷提出了自己的"电子政务（电子政府）"计划，如美国的政府再构建计划、英国的政府现代化计划和新加坡的政府互联计划等。以美国为例，1993 年，美国全国绩效评估委员会（NPR）提出《创建经济高效的政府》和《运用信息技术改造政府》两份报告，揭开了美国电子政务建设的序幕。目前，美国联邦政府一级机构、州一级政府已全部上网，几乎所有的县市也都建有自己的站点。

我国的电子政务起步于 20 世纪 80 年代末期，各级政府机关开展了办公自动化工程，从早期的文字处理到目前逐步建立了各种纵向及横向的内部信息办公网络实现网上办公，电子政务的内容也发生了重大的变化。

从 20 世纪 90 年代开始，通过重点建设金税、金关、金卡（即三金工程）等重点信息系统，我国电子政务发展取得了长足的进步。1999 年，40 多个部委（办、局）的信息主管部门共同倡议发起了"政府上网工程"，开始系统地推进电子政务的发展。2002 年，被我国政府定为"电子政务年"，并将建设"电子政务"的总体目标定为 3 至 5 年时间建成"三网一库"政府信息枢纽框架。所谓"三网"是指政府机关内部的办公网，国务院办公厅与各地区、各部门相连的办公资源网，以互联网为依托的政府办公信息网；而"一库"是指政府系统共建共享的电子信息资源库。这标志着中国电子政务建设的总投资规模大约在 1800 亿元到 2000 亿元之间。来自易观咨询的数据显示，2003 年，政府部门信息化建设的投资在较大规模的基础上继续以 17%的速度增长，达到 350 亿元。

根据政府机构的业务形态来看，通常电子政务主要包括 3 个应用领域。

① 政务信息查询：面向社会公众和企业组织，为其提供政策、法规的查询服务。

② 公共政务办公：借助互联网实现政府机构的对外办公，如申请、申报等，提高政府的运作效率，增加透明度。

③ 政府办公自动化：以信息化手段提高政府机构内部的办公效率，如公文报送、信息通知和信息查询等。

 ## 本章小结

本章主要从行业的角度，介绍了计算机在制造业、商业、银行业、交通运输业、办公自动化与电子政务、教育等领域的典型应用。通过本章的学习，能够对计算机在各行各业中的应用特点有深刻的理解，并能够触类旁通，进一步学习、了解计算机在其他领域和其他行业中的应用。

 ## 习题 9

9-1　思考题

1．解释下列缩写名词术语：

　　CAD、CAM、CAI、CIMS 、EDI、GIS、GPS、OA、ETCS

2．电子商务按照交易对象分为几种类型？请简要说明。

3．电子政务主要有哪些应用领域？请简要说明。

4．GPS 全球卫星定位系统由哪 3 部分组成？

5．学完本章内容，你有哪些收获。

参 考 文 献

[1] 张敏霞，等. 大学计算基础（基础理论篇）. 北京：电子工业出版社，2005.

[2] 孙丽凤，等. 大学计算机基础——基础理论篇. 3 版. 北京：电子工业出版社，2009.

[3] 朱鸣华. 大学计算机基础. 北京：高等教育出版社，2002.

[4] 郝兴伟. 计算机技术及应用. 北京：高等教育出版社，2005.

[5] 严蔚敏，吴伟民. 数据结构（C 语言版）. 北京：清华大学出版社，2003.

[6] 张海藩. 软件工程. 北京：人民邮电出版社，2003.

[7] 张敏霞，等. C 语言程序设计基础教程. 北京：电子工业出版社，2007.

[8] 汤子瀛. 操作系统. 西安：西安电子科技大学出版社，1996.

[9] 楚狂，等. 网络安全与防火墙技术. 北京：人民邮电出版社，2000.

[10] 谢希仁. 计算机网络. 4 版. 北京：电子工业出版社，2002.

[11] 冯博琴，陈文革. 计算机网络. 2 版. 北京：高等教育出版社，2004.

[12] 鄂大伟. 多媒体技术基础与应用. 2 版. 北京：高等教育出版社，2003.

[13] 余雪丽. 软件体系结构及实例分析. 北京：科学出版社，2004.

[14] 张丽. 流媒体技术大全. 北京：中国青年出版社，2001.

[15] 张基温. 大学信息检索. 北京：中国水利水电出版社，2004.

[16] 杨振山，龚沛曾. 大学计算机基础. 4 版. 北京：高等教育出版社，2004.

[17] 王移芝，等. 大学计算机基础教程. 北京：高等教育出版社，2004.

[18] 管会生. 大学信息技术导论. 北京：高等教育出版社，2004.

[19] 赵致琢. 计算机科学导论. 3 版. 北京：科学出版社，2004.

[20] 刘瑞新. 计算机组装与维护教程. 4 版. 北京：机械工业出版社，2008.

[21] 战德臣. 大学计算机——计算思维导论. 北京：电子工业出版社，2013.

[22] 董卫军. 计算机导论——以计算思维为导向. 北京：电子工业出版社，2014.

[23] 吴宁. 大学计算机基础. 2 版. 北京：电子工业出版社，2013.

[24] 唐培和. 计算思维——计算学科导论. 北京：电子工业出版社，2015.

[25] 冯泽森，王崇国. 计算机与信息技术基础. 北京：电子工业出版社，2013.

[26] 潘梅园，王立松. 大学计算机实践教程——面向计算思维能力培养. 北京：电子工业出版社，2018.

[27] 王玉龙，方英兰，王虹芸. 计算机导论——基于计算思维视角. 北京：电子工业出版社，2017.